高职高专公共基础课规划教材

计算机数学基础

主　编　高世贵

副主编　王艳天　王玉华

机 械 工 业 出 版 社

本书面向计算机科学和电子等领域，密切结合专业需求，注重数学思想和方法在计算机科学和电子等领域中的应用。本书针对高职学生特点，语言表述通俗简洁，深入浅出，可读性强，便于学生对数学知识的理解和掌握。

全书共四章，主要内容包括：线性代数初步、集合与关系、图论和数理逻辑。“*”号部分为选学内容。本书每节配有一定的习题，每章配有复习题。书末附有习题参考答案。

本书可作为高职高专计算机应用和电子类各专业数学课程的教材或参考书，也可供继续教育和自学考试的读者学习参考。

图书在版编目(CIP)数据

计算机数学基础/高世贵主编. —北京：机械工业出版社，2011.2(2015.10重印)
高职高专公共基础课规划教材
ISBN 978-7-111-33109-4

Ⅰ.①计… Ⅱ.①高… Ⅲ.①电子计算机—数学基础—高等学校:技术学校—教材 Ⅳ.①TP301.6

中国版本图书馆CIP数据核字(2011)第009117号

机械工业出版社(北京市百万庄大街22号 邮政编码100037)
策划编辑：李大国 责任编辑：李大国
责任校对：陈立辉 封面设计：王伟光
责任印制：乔 宇

北京铭成印刷有限公司印刷
2015年10月第1版第3次印刷
169mm×239mm·10.5印张·202千字
6001—8000册
标准书号：ISBN 978-7-111-33109-4
定价：18.00元

前　言

《计算机数学基础》是普通高职教育计算机科学及电子类等各专业必修的一门公共基础课，是进一步学习后续课程的数学基础。

本书根据《高职高专教育高等数学课程教学基本要求》，结合高职高专教育数学课程教学特点，从“必需、够用为度”的原则出发，以对数学知识的需求为依据编写而成。在全书的构思和框架安排上，既有利于教师发掘、探讨和组织教学，又有利于学生的学习，好教易懂；该教材的编写，适合当前对数学教学要求高、难度大、课时少的教学状况。在确定教学目标和精心选择教学内容方面有独到之处，彰显出以数学为基础，以应用为目的的特点。

本书的编写在注重数学的基本概念和基本定理的同时，紧密结合计算机应用和电子类等专业的后续课程所必需的基本知识和基本概念。我们编写本书的出发点，是根据学生的基础知识状况和学习特点，尽可能地体现对学生智力的开发和培养，使学生能够真正掌握所学知识。

本书在编写思路上，着重以掌握数学基础知识为基本点，以数学知识在计算机方面的应用为主线来确定教材内容。通过对人才培养目标的调研与分析，优选出与计算机科学和电子等专业密切相关的数学问题，使学生通过学习数学知识，掌握解决问题的思想和方法，提高解决专业课中所涉及数学问题的能力，真正做到教师的“教”与学生的“学和用”结合起来，努力做到为后续课程的学习服务。

在本书内容设计与编写过程中，我们对以往的教学内容进行了认真的探讨，大胆的改革。教学内容的安排能够突出以基本概念和基本计算为主，突出用数学基本概念分析和解决问题的能力，体现数学基础知识的融会贯通，使学生了解数学中的抽象思想与计算机科学实践之间的内在联系，从而能够获得运用这些思想去解决实际问题的能力。根据普通高职学生的学习状况，本书淡化了数学理论的推导，比较直观地讲解基本概念、基本定理、运算技巧，化难为易；在通过例题点拨思路和方法方面，也进行了积极的探索，便于提高学生应用数学知识解决问题的能力。

该教材的编写彰显了如下四个方面的特点：

1. 数学内容难易适度，体现了数学教学的适用性和实用性。本着“必需”和“够用”的原则，淡化了数学理论的证明；在内容上注重基本概念的讲解和基本计算；突出培养计算能力和解决问题的能力。在教学设计上，直观地描述定义及定理，针对高职学生特点，语言表述通俗易懂，深入浅出，可读性强。学生能够感觉数学知识不但可以学得懂，而且能够用得上，从而解决了数学为专业服务特色不明显的问题。

2. 体现数学思想为核心，进行数学实验的教学。本书蕴含丰富的数学思想，重视数学思想的渗透与应用。例如：线性分析思想、定量定性分析、逻辑推理思想等，有利于提升学生的数学应用能力。线性代数初步一章利用 MATLAB7.0 数学软件进行教学，把数学实验作为计算的工具，利用数学软件将手工计算转化为计算机计算，降低了数学计算的难度，提高了学生学习的效率和计算的准确性。

3. 该教材从知识的引入，到思想方法的形成，再到其具体应用都体现了应用数学这条主线。密切结合计算机科学和电子等专业需求的技术，注重数学思想和方法在计算机科学领域中的应用，能够很好地启发学生学习的兴趣，发挥学生学习的积极性和主动性。

4. 教材适用面广，选学内容适宜。该教材不仅可以作为普通高等职业技术教育的教材，而且从教学内容上，还可以满足各类职业技术院校不同专业的教学要求。教师在授课时还可以根据学生实际水平灵活选用教材内容．在通过例题点拨解题思路和方法方面，也进行了积极探索。书中带有“*”部分为选学内容，教师在授课时可根据学生实际水平和教学要求选用。

本书由高世贵(辽宁装备制造职业技术学院)任主编，王艳天(辽阳市职业技术学院)、王玉华(辽宁装备制造职业技术学院)任副主编，吴应斌、马少帅、王中丹(辽宁广播电视大学)、高畅宏(东北财经大学)参加了本书的编写工作。

由于编者水平所限和时间仓促，不妥之处在所难免，恳请使用本书的广大教师和读者批评指正，我们将不胜感激。

编　者

目 录

第一章　线性代数初步

线性代数是研究线性关系的最基本的数学工具. 矩阵的概念与运算是线性方程组中最重要也是最基础的内容，在自然科学及工程技术等诸多领域有着广泛的应用. 本章将介绍矩阵的一些基本概念和运算，讨论线性方程组的解法，最后介绍 MATLAB 应用数学软件在矩阵方面的应用.

第一节　矩阵的概念及运算

一、矩阵的概念

为了弄清楚什么是矩阵，先看两个实际例子.

例 1　某汽车厂生产三种车型：小轿车、大客车和货车. 该厂每月生产此三种车型的原材料和劳动力消耗量见表 1-1(表中各量均省略单位).

表 1-1

车型 / 消耗量 / 品名	小 轿 车	大 客 车	货　车
原材料	230	160	100
劳动力	70	90	110

它可以用数表简明地表示为

$$\begin{pmatrix} 230 & 160 & 100 \\ 70 & 90 & 110 \end{pmatrix} \begin{matrix} \text{原材料} \\ \text{劳动力} \end{matrix}$$
$$\begin{matrix} \text{小轿车} & \text{大客车} & \text{货车} \end{matrix}$$

例 2　线性方程组

$$\begin{cases} 2x_1 - x_2 + 3x_3 + 2x_4 = 1 \\ 4x_1 + 2x_2 + 5x_3 - x_4 = 4 \\ 2x_1 + 2x_3 = 6 \end{cases}$$

的未知数的系数和右端常数按原位置可以排列成这样的数表

$$\begin{pmatrix}2 & -1 & 3 & 2 & 1\\4 & 2 & 5 & -1 & 4\\2 & 0 & 2 & 0 & 6\end{pmatrix},$$

从求解的角度来看，线性方程组的特性完全由该数表决定.

一般来说，对于不同的实际问题会有不同的矩形数表，数学上把这种数表叫做矩阵.

定义 1 由 $m\times n$ 个数 $a_{ij}(i=1,2,\cdots,m;j=1,2,\cdots,n)$ 排列成的 m 行、n 列的矩形数表，称为 **m 行 n 列矩阵**，简称 **$m\times n$ 矩阵**. 矩阵用大写黑体拉丁字母 $\boldsymbol{A},\boldsymbol{B},\boldsymbol{C},\cdots$表示. 如

$$\boldsymbol{A}=\begin{pmatrix}a_{11} & a_{12} & \cdots & a_{1n}\\a_{21} & a_{22} & \cdots & a_{2n}\\\vdots & \vdots & & \vdots\\a_{m1} & a_{m2} & \cdots & a_{mn}\end{pmatrix}$$

这 $m\times n$ 个数叫做矩阵 $\boldsymbol{A}$ 的元素，a_{ij}表示矩阵 $\boldsymbol{A}$ 的第 i 行第 j 列元素. 矩阵 $\boldsymbol{A}$ 也可简记为

$$\boldsymbol{A}=(a_{ij})_{m\times n}\quad 或\quad \boldsymbol{A}=(a_{ij})\quad 或\quad \boldsymbol{A}_{m\times n}$$

当 $m=1$ 时，矩阵

$$\boldsymbol{A}=(a_{11}a_{12}\cdots a_{1n})$$

叫做**行矩阵**.

当 $n=1$ 时，矩阵

$$\boldsymbol{A}=\begin{pmatrix}a_{11}\\a_{21}\\\vdots\\a_{m1}\end{pmatrix}$$

叫做**列矩阵**.

元素都是零的矩阵叫做**零矩阵**，记作 $\boldsymbol{O}_{m\times n}$或 $\boldsymbol{O}$.

当 $m=n$ 时，矩阵 $\boldsymbol{A}$ 叫做 **n 阶方阵**. 一个 n 阶方阵从左上角到右下角的对角线称为**主对角线**.

主对角线的一侧所有元素都为零的方阵叫做**三角矩阵**. 三角矩阵分为上三角矩阵与下三角矩阵，即

$$\boldsymbol{L}_{上}=\begin{pmatrix}a_{11} & a_{12} & \cdots & a_{1n}\\0 & a_{22} & \cdots & a_{2n}\\\vdots & \vdots & & \vdots\\0 & 0 & \cdots & a_{nn}\end{pmatrix},\quad \boldsymbol{L}_{下}=\begin{pmatrix}a_{11} & 0 & \cdots & 0\\a_{21} & a_{22} & \cdots & 0\\\vdots & \vdots & & \vdots\\a_{n1} & a_{n2} & \cdots & a_{nn}\end{pmatrix}$$

除了主对角线上的元素外，其余的元素都为零的 n 阶方阵叫做**对角矩阵**. 即

$$\begin{pmatrix} a_{11} & 0 & \cdots & 0 \\ 0 & a_{22} & \cdots & 0 \\ \vdots & \vdots & & \vdots \\ 0 & 0 & \cdots & a_{nn} \end{pmatrix}$$

主对角线上元素都为 1 的对角方阵叫做单位矩阵，记作 $\boldsymbol{I}$. 即

$$\boldsymbol{I} = \begin{pmatrix} 1 & 0 & \cdots & 0 \\ 0 & 1 & \cdots & 0 \\ \vdots & \vdots & & \vdots \\ 0 & 0 & \cdots & 1 \end{pmatrix}$$

将矩阵 $\boldsymbol{A}$ 的行依次换成列所得到的矩阵，叫做矩阵 $\boldsymbol{A}$ 的**转置矩阵**，记作 $\boldsymbol{A}^{\mathrm{T}}$.

例如，矩阵

$$\boldsymbol{A} = \begin{pmatrix} 230 & 160 & 100 \\ 70 & 90 & 110 \end{pmatrix}$$

的转置矩阵为

$$\boldsymbol{A}^{\mathrm{T}} = \begin{pmatrix} 230 & 70 \\ 160 & 90 \\ 100 & 110 \end{pmatrix}$$

显然 $(\boldsymbol{A}^{\mathrm{T}})^{\mathrm{T}} = \boldsymbol{A}$.

定义 2 如果 $\boldsymbol{A} = (a_{ij})$ 与 $\boldsymbol{B} = (b_{ij})$ 都是 m 行 n 列矩阵，并且它们的对应元素相等，即

$$a_{ij} = b_{ij} (i = 1, 2, \cdots, m; j = 1, 2, \cdots, n)$$

则称矩阵 $\boldsymbol{A}$ 与矩阵 $\boldsymbol{B}$ **相等**，记作 $\boldsymbol{A} = \boldsymbol{B}$.

例 3 已知 $\boldsymbol{A} = \boldsymbol{B}$，其中 $\boldsymbol{A} = \begin{pmatrix} x & 3 \\ 4 & y \end{pmatrix}$，$\boldsymbol{B} = \begin{pmatrix} 5 & z \\ 1 & 3 \end{pmatrix}$，求 x，y，z.

解 因为 $\boldsymbol{A} = \boldsymbol{B}$，所以 $x = 5$，$y = 3$，$z = 3$.

二、矩阵的运算

1. 矩阵的加法和减法

定义 3 两个 m 行 n 列矩阵 $\boldsymbol{A} = (a_{ij})$，$\boldsymbol{B} = (b_{ij})$，对应位置元素相加(减)得到的 m 行 n 列矩阵，叫做矩阵 $\boldsymbol{A}$ 与矩阵 $\boldsymbol{B}$ 的和(差)，记为 $\boldsymbol{A} \pm \boldsymbol{B}$. 即

$$\boldsymbol{A} \pm \boldsymbol{B} = (a_{ij})_{m \times n} \pm (b_{ij})_{m \times n} = (a_{ij} \pm b_{ij})_{m \times n}$$

例 4 设有矩阵 $A=\begin{pmatrix}1&3&2&0\\2&1&5&7\\0&6&4&8\end{pmatrix}$，$B=\begin{pmatrix}5&7&2&3\\2&0&4&3\\2&1&0&3\end{pmatrix}$，求 $A+B$.

解 $$A+B=\begin{pmatrix}1&3&2&0\\2&1&5&7\\0&6&4&8\end{pmatrix}+\begin{pmatrix}5&7&2&3\\2&0&4&3\\2&1&0&3\end{pmatrix}=\begin{pmatrix}6&10&4&3\\4&1&9&10\\2&7&4&11\end{pmatrix}$$

例 5 已知 $A=\begin{pmatrix}1&5&1\\1&2&-3\\9&-5&3\end{pmatrix}$，$B=\begin{pmatrix}1&x_1&x_2\\x_1&2&x_3\\x_2&x_3&3\end{pmatrix}$，$C=\begin{pmatrix}0&y_1&y_2\\-y_1&0&y_3\\-y_2&-y_3&0\end{pmatrix}$，
并且 $A=B+C$，求矩阵 B 和 C.

解 由 $A=B+C$，得

$$\begin{pmatrix}1&5&1\\1&2&-3\\9&-5&3\end{pmatrix}=\begin{pmatrix}1&x_1&x_2\\x_1&2&x_3\\x_2&x_3&3\end{pmatrix}+\begin{pmatrix}0&y_1&y_2\\-y_1&0&y_3\\-y_2&-y_3&0\end{pmatrix}$$

$$=\begin{pmatrix}1&x_1+y_1&x_2+y_2\\x_1-y_1&2&x_3+y_3\\x_2-y_2&x_3-y_3&3\end{pmatrix}$$

根据矩阵相等的定义，有

$$\begin{cases}x_1+y_1=5\\x_1-y_1=1\end{cases},\ \begin{cases}x_2+y_2=1\\x_2-y_2=9\end{cases},\ \begin{cases}x_3+y_3=-3\\x_3-y_3=-5\end{cases}$$

解得 $x_1=3$，$y_1=2$，$x_2=5$，$y_2=-4$，$x_3=-4$，$y_3=1$.
故所求矩阵为

$$B=\begin{pmatrix}1&3&5\\3&2&-4\\5&-4&3\end{pmatrix},\ C=\begin{pmatrix}0&2&-4\\-2&0&1\\4&-1&0\end{pmatrix}$$

容易验证，矩阵的加法满足以下规律：

（1）交换律：$A+B=B+A$.

（2）结合律：$(A+B)+C=A+(B+C)$.

例 6 $A=\begin{pmatrix}0&6&4\\-4&2&8\end{pmatrix}$，$B=\begin{pmatrix}1&0&2\\2&1&0\end{pmatrix}$，$C=\begin{pmatrix}-2&1&4\\2&-3&7\end{pmatrix}$，求 $A+B-C$.

解 $$A+B-C=\begin{pmatrix}0&6&4\\-4&2&8\end{pmatrix}+\begin{pmatrix}1&0&2\\2&1&0\end{pmatrix}-\begin{pmatrix}-2&1&4\\2&-3&7\end{pmatrix}=\begin{pmatrix}3&5&2\\-4&6&1\end{pmatrix}$$

2. 矩阵与数相乘

定义 4 设矩阵 $A=(a_{ij})_{m\times n}$，k 为任意常数，用数 k 乘矩阵 A 的每一个元素

所得到的矩阵

$$k\cdot \boldsymbol{A}=k\cdot (a_{ij})_{m\times n}=(k\cdot a_{ij})_{m\times n}$$

$$=\begin{pmatrix} ka_{11} & ka_{12} & \cdots & ka_{1n} \\ ka_{21} & ka_{22} & \cdots & ka_{2n} \\ \vdots & \vdots & & \vdots \\ ka_{m1} & ka_{m2} & \cdots & ka_{mn} \end{pmatrix}$$

叫做数 k 与矩阵 $\boldsymbol{A}$ 的乘积.

矩阵与数相乘满足以下规律：

（1）分配律 $(k_1+k_2)\boldsymbol{A}=k_1\boldsymbol{A}+k_2\boldsymbol{A}$；

$$k(\boldsymbol{A}+\boldsymbol{B})=k\boldsymbol{A}+k\boldsymbol{B}.$$

（2）结合律 $k_1(k_2\boldsymbol{A})=(k_1k_2)\boldsymbol{A}$.

例 7 已知 $\boldsymbol{A}=\begin{pmatrix} 3 & 1 & -2 \\ 3 & 2 & 1 \end{pmatrix}$，$\boldsymbol{B}=\begin{pmatrix} 0 & -1 & 2 \\ 3 & 2 & -1 \end{pmatrix}$，求 $2\left(\boldsymbol{A}+\dfrac{1}{2}\boldsymbol{B}\right)$.

解 $2\left(\boldsymbol{A}+\dfrac{1}{2}\boldsymbol{B}\right)=2\boldsymbol{A}+\boldsymbol{B}$

$$=\begin{pmatrix} 6 & 2 & -4 \\ 6 & 4 & 2 \end{pmatrix}+\begin{pmatrix} 0 & -1 & 2 \\ 3 & 2 & -1 \end{pmatrix}$$

$$=\begin{pmatrix} 6 & 1 & -2 \\ 9 & 6 & 1 \end{pmatrix}$$

例 8 已知 $\boldsymbol{A}=\begin{pmatrix} 0 & 2 & -1 & 3 \\ 9 & 7 & 5 & 1 \\ 8 & 6 & 4 & 2 \end{pmatrix}$，$\boldsymbol{B}=\begin{pmatrix} 4 & -2 & 5 & 7 \\ 7 & 9 & 1 & 5 \\ 6 & -1 & 2 & 3 \end{pmatrix}$，且 $\boldsymbol{A}+2\boldsymbol{X}=\boldsymbol{B}$，求 $\boldsymbol{X}$.

解 $\boldsymbol{X}=\dfrac{1}{2}(\boldsymbol{B}-\boldsymbol{A})=\dfrac{1}{2}\begin{pmatrix} 4 & -4 & 6 & 4 \\ -2 & 2 & -4 & 4 \\ -2 & -7 & -2 & 1 \end{pmatrix}=\begin{pmatrix} 2 & -2 & 3 & 2 \\ -1 & 1 & -2 & 2 \\ -1 & -\dfrac{7}{2} & -1 & \dfrac{1}{2} \end{pmatrix}$

3. 矩阵与矩阵相乘

定义 5 设矩阵 $\boldsymbol{A}=(a_{ij})_{m\times s}$，$\boldsymbol{B}=(b_{ij})_{s\times n}$，则由元素

$$c_{ij}=\sum_{k=1}^{s}a_{ik}\cdot b_{kj}=a_{i1}\cdot b_{1j}+a_{i2}\cdot b_{2j}+\cdots+a_{is}b_{sj}$$

$$(i=1,2,\cdots,m;\ j=1,2,\cdots,n)$$

所构成的 $m\times n$ 矩阵

$$\boldsymbol{C}=(c_{ij})_{m\times n}$$

叫做矩阵 $\boldsymbol{A}$ 与矩阵 $\boldsymbol{B}$ 的乘积，记为 $\boldsymbol{C}=\boldsymbol{A}\cdot\boldsymbol{B}$ 或 $\boldsymbol{C}=\boldsymbol{A}\boldsymbol{B}$.

从定义 5 可以看出，只有矩阵 $\boldsymbol{A}$ 的列数与矩阵 $\boldsymbol{B}$ 的行数相同时，矩阵 $\boldsymbol{A}$ 与

$\boldsymbol{B}$ 才能相乘；$\boldsymbol{C}=\boldsymbol{AB}$ 中第 i 行第 j 列的元素，等于矩阵 $\boldsymbol{A}$ 的第 i 行元素与矩阵 $\boldsymbol{B}$ 的第 j 列对应元素乘积的和；矩阵 $\boldsymbol{C}$ 的行数与矩阵 $\boldsymbol{A}$ 的行数相同，矩阵 $\boldsymbol{C}$ 的列数与矩阵 $\boldsymbol{B}$ 的列数相同，即

$$\boldsymbol{A}_{m\times s}\cdot\boldsymbol{B}_{s\times n}=\boldsymbol{C}_{m\times n}$$

例 9 某校计划明后两年建教学楼和宿舍楼. 建筑面积及材料平均耗用量分别见表 1-2、表 1-3.

表 1-2

	教学楼面积/100m^2	宿舍楼面积/100m^2
明年	20	10
后年	30	20

表 1-3

	钢材用量/(t/100m^2)	水泥用量/(t/100m^2)	木材用量/(m^3/100m^2)
教学楼	2	18	4
宿舍楼	1.5	15	5

因此，明后两年三种建筑材料的总耗用量见表 1-4.

表 1-4

	钢材总消耗量/t	水泥总消耗量/t	木材总消耗量/m^3
明年	$20\times2+10\times1.5=55$	$20\times18+10\times15=510$	$20\times4+10\times5=130$
后年	$30\times2+20\times1.5=90$	$30\times18+20\times15=840$	$30\times4+20\times5=220$

上述三个数表用矩阵表示为

$$\boldsymbol{A}=\begin{pmatrix}20 & 10\\ 30 & 20\end{pmatrix},\ \boldsymbol{B}=\begin{pmatrix}2 & 18 & 4\\ 1.5 & 15 & 5\end{pmatrix}$$

$$\boldsymbol{C}=\begin{pmatrix}20\times2+10\times1.5 & 20\times18+10\times15 & 20\times4+10\times5\\ 30\times2+20\times1.5 & 30\times18+20\times15 & 30\times4+20\times5\end{pmatrix}=\begin{pmatrix}55 & 510 & 130\\ 90 & 840 & 220\end{pmatrix}$$

矩阵 $\boldsymbol{A}$、$\boldsymbol{B}$ 与矩阵 $\boldsymbol{C}$ 之间的关系，可以表达成下列形式

$$\begin{aligned}\boldsymbol{C}=\boldsymbol{AB}&=\begin{pmatrix}20 & 10\\ 30 & 20\end{pmatrix}\begin{pmatrix}2 & 18 & 4\\ 1.5 & 15 & 5\end{pmatrix}\\ &=\begin{pmatrix}20\times2+10\times1.5 & 20\times18+10\times15 & 20\times4+10\times5\\ 30\times2+20\times1.5 & 30\times18+20\times15 & 30\times4+20\times5\end{pmatrix}\end{aligned}$$

这里矩阵 $\boldsymbol{C}$ 叫做矩阵 $\boldsymbol{A}$ 与矩阵 $\boldsymbol{B}$ 的乘积.

例 10 已知矩阵 $\boldsymbol{A}=\begin{pmatrix}2 & -3 & 0 & 5\\ -1 & 4 & 1 & 2\end{pmatrix}$，$\boldsymbol{B}=\begin{pmatrix}2 & 0 & 4\\ -1 & 2 & -1\\ 3 & 7 & 5\\ 4 & -3 & -2\end{pmatrix}$，求 $\boldsymbol{AB}$ 和 $\boldsymbol{BA}$.

解 $\boldsymbol{AB}=\begin{pmatrix}2 & -3 & 0 & 5\\ -1 & 4 & 1 & 2\end{pmatrix}\begin{pmatrix}2 & 0 & 4\\ -1 & 2 & -1\\ 3 & 7 & 5\\ 4 & -3 & -2\end{pmatrix}=\begin{pmatrix}27 & -21 & 1\\ 3 & 9 & -7\end{pmatrix}$

因为 $\boldsymbol{BA}$ 不能相乘，所以没有意义.

例 11 已知矩阵 $\boldsymbol{A}=\begin{pmatrix}a_1 & b_1 & c_1\\ a_2 & b_2 & c_2\\ a_3 & b_3 & c_3\end{pmatrix}$，$\boldsymbol{I}=\begin{pmatrix}1 & 0 & 0\\ 0 & 1 & 0\\ 0 & 0 & 1\end{pmatrix}$，求 $\boldsymbol{AI}$ 和 $\boldsymbol{IA}$.

解

$$\boldsymbol{AI}=\begin{pmatrix}a_1 & b_1 & c_1\\ a_2 & b_2 & c_2\\ a_3 & b_3 & c_3\end{pmatrix}\begin{pmatrix}1 & 0 & 0\\ 0 & 1 & 0\\ 0 & 0 & 1\end{pmatrix}=\boldsymbol{A}$$

$$\boldsymbol{IA}=\begin{pmatrix}1 & 0 & 0\\ 0 & 1 & 0\\ 0 & 0 & 1\end{pmatrix}\begin{pmatrix}a_1 & b_1 & c_1\\ a_2 & b_2 & c_2\\ a_3 & b_3 & c_3\end{pmatrix}=\boldsymbol{A}$$

由例 11 可知，在矩阵乘法中，单位矩阵所起的作用与普通代数中 1 的作用类似，即 $\boldsymbol{AI}=\boldsymbol{A}$，$\boldsymbol{IA}=\boldsymbol{A}$.

例 12 求矩阵 $\boldsymbol{A}=\begin{pmatrix}-2 & 4\\ 1 & -2\end{pmatrix}$ 与 $\boldsymbol{B}=\begin{pmatrix}2 & 4\\ -3 & -6\end{pmatrix}$ 的乘积 $\boldsymbol{AB}$ 和 $\boldsymbol{BA}$.

解

$$\boldsymbol{AB}=\begin{pmatrix}-2 & 4\\ 1 & -2\end{pmatrix}\begin{pmatrix}2 & 4\\ -3 & -6\end{pmatrix}=\begin{pmatrix}-16 & -32\\ 8 & 16\end{pmatrix}$$

$$\boldsymbol{BA}=\begin{pmatrix}2 & 4\\ -3 & -6\end{pmatrix}\begin{pmatrix}-2 & 4\\ 1 & -2\end{pmatrix}=\begin{pmatrix}0 & 0\\ 0 & 0\end{pmatrix}=\boldsymbol{O}$$

由例 12 可知，虽然 $\boldsymbol{AB}$ 与 $\boldsymbol{BA}$ 都存在，但是 $\boldsymbol{AB}\neq\boldsymbol{BA}$，即矩阵的乘法不满足交换律，且由 $\boldsymbol{BA}=\boldsymbol{O}$，并不一定能得到 $\boldsymbol{A}=\boldsymbol{O}$ 或 $\boldsymbol{B}=\boldsymbol{O}$.

矩阵乘法满足以下规律：

（1）结合律 $(\boldsymbol{AB})\boldsymbol{C}=\boldsymbol{A}(\boldsymbol{BC})$.

（2）分配律 $(\boldsymbol{A}+\boldsymbol{B})\boldsymbol{C}=\boldsymbol{AC}+\boldsymbol{BC}$.

习题 1-1

1. 已知 $A=\begin{pmatrix}1&0&3\\-1&2&1\\4&3&2\end{pmatrix}$，求 $3A-2A^{\mathrm{T}}$，$2A+3A^{\mathrm{T}}$.

2. $A=\begin{pmatrix}3&7&4\\-3&4&4\\-2&0&3\end{pmatrix}$，$B=\begin{pmatrix}3&x_1&x_2\\x_1&4&x_3\\x_2&x_3&3\end{pmatrix}$，$C=\begin{pmatrix}0&y_1&y_2\\-y_1&0&y_3\\-y_2&-y_3&0\end{pmatrix}$，

且 $A=B+C$，求 B 和 C 中的未知数 x_1，x_2，x_3 和 y_1，y_2，y_3.

3. 已知 $\begin{cases}3A+2B=C\\A-2B=D\end{cases}$，其中 $C=\begin{pmatrix}7&10&-2\\1&-5&-10\end{pmatrix}$，$D=\begin{pmatrix}5&-2&-6\\-5&-15&-14\end{pmatrix}$，

求矩阵 A 和 B.

4. 计算

（1）$(2\quad 4\quad -5)\begin{pmatrix}2\\0\\-1\end{pmatrix}$；（2）$\begin{pmatrix}3&2&-1\\2&-3&5\end{pmatrix}\begin{pmatrix}1&3\\-5&4\\3&6\end{pmatrix}$；

（3）$(x\quad y)\begin{pmatrix}9&-12\\-12&16\end{pmatrix}\begin{pmatrix}x\\y\end{pmatrix}$；（4）$\begin{pmatrix}2\\1\\-1\end{pmatrix}(1\quad -2\quad 0)$；

（5）$\begin{pmatrix}2&1&4&0\\1&-1&3&4\end{pmatrix}\begin{pmatrix}1&3&1\\0&-1&2\\1&-3&1\\4&0&-1\end{pmatrix}$；

（6）$\begin{pmatrix}1&2&1&0\\0&1&0&1\\0&0&2&1\\0&0&0&3\end{pmatrix}\begin{pmatrix}1&0&3&1\\0&1&2&-1\\0&0&-2&3\\0&0&0&-3\end{pmatrix}$.

5. 已知 $A=\begin{pmatrix}3&1&1\\2&1&2\\1&2&3\end{pmatrix}$，$B=\begin{pmatrix}1&1&-1\\2&-1&0\\1&0&1\end{pmatrix}$，求 $AB-BA$.

6. 对于下列各组矩阵 A 和 B，求 AB 和 BA：

（1）$A=\begin{pmatrix}1&2&-3\\0&1&2\\0&0&1\end{pmatrix}$，$B=\begin{pmatrix}1&-2&7\\0&1&-2\\0&0&1\end{pmatrix}$；

（2）$\boldsymbol{A}=\begin{pmatrix}\cos\theta & \sin\theta\\ -\sin\theta & \cos\theta\end{pmatrix}$，$\boldsymbol{B}=\boldsymbol{A}^{\mathrm{T}}$.

第二节　矩阵的初等变换

矩阵的初等变换是矩阵变换的一种重要方法，是求解线性方程组的重要工具，也是求逆矩阵的重要方法.

一、矩阵的初等变换

1. 矩阵的初等变换的定义

定义 1　对矩阵的行(或列)所作的以下三种变换称为矩阵的初等变换：

（1）对换变换：互换矩阵的两行，常用(ⓘ,ⓙ)表示第 i 行与第 j 行互换；

（2）倍乘变换：用一个非零数乘矩阵的某一行，常用ⓘ k 表示用数 k 乘第 i 行；

（3）倍加变换：把矩阵的某一行乘以数 k 后加到另一行上去，常用ⓘ＋ⓙ k 表示第 j 行乘以 k 后加到第 i 行上去.

例如，设 $\boldsymbol{A}=\begin{pmatrix}0 & 1\\ 2 & 6\end{pmatrix}\xrightarrow{(①,②)}\begin{pmatrix}2 & 6\\ 0 & 1\end{pmatrix}\xrightarrow{①\times\frac{1}{2}}\begin{pmatrix}1 & 3\\ 0 & 1\end{pmatrix}$

$$\xrightarrow{①+②\times(-3)}\begin{pmatrix}1 & 0\\ 0 & 1\end{pmatrix}=\boldsymbol{I}.$$

由于矩阵的初等行变换改变了矩阵的元素，所以初等行变换前后的矩阵是不相等的. 因此，在进行矩阵的初等行变换过程中，矩阵之间用“→”连接，记作 $\boldsymbol{A}\to\boldsymbol{B}$，而不能用等号连接.

2. 行阶梯形矩阵和行简化阶梯形矩阵

定义 2　满足以下条件的矩阵叫做**行阶梯形矩阵**，简称**阶梯形矩阵**：

（1）矩阵的零行(若存在)在矩阵的最下方；

（2）各个非零行的第一个非零元素的列标随着行标的增大而严格增大.

例如，矩阵$\begin{pmatrix}1 & 8 & -4\\ 0 & 1 & 3\\ 0 & 0 & 2\end{pmatrix}$和矩阵$\begin{pmatrix}3 & 2 & 0 & 1 & -9\\ 0 & 0 & 2 & 1 & 0\\ 0 & 0 & 0 & 0 & 0\end{pmatrix}$，都是行阶梯形矩阵.

矩阵$\begin{pmatrix}4 & 0 & 0\\ 0 & 0 & -5\\ 0 & 1 & 0\end{pmatrix}$和矩阵$\begin{pmatrix}3 & 4 & 1\\ -1 & 2 & 2\\ 0 & 1 & 7\end{pmatrix}$，都不是行阶梯形矩阵.

定义 3　如果行阶梯形矩阵还满足以下条件，则叫做**行简化阶梯形矩阵**：

（1）各非零行的第一个非零元素都是1；

（2）所有第一个非零元素所在列的其余元素都是0.

例如，矩阵$\begin{pmatrix}1&0&0&2\\0&1&0&-1\\0&0&1&3\\0&0&0&0\end{pmatrix}$和矩阵$\begin{pmatrix}1&0&0&0&3\\0&1&2&0&-1\\0&0&0&1&1\end{pmatrix}$，都是行简化阶梯形矩阵.

定理1 任何矩阵经过一系列初等行变换可化成阶梯形矩阵，再经过一系列初等行变换可化成行简化阶梯形矩阵.

例1 将矩阵$\boldsymbol{A}=\begin{pmatrix}1&2&-1&-2\\2&-1&1&1\\3&1&0&-1\end{pmatrix}$化为行简化阶梯形矩阵.

解 $\boldsymbol{A}=\begin{pmatrix}1&2&-1&-2\\2&-1&1&1\\3&1&0&-1\end{pmatrix}\xrightarrow[③+①\times(-3)]{②+①\times(-2)}\begin{pmatrix}1&2&-1&-2\\0&-5&3&5\\0&-5&3&5\end{pmatrix}$

$$\xrightarrow{③+②\times(-1)}\begin{pmatrix}1&2&-1&-2\\0&-5&3&5\\0&0&0&0\end{pmatrix}\xrightarrow{②\times\left(-\frac{1}{5}\right)}\begin{pmatrix}1&2&-1&-2\\0&1&-\frac{3}{5}&-1\\0&0&0&0\end{pmatrix}$$

$$\xrightarrow{①+②\times(-2)}\begin{pmatrix}1&0&\frac{1}{5}&0\\0&1&-\frac{3}{5}&-1\\0&0&0&0\end{pmatrix}$$

注意：矩阵的行简化阶梯形矩阵是唯一的，而矩阵的阶梯形矩阵并不是唯一的，但是一个矩阵的阶梯形矩阵中非零行的个数是唯一的.

3. 矩阵的秩

定义4 矩阵$\boldsymbol{A}$的阶梯形矩阵中非零行的个数，叫做**矩阵$\boldsymbol{A}$的秩**，记作$r(\boldsymbol{A})$.

由定义4可知，求矩阵$\boldsymbol{A}$的秩，只需把它化为阶梯形矩阵，阶梯形矩阵中非零行的个数，就是矩阵$\boldsymbol{A}$的秩.

例2 设$\boldsymbol{A}=\begin{pmatrix}3&-1&2&0\\1&1&-4&2\\0&-2&3&1\end{pmatrix}$，求$r(\boldsymbol{A})$与$r(\boldsymbol{A}^{\mathrm{T}})$.

解

$$A=\begin{pmatrix}3&-1&2&0\\1&1&-4&2\\0&-2&3&1\end{pmatrix}\xrightarrow{(①,②)}\begin{pmatrix}1&1&-4&2\\3&-1&2&0\\0&-2&3&1\end{pmatrix}\xrightarrow{②+①\times(-3)}\begin{pmatrix}1&1&-4&2\\0&-4&14&-6\\0&-2&3&1\end{pmatrix}$$

$$\xrightarrow{(②,③)}\begin{pmatrix}1&1&-4&2\\0&-2&3&1\\0&-4&14&-6\end{pmatrix}\xrightarrow{③+②\times(-2)}\begin{pmatrix}1&1&-4&2\\0&-2&3&1\\0&0&8&-8\end{pmatrix}$$

因此，$r(A)=3$.

$$A^{T}=\begin{pmatrix}3&1&0\\-1&1&-2\\2&-4&3\\0&2&1\end{pmatrix}\xrightarrow[(②,①)]{②\times(-1)}\begin{pmatrix}1&-1&2\\3&1&0\\2&-4&3\\0&2&1\end{pmatrix}\xrightarrow[③+①\times(-2)]{②+①\times(-3)}\begin{pmatrix}1&-1&2\\0&4&-6\\0&-2&-1\\0&2&1\end{pmatrix}$$

$$\xrightarrow{④+③\times1}\begin{pmatrix}1&-1&2\\0&4&-6\\0&-2&-1\\0&0&0\end{pmatrix}\xrightarrow{③+②\times\frac{1}{2}}\begin{pmatrix}1&-1&2\\0&4&-6\\0&0&-4\\0&0&0\end{pmatrix}$$

因此，$r(A^{T})=r(A)=3$.

事实上，对于任意矩阵 A 都有 $r(A^{T})=r(A)$.

定义 5 设矩阵 A 是一个 n 阶方阵，如果 $r(A)=n$，那么称矩阵 A 为**满秩矩阵**(**或非奇异的矩阵**).

例如，$A=\begin{pmatrix}1&2&3\\0&2&4\\0&0&3\end{pmatrix}$，$I_n=\begin{pmatrix}1&0&\cdots&0\\0&1&\cdots&0\\\vdots&\vdots&&\vdots\\0&0&\cdots&1\end{pmatrix}$，都是满秩矩阵.

二、用初等变换求逆矩阵

1. 逆矩阵的概念

对于代数方程 $ax=b(a\neq0)$，它的解为 $x=\dfrac{b}{a}=a^{-1}b$. 那么，形式上与 $ax=b$ 相类似的矩阵方程 $AX=B$，是否可以写成 $X=A^{-1}B$ 呢？如果可以，A^{-1} 的含义是什么？为此，我们给出有关逆矩阵的概念.

定义 6 对于 n 阶方阵 A，如果存在 n 阶方阵 B，使得

$$AB=BA=I$$

则方阵 B 叫做方阵 A 的**逆矩阵**(简称**逆阵**)，记作 $B=A^{-1}$，即

$$AA^{-1}=A^{-1}A=I$$

如果方阵 $\boldsymbol{A}$ 存在逆阵，则称方阵 $\boldsymbol{A}$ 是可逆的.

例如，设矩阵

$$\boldsymbol{A}=\begin{pmatrix}4&3&2\\3&2&1\\2&1&1\end{pmatrix},\ \boldsymbol{B}=\begin{pmatrix}-1&1&1\\1&0&-2\\1&-2&1\end{pmatrix}$$

因为 $\boldsymbol{AB}=\begin{pmatrix}4&3&2\\3&2&1\\2&1&1\end{pmatrix}\begin{pmatrix}-1&1&1\\1&0&-2\\1&-2&1\end{pmatrix}=\begin{pmatrix}1&0&0\\0&1&0\\0&0&1\end{pmatrix}=\boldsymbol{I}$

$$\boldsymbol{BA}=\begin{pmatrix}-1&1&1\\1&0&-2\\1&-2&1\end{pmatrix}\begin{pmatrix}4&3&2\\3&2&1\\2&1&1\end{pmatrix}=\begin{pmatrix}1&0&0\\0&1&0\\0&0&1\end{pmatrix}=\boldsymbol{I}$$

所以矩阵 $\boldsymbol{A}$ 是可逆的，矩阵 $\boldsymbol{B}$ 是矩阵 $\boldsymbol{A}$ 的逆矩阵，即

$$\boldsymbol{B}=\boldsymbol{A}^{-1}=\begin{pmatrix}-1&1&1\\1&0&-2\\1&-2&1\end{pmatrix}$$

由定义 6 可知，逆矩阵具有以下性质：

性质 1 若矩阵 $\boldsymbol{A}$ 可逆，则它的逆阵是唯一的.

事实上，若矩阵 $\boldsymbol{A}$ 有两个逆阵 $\boldsymbol{C}_1$ 与 $\boldsymbol{C}_2$，则根据定义，$\boldsymbol{AC}_1=\boldsymbol{C}_1\boldsymbol{A}=\boldsymbol{I}$，$\boldsymbol{AC}_2=\boldsymbol{C}_2\boldsymbol{A}=\boldsymbol{I}$，于是 $\boldsymbol{C}_1=\boldsymbol{C}_1\boldsymbol{I}=\boldsymbol{C}_1(\boldsymbol{AC}_2)=(\boldsymbol{C}_1\boldsymbol{A})\boldsymbol{C}_2=\boldsymbol{IC}_2=\boldsymbol{C}_2$，即 $\boldsymbol{C}_1=\boldsymbol{C}_2$.

性质 2 矩阵 $\boldsymbol{A}$ 的逆阵的逆阵仍为 $\boldsymbol{A}$，即 $(\boldsymbol{A}^{-1})^{-1}=\boldsymbol{A}$.

性质 3 若 n 阶方阵 $\boldsymbol{A}$ 和 $\boldsymbol{B}$ 均有逆阵，则 $(\boldsymbol{AB})^{-1}=\boldsymbol{B}^{-1}\boldsymbol{A}^{-1}$.

事实上，由于 $(\boldsymbol{AB})(\boldsymbol{B}^{-1}\boldsymbol{A}^{-1})=\boldsymbol{A}(\boldsymbol{BB}^{-1})\boldsymbol{A}^{-1}=\boldsymbol{AA}^{-1}=\boldsymbol{I}$

$$(\boldsymbol{B}^{-1}\boldsymbol{A}^{-1})(\boldsymbol{AB})=\boldsymbol{B}^{-1}(\boldsymbol{A}^{-1}\boldsymbol{A})\boldsymbol{B}=\boldsymbol{B}^{-1}\boldsymbol{B}=\boldsymbol{I}$$

即 $\boldsymbol{AB}$ 有逆阵，$(\boldsymbol{AB})^{-1}=\boldsymbol{B}^{-1}\boldsymbol{A}^{-1}$.

例 3 设 $\boldsymbol{A}=\begin{pmatrix}3&2\\1&0\end{pmatrix}$，求 $\boldsymbol{A}^{-1}$.

解 设 $\boldsymbol{A}^{-1}=\begin{pmatrix}x_1&x_2\\x_3&x_4\end{pmatrix}$，则

$$\boldsymbol{AA}^{-1}=\begin{pmatrix}3&2\\1&0\end{pmatrix}\begin{pmatrix}x_1&x_2\\x_3&x_4\end{pmatrix}=\begin{pmatrix}3x_1+2x_3&3x_2+2x_4\\x_1&x_2\end{pmatrix}=\begin{pmatrix}1&0\\0&1\end{pmatrix},$$

由矩阵相等的概念有

$$\begin{cases}3x_1+2x_3=1\\3x_2+2x_4=0\\x_1=0\\x_2=1\end{cases}\Rightarrow\begin{cases}x_1=0\\x_2=1\\x_3=\dfrac{1}{2}\\x_4=-\dfrac{3}{2}\end{cases}$$

所以，$A^{-1}=\begin{pmatrix}0&1\\\frac{1}{2}&-\frac{3}{2}\end{pmatrix}$.

2. 可逆矩阵的判定

定理2　n 阶方阵 A 可逆的充分必要条件是方阵 A 为满秩矩阵，即 $r(A)=n$.

例4　判断下列矩阵是否可逆：

$$A=\begin{pmatrix}1&1&3\\2&3&7\\3&4&9\end{pmatrix},\ B=\begin{pmatrix}1&2&3\\0&2&9\\2&4&6\end{pmatrix}.$$

解　$A=\begin{pmatrix}1&1&3\\2&3&7\\3&4&9\end{pmatrix}\xrightarrow[③+①\times(-3)]{②+①\times(-2)}\begin{pmatrix}1&1&3\\0&1&1\\0&1&0\end{pmatrix}\xrightarrow{③+②\times(-1)}\begin{pmatrix}1&1&3\\0&1&1\\0&0&-1\end{pmatrix}$

可见 $r(A)=3$，矩阵 A 为满秩矩阵，因此矩阵 A 是可逆的.

$$B=\begin{pmatrix}1&2&3\\0&2&9\\2&4&6\end{pmatrix}\xrightarrow{③+①\times(-2)}\begin{pmatrix}1&2&3\\0&2&9\\0&0&0\end{pmatrix}$$

可见 $r(B)=2$，不等于矩阵 B 的阶数，因此矩阵 B 不可逆.

3. 用初等变换求逆矩阵

首先，把 n 阶方阵 A 和与 A 同阶的单位矩阵 I 写成一个 $n\times 2n$ 矩阵：$[A\mid I]$，然后利用初等行变换将矩阵 A 化成单位矩阵 I，此时在相同的变换下，原来的单位矩阵 I 就化成了 A^{-1}，简写为

$$[A\mid I]\rightarrow[I\mid A^{-1}].$$

例5　求矩阵 $A=\begin{pmatrix}1&1&3\\2&3&7\\3&4&9\end{pmatrix}$ 的逆矩阵.

解　$[A\mid I]=\left(\begin{array}{ccc:ccc}1&1&3&1&0&0\\2&3&7&0&1&0\\3&4&9&0&0&1\end{array}\right)\xrightarrow[③+①\times(-3)]{②+①\times(-2)}\left(\begin{array}{ccc:ccc}1&1&3&1&0&0\\0&1&1&-2&1&0\\0&1&0&-3&0&1\end{array}\right)$

$$\xrightarrow[\text{③}\times(-1)]{\text{③}+\text{②}\times(-1)}\left(\begin{array}{ccc:ccc}1&1&3&1&0&0\\0&1&1&-2&1&0\\0&0&1&1&1&-1\end{array}\right)\xrightarrow[\text{②}+\text{③}\times(-1)]{\text{①}+\text{③}\times(-3)}\left(\begin{array}{ccc:ccc}1&1&0&-2&-3&3\\0&1&0&-3&0&1\\0&0&1&1&1&-1\end{array}\right)$$

$$\xrightarrow{\text{①}+\text{②}\times(-1)}\left(\begin{array}{ccc:ccc}1&0&0&1&-3&2\\0&1&0&-3&0&1\\0&0&1&1&1&-1\end{array}\right),\text{ 则 }\boldsymbol{A}^{-1}=\begin{pmatrix}1&-3&2\\-3&0&1\\1&1&-1\end{pmatrix}.$$

例 6　求矩阵 $\boldsymbol{A}=\begin{pmatrix}1&-1&2\\2&-1&3\\0&3&-2\end{pmatrix}$的逆矩阵.

解

$$(\boldsymbol{A}\,\vdots\,\boldsymbol{I})=\left(\begin{array}{ccc:ccc}1&-1&2&1&0&0\\2&-1&3&0&1&0\\0&3&-2&0&0&1\end{array}\right)$$

$$\xrightarrow{\text{②}+\text{①}\times(-2)}\left(\begin{array}{ccc:ccc}1&-1&2&1&0&0\\0&1&-1&-2&1&0\\0&3&-2&0&0&1\end{array}\right)$$

$$\xrightarrow{\text{③}+\text{②}\times(-3)}\left(\begin{array}{ccc:ccc}1&-1&2&1&0&0\\0&1&-1&-2&1&0\\0&0&1&6&-3&1\end{array}\right)$$

$$\xrightarrow[\text{①}+\text{③}\times(-2)]{\text{②}+\text{③}}\left(\begin{array}{ccc:ccc}1&-1&0&-11&6&-2\\0&1&0&4&-2&1\\0&0&1&6&-3&1\end{array}\right)$$

$$\xrightarrow{\text{①}+\text{②}}\left(\begin{array}{ccc:ccc}1&0&0&-7&4&-1\\0&1&0&4&-2&1\\0&0&1&6&-3&1\end{array}\right)=(\boldsymbol{I}\,\vdots\,\boldsymbol{A}^{-1})$$

则

$$\boldsymbol{A}^{-1}=\begin{pmatrix}-7&4&-1\\4&-2&1\\6&-3&1\end{pmatrix}$$

例 7　求矩阵 $\boldsymbol{A}=\begin{pmatrix}0&0&0&4\\0&3&0&0\\0&0&2&0\\1&0&0&0\end{pmatrix}$的逆矩阵.

解

$$(\boldsymbol{A}\,\vdots\,\boldsymbol{I})=\left(\begin{array}{cccc:cccc}0&0&0&4&1&0&0&0\\0&3&0&0&0&1&0&0\\0&0&2&0&0&0&1&0\\1&0&0&0&0&0&0&1\end{array}\right)$$

$$\xrightarrow{(①,④)}\left(\begin{array}{cccc|cccc}1&0&0&0&0&0&0&1\\0&3&0&0&0&1&0&0\\0&0&2&0&0&0&1&0\\0&0&0&4&1&0&0&0\end{array}\right)$$

$$\xrightarrow[④\times\frac{1}{4}]{②\times\frac{1}{3},\ ③\times\frac{1}{2}}\left(\begin{array}{cccc|cccc}1&0&0&0&0&0&0&1\\0&1&0&0&0&\frac{1}{3}&0&0\\0&0&1&0&0&0&\frac{1}{2}&0\\0&0&0&1&\frac{1}{4}&0&0&0\end{array}\right)$$

则 $\boldsymbol{A}^{-1}=\begin{pmatrix}0&0&0&1\\0&\frac{1}{3}&0&0\\0&0&\frac{1}{2}&0\\\frac{1}{4}&0&0&0\end{pmatrix}$

4. 求解矩阵方程

常见的矩阵方程有 $\boldsymbol{AX}=\boldsymbol{B}$，$\boldsymbol{AXB}=\boldsymbol{C}$ 等形式，利用逆矩阵的运算性质和矩阵乘法的运算规律可化为

$$\boldsymbol{A}^{-1}\boldsymbol{AX}=\boldsymbol{A}^{-1}\boldsymbol{B},\ \boldsymbol{X}=\boldsymbol{A}^{-1}\boldsymbol{B}$$

$$\boldsymbol{AXB}=\boldsymbol{C},\ \boldsymbol{A}^{-1}\boldsymbol{AXBB}^{-1}=\boldsymbol{A}^{-1}\boldsymbol{CB}^{-1},\ \boldsymbol{X}=\boldsymbol{A}^{-1}\boldsymbol{CB}^{-1}$$

其他形式的矩阵方程也可用类似方法求解.

例 8 求矩阵 $\boldsymbol{X}$，使 $\boldsymbol{AX}=\boldsymbol{B}$，其中 $\boldsymbol{A}=\begin{pmatrix}1&2\\3&4\end{pmatrix}$，$\boldsymbol{B}=\begin{pmatrix}2\\-6\end{pmatrix}$.

解 由 $\boldsymbol{AX}=\boldsymbol{B}$ 得，$\boldsymbol{X}=\boldsymbol{A}^{-1}\boldsymbol{B}$. 用初等变换求逆矩阵，得

$$\boldsymbol{A}^{-1}=\begin{pmatrix}-2&1\\\frac{3}{2}&-\frac{1}{2}\end{pmatrix}$$

$$\boldsymbol{X}=\boldsymbol{A}^{-1}\boldsymbol{B}=\begin{pmatrix}-2&1\\\frac{3}{2}&-\frac{1}{2}\end{pmatrix}\begin{pmatrix}2\\-6\end{pmatrix}=\begin{pmatrix}-10\\6\end{pmatrix}$$

例 9 求矩阵 $\boldsymbol{X}$，使 $\boldsymbol{AX}=\boldsymbol{B}$，其中 $\boldsymbol{A}=\begin{pmatrix}1&1&2\\1&2&2\\1&2&3\end{pmatrix}$，$\boldsymbol{B}=\begin{pmatrix}2&0\\-1&1\\0&3\end{pmatrix}$.

解 由 $\boldsymbol{AX}=\boldsymbol{B}$ 得，$\boldsymbol{X}=\boldsymbol{A}^{-1}\boldsymbol{B}$.

$$(\boldsymbol{A}\,\vdots\,\boldsymbol{I})=\left(\begin{array}{ccc:ccc}1&1&2&1&0&0\\1&2&2&0&1&0\\1&2&3&0&0&1\end{array}\right)\xrightarrow[②+①\times(-1)]{③+①\times(-1)}\left(\begin{array}{ccc:ccc}1&1&2&1&0&0\\0&1&0&-1&1&0\\0&1&1&-1&0&1\end{array}\right)$$

$$\xrightarrow[(-1)]{③+②\times}\left(\begin{array}{ccc:ccc}1&1&2&1&0&0\\0&1&0&-1&1&0\\0&0&1&0&-1&1\end{array}\right)\xrightarrow[(-2)]{①+③\times}\left(\begin{array}{ccc:ccc}1&1&0&1&2&-2\\0&1&0&-1&1&0\\0&0&1&0&-1&1\end{array}\right)$$

$$\xrightarrow{①+②\times(-1)}\left(\begin{array}{ccc:ccc}1&0&0&2&1&-2\\0&1&0&-1&1&0\\0&0&1&0&-1&1\end{array}\right)=(\boldsymbol{I}\,\vdots\,\boldsymbol{A}^{-1})$$

所以

$$\boldsymbol{A}^{-1}=\begin{pmatrix}2&1&-2\\-1&1&0\\0&-1&1\end{pmatrix}$$

$$\boldsymbol{X}=\boldsymbol{A}^{-1}B=\begin{pmatrix}2&1&-2\\-1&1&0\\0&-1&1\end{pmatrix}\begin{pmatrix}2&0\\-1&1\\0&3\end{pmatrix}=\begin{pmatrix}3&-5\\-3&1\\1&2\end{pmatrix}$$

习题 1-2

1. 将下列矩阵化成行简化阶梯形矩阵：

（1）$\begin{pmatrix}-1&2&3&4\\0&1&-5&2\\2&-1&3&0\end{pmatrix}$；　（2）$\begin{pmatrix}-1&1&4&0\\3&-2&5&-3\\2&0&-6&4\\0&1&1&2\end{pmatrix}$；

（3）$\begin{pmatrix}1&1&1&-1\\-1&-1&2&3\\2&2&5&0\end{pmatrix}$.

2. 求下列矩阵的秩：

（1）$\begin{pmatrix}1&1&0&0\\1&0&1&1\\2&-1&3&3\end{pmatrix}$；　（2）$\begin{pmatrix}1&0&1&0\\1&2&-1&-3\\1&0&-3&-1\\0&2&-6&3\end{pmatrix}$；

（3）$\begin{pmatrix}1&1&2&2&1\\0&2&1&5&-1\\2&0&3&-1&3\\1&1&0&4&-1\end{pmatrix}$；　（4）$\begin{pmatrix}1&2&-1&-2\\2&-1&1&1\\3&1&0&-1\end{pmatrix}$.

3. 设 $\boldsymbol{A}=\begin{pmatrix}1 & -2 & 3 & 5\\ 0 & 1 & 2 & 1\\ 1 & -1 & 5 & x\end{pmatrix}$，求 x 的值.

4. 求下列矩阵的逆：

（1）$\begin{pmatrix}1 & 2 & 3\\ 2 & 1 & 2\\ 1 & 3 & 4\end{pmatrix}$；（2）$\begin{pmatrix}1 & 0 & 1\\ 2 & 1 & 0\\ -3 & 2 & -5\end{pmatrix}$；（3）$\begin{pmatrix}1 & 0 & 0 & 0\\ a & 1 & 0 & 0\\ a^2 & a & 1 & 0\\ a^3 & a^2 & 2 & 1\end{pmatrix}$；

（4）$\begin{pmatrix}1 & 3 & -5 & 7\\ 0 & 1 & 2 & 3\\ 0 & 0 & 1 & 2\\ 0 & 0 & 0 & 1\end{pmatrix}$；（5）$\begin{pmatrix}1 & 1 & 1 & 1\\ 1 & 1 & -1 & -1\\ 1 & -1 & 1 & -1\\ 1 & -1 & -1 & 1\end{pmatrix}$.

5. 解矩阵方程：

（1）$\begin{pmatrix}1 & 1 & -1\\ 0 & 2 & 2\\ 1 & -1 & 0\end{pmatrix}\boldsymbol{X}=\begin{pmatrix}3 & 2\\ 1 & 0\\ -2 & 1\end{pmatrix}$；（2）$\boldsymbol{X}\begin{pmatrix}-2 & 1 & 0\\ 1 & -2 & 1\\ 0 & 1 & -2\end{pmatrix}=\begin{pmatrix}1 & 2 & 3\\ 0 & 1 & 2\end{pmatrix}$.

6. 设 $\boldsymbol{A}=\begin{pmatrix}-1 & 0 & 0\\ 1 & -1 & 0\\ 1 & 1 & -1\end{pmatrix}$，且满足矩阵方程 $\boldsymbol{A}(\boldsymbol{X}-\boldsymbol{I})+2\boldsymbol{X}=\boldsymbol{O}$，求 $\boldsymbol{X}$.

7. 利用初等行变换将下列矩阵化为行阶梯形矩阵和行简化的阶梯形矩阵，并求下列各矩阵的秩：

（1）$\boldsymbol{A}=\begin{pmatrix}-3 & -1 & 2 & 2 & -3\\ -2 & 3 & -1 & 3 & 1\\ -7 & 5 & 0 & 8 & -1\end{pmatrix}$；（2）$\boldsymbol{A}=\begin{pmatrix}1 & 4 & -5\\ 0 & -1 & 2\\ 3 & 1 & 7\\ 0 & 1 & -2\\ 2 & 3 & 0\end{pmatrix}$；

（3）$\boldsymbol{A}=\begin{pmatrix}1 & -3 & 4 & 5\\ 2 & -2 & 7 & 9\\ 1 & 1 & 3 & 4\end{pmatrix}$；（4）$\boldsymbol{A}=\begin{pmatrix}1 & 2 & -1\\ 3 & 0 & 1\\ -2 & 3 & 1\end{pmatrix}$.

8. 设 $\boldsymbol{A}=\begin{pmatrix}1 & 0 & 1\\ -2 & 1 & 0\\ 3 & 2 & -3\end{pmatrix}$，判断 $\boldsymbol{A}$ 是否是满秩矩阵？若是满秩矩阵，则将 $\boldsymbol{A}$ 化为单位矩阵.

9. 设$\boldsymbol{A}=\begin{pmatrix}1 & 0 & -2 & 1\\ 0 & 2 & 3 & 0\\ -1 & 2 & 5 & x\end{pmatrix}$，若$r(\boldsymbol{A})=2$，试求$x$的值.

10. 设方阵$\boldsymbol{A}=\begin{pmatrix}0 & 1 & 2\\ 1 & 1 & 4\\ 2 & -1 & 0\end{pmatrix}$，判断$\boldsymbol{A}$是否可逆；如果可逆，求$\boldsymbol{A}^{-1}$.

11. 求解下列矩阵方程：

（1）$\begin{pmatrix}1 & 1\\ 3 & -2\end{pmatrix}\boldsymbol{X}=\begin{pmatrix}-1 & 2\\ 1 & 0\end{pmatrix}$；（2）$\begin{pmatrix}2 & 2 & 3\\ 1 & -1 & 0\\ -1 & 2 & 1\end{pmatrix}\boldsymbol{X}=\begin{pmatrix}2\\ 1\\ 3\end{pmatrix}$；

（3）$\begin{pmatrix}1 & 4\\ -1 & -2\end{pmatrix}\boldsymbol{X}\begin{pmatrix}0 & -1\\ 2 & 1\end{pmatrix}=\begin{pmatrix}1 & 0\\ 3 & -1\end{pmatrix}$.

12. 设矩阵$\boldsymbol{A}=\begin{pmatrix}1 & 1 & 1 & 1\\ 1 & 0 & 2 & 2\\ -1 & 0 & a-3 & -2\\ 2 & 3 & 1 & a\end{pmatrix}$，当$a$取何值时，$\boldsymbol{A}$为满秩矩阵？当$a$取何值时，$r(\boldsymbol{A})=2$？

第三节　一般线性方程组求解问题

一、线性方程组解的判定

1. 线性方程组的矩阵表示

n元线性方程组的一般形式

$$\begin{cases}a_{11}x_1+a_{12}x_2+\cdots+a_{1n}x_n=b_1\\ a_{21}x_1+a_{22}x_2+\cdots+a_{2n}x_n=b_2\\ \qquad\qquad\vdots\\ a_{m1}x_1+a_{m2}x_2+\cdots+a_{mn}x_n=b_m\end{cases}\tag{1-1}$$

其中，$x_1,x_2,\cdots,x_n$表示n个未知量(也称未知元)；m表示方程的个数；$a_{ij}(i=1,2,\cdots,m;\ j=1,2,\cdots,n)$表示第$i$个方程中第$j$个未知量$x_j$的系数；$b_1,b_2,\cdots,b_m$表示常数项.

由矩阵乘法运算和矩阵相等的定义可知，线性方程组(1-1)可以写成矩阵方程形式$\boldsymbol{AX}=\boldsymbol{b}$. 其中

$$\boldsymbol{A}=\begin{pmatrix} a_{11} & a_{12} & \cdots & a_{1n} \\ a_{21} & a_{22} & \cdots & a_{2n} \\ \vdots & \vdots & & \vdots \\ a_{m1} & a_{m2} & \cdots & a_{mn} \end{pmatrix},\ \boldsymbol{X}=\begin{pmatrix} x_1 \\ x_2 \\ \vdots \\ x_n \end{pmatrix},\ \boldsymbol{b}=\begin{pmatrix} b_1 \\ b_2 \\ \vdots \\ b_m \end{pmatrix},$$

$$\overline{\boldsymbol{A}}=\begin{pmatrix} a_{11} & a_{12} & \cdots & a_{1n} & b_1 \\ a_{21} & a_{22} & \cdots & a_{2n} & b_2 \\ \vdots & \vdots & & \vdots & \vdots \\ a_{m1} & a_{m2} & \cdots & a_{mn} & b_m \end{pmatrix}$$

$\boldsymbol{A}$ 表示由线性方程组的系数构成的 $m \times n$ 矩阵，叫做线性方程组的**系数矩阵**；$\boldsymbol{X}$ 表示由 n 个未知量构成的列矩阵；$\boldsymbol{b}$ 表示由 m 个常数项构成的列矩阵；$\overline{\boldsymbol{A}}$ 叫做线性方程组的**增广矩阵**.

2. 线性方程组解的讨论

定理 1 设矩阵 $\boldsymbol{A}$，$\overline{\boldsymbol{A}}$ 分别表示线性方程组的系数矩阵和增广矩阵，线性方程组为 $\boldsymbol{AX}=\boldsymbol{b}$，则

（1）线性方程组有唯一解的充分必要条件是 $r(\boldsymbol{A})=r(\overline{\boldsymbol{A}})=n$；

（2）线性方程组有无穷多解的充分必要条件是 $r(\boldsymbol{A})=r(\overline{\boldsymbol{A}})<n$；

（3）线性方程组无解的充分必要条件是 $r(\boldsymbol{A})\neq r(\overline{\boldsymbol{A}})$.

例 1 讨论下列线性方程组解的情况：

（1）$\begin{cases} x_1+2x_2-3x_3=1 \\ -x_1+x_2+x_3=2 \\ 2x_1+x_2-4x_3=-1 \end{cases}$；（2）$\begin{cases} x_1-x_2+2x_3=1 \\ 3x_1-x_2+3x_3=2 \\ -x_1-x_2+x_3=-1 \end{cases}$；

（3）$\begin{cases} 2x_1+x_2+x_3=-1 \\ x_1+2x_2-2x_3=2 \\ x_1-x_2+4x_3=2 \end{cases}$.

解 （1）$\overline{\boldsymbol{A}}=\begin{pmatrix} 1 & 2 & -3 & 1 \\ -1 & 1 & 1 & 2 \\ 2 & 1 & -4 & -1 \end{pmatrix}\xrightarrow[②+①]{③+①\times(-2)}\begin{pmatrix} 1 & 2 & -3 & 1 \\ 0 & 3 & -2 & 3 \\ 0 & -3 & 2 & -3 \end{pmatrix}$

$\xrightarrow{③+②}\begin{pmatrix} 1 & 2 & -3 & 1 \\ 0 & 3 & -2 & 3 \\ 0 & 0 & 0 & 0 \end{pmatrix}$

因为 $r(\boldsymbol{A})=r(\overline{\boldsymbol{A}})=2<3$，所以线性方程组有无穷多解.

（2）$\overline{\boldsymbol{A}}=\begin{pmatrix} 1 & -1 & 2 & 1 \\ 3 & -1 & 3 & 2 \\ -1 & -1 & 1 & -1 \end{pmatrix}\xrightarrow[②+①\times(-3)]{③+①}\begin{pmatrix} 1 & -1 & 2 & 1 \\ 0 & 2 & -3 & -1 \\ 0 & -2 & 3 & 0 \end{pmatrix}$

$$\xrightarrow{③+②}\begin{pmatrix}1 & -1 & 2 & 1\\0 & 2 & -3 & -1\\0 & 0 & 0 & -1\end{pmatrix}$$

因为 $r(\boldsymbol{A})=2$，$r(\overline{\boldsymbol{A}})=3$，$r(\boldsymbol{A})\neq r(\overline{\boldsymbol{A}})$，所以线性方程组无解.

(3) $\overline{\boldsymbol{A}}=\begin{pmatrix}2 & 1 & 1 & -1\\1 & 2 & -2 & 2\\1 & -1 & 4 & 2\end{pmatrix}\xrightarrow{(③,①)}\begin{pmatrix}1 & -1 & 4 & 2\\1 & 2 & -2 & 2\\2 & 1 & 1 & -1\end{pmatrix}$

$$\xrightarrow[②+①\times(-1)]{③+①\times(-2)}\begin{pmatrix}1 & -1 & 4 & 2\\0 & 3 & -6 & 0\\0 & 3 & -7 & -5\end{pmatrix}\xrightarrow{③+②\times(-1)}\begin{pmatrix}1 & -1 & 4 & 2\\0 & 3 & -6 & 0\\0 & 0 & -1 & -5\end{pmatrix}$$

因为 $r(\boldsymbol{A})=r(\overline{\boldsymbol{A}})=3=n$，所以线性方程组有唯一解.

二、线性方程组的解法

1. 非齐次线性方程组的解法

当线性方程组(1-1)中 $\boldsymbol{b}=\begin{pmatrix}b_1\\b_2\\\vdots\\b_m\end{pmatrix}\neq\boldsymbol{0}$(即 $b_1,b_2,\cdots,b_m$ 不全为0)时，叫做**非齐次线性方程组**.

将非齐次线性方程组的增广矩阵 $\overline{\boldsymbol{A}}$ 化为行阶梯形矩阵，由定理1可直接判断其是否有解.

(1) 若 $r(\boldsymbol{A})\neq r(\overline{\boldsymbol{A}})$，则线性方程组无解；

(2) 若 $r(\boldsymbol{A})=r(\overline{\boldsymbol{A}})=n$，则线性方程组有唯一解，再化为行简化阶梯形矩阵，便可直接写出线性方程组的解；

(3) 若 $r(\boldsymbol{A})=r(\overline{\boldsymbol{A}})=r<n$，则线性方程组有无穷多解. 此时 $\overline{\boldsymbol{A}}$ 的行阶梯形矩阵中含有 r 个非零行，把这 r 行的第一个非零元所对应的未知量作为非自由未知量，其余 $n-r$ 个未知量作为自由未知量，并令自由未知量分别等于任意常数 $c_1,c_2,\cdots,c_{n-r}$，这样可写出含有自由未知量的线性方程组的全部解.

例2 求线性方程组 $\begin{cases}x_1-x_2-2x_3+2x_4=1\\2x_1+x_2+x_3+2x_4=0\\x_1+x_2+x_3+x_4=2\\x_1-x_3-x_4=-1\end{cases}$ 的解.

解 $\overline{A}=\begin{pmatrix}1&-1&-2&2&1\\2&1&1&2&0\\1&1&1&1&2\\1&0&-1&-1&-1\end{pmatrix}\xrightarrow[\text{②}+\text{①}\times(-2)]{\substack{\text{④}+\text{①}\times(-1)\\\text{③}+\text{①}\times(-1)}}\begin{pmatrix}1&-1&-2&2&1\\0&3&5&-2&-2\\0&2&3&-1&1\\0&1&1&-3&-2\end{pmatrix}$

$$\xrightarrow{(\text{②},\text{④})}\begin{pmatrix}1&-1&-2&2&1\\0&1&1&-3&-2\\0&2&3&-1&1\\0&3&5&-2&-2\end{pmatrix}\xrightarrow[\text{③}+\text{②}\times(-2)]{\text{④}+\text{②}\times(-3)}\begin{pmatrix}1&-1&-2&2&1\\0&1&1&-3&-2\\0&0&1&5&5\\0&0&2&7&4\end{pmatrix}$$

$$\xrightarrow{\text{④}+\text{③}\times(-2)}\begin{pmatrix}1&-1&-2&2&1\\0&1&1&-3&-2\\0&0&1&5&5\\0&0&0&-3&-6\end{pmatrix}$$

因为 $r(\boldsymbol{A})=r(\overline{\boldsymbol{A}})=4=n$，所以线性方程组有唯一解．将上面行阶梯形矩阵化为行简化阶梯形矩阵，得

$$\begin{pmatrix}1&-1&-2&2&1\\0&1&1&-3&-2\\0&0&1&5&5\\0&0&0&-3&-6\end{pmatrix}\xrightarrow{\text{④}\times\left(-\frac{1}{3}\right)}\begin{pmatrix}1&-1&-2&2&1\\0&1&1&-3&-2\\0&0&1&5&5\\0&0&0&1&2\end{pmatrix}$$

$$\xrightarrow[\text{③}+\text{④}\times(-5)]{\substack{\text{①}+\text{④}\times(-2)\\\text{②}+\text{④}\times(3)}}\begin{pmatrix}1&-1&-2&0&-3\\0&1&1&0&4\\0&0&1&0&-5\\0&0&0&1&2\end{pmatrix}\xrightarrow[\text{②}+\text{③}\times(-1)]{\text{①}+\text{③}\times2}\begin{pmatrix}1&-1&0&0&-13\\0&1&0&0&9\\0&0&1&0&-5\\0&0&0&1&2\end{pmatrix}$$

$$\xrightarrow{\text{①}+\text{②}}\begin{pmatrix}1&0&0&0&-4\\0&1&0&0&9\\0&0&1&0&-5\\0&0&0&1&2\end{pmatrix}$$

即线性方程组的解为$\begin{cases}x_1=-4\\x_2=9\\x_3=-5\\x_4=2\end{cases}$.

例 3 求线性方程组$\begin{cases}x_1+x_2-3x_3-x_4=1\\3x_1-x_2-3x_3+4x_4=4\\x_1+5x_2-9x_3-8x_4=0\end{cases}$的解.

解 $\overline{A}=\begin{pmatrix}1&1&-3&-1&1\\3&-1&-3&4&4\\1&5&-9&-8&0\end{pmatrix}\xrightarrow[②+①\times(-3)]{③+①\times(-1)}\begin{pmatrix}1&1&-3&-1&1\\0&-4&6&7&1\\0&4&-6&-7&-1\end{pmatrix}$

$\xrightarrow{③+②}\begin{pmatrix}1&1&-3&-1&1\\0&-4&6&7&1\\0&0&0&0&0\end{pmatrix}\xrightarrow{②\times\left(-\frac{1}{4}\right)}\begin{pmatrix}1&1&-3&-1&1\\0&1&-\frac{3}{2}&-\frac{7}{4}&-\frac{1}{4}\\0&0&0&0&0\end{pmatrix}$

$\xrightarrow{①+②\times(-1)}\begin{pmatrix}1&0&-\frac{3}{2}&\frac{3}{4}&\frac{5}{4}\\0&1&-\frac{3}{2}&-\frac{7}{4}&-\frac{1}{4}\\0&0&0&0&0\end{pmatrix}$

因为$r(\boldsymbol{A})=r(\overline{\boldsymbol{A}})=2<4$，所以线性方程组有无穷多解. 对应的同解方程组为

$$\begin{cases}x_1=\dfrac{3}{2}x_3-\dfrac{3}{4}x_4+\dfrac{5}{4}\\x_2=\dfrac{3}{2}x_3+\dfrac{7}{4}x_4-\dfrac{1}{4}\end{cases}\quad(x_3,x_4\text{ 为自由未知量})$$

设$x_3=c_1$，$x_4=c_2$（c_1,c_2为任意常数），则线性方程组的解为

$$\begin{cases}x_1=\dfrac{3}{2}c_1-\dfrac{3}{4}c_2+\dfrac{5}{4}\\x_2=\dfrac{3}{2}c_1+\dfrac{7}{4}c_2-\dfrac{1}{4}\\x_3=c_1\\x_4=c_2\end{cases}$$

上式给出了线性方程组的无穷多组解，这种形式的解称为线性方程组的**通解**或**一般解**.

例 4 求线性方程组$\begin{cases}x_1+2x_2-x_3+x_4=1\\2x_1+4x_2-2x_3+x_4=2\\-x_1-3x_2+x_3-x_4=1\end{cases}$的通解.

解 $\overline{A}=\begin{pmatrix}1&2&-1&1&1\\2&4&-2&1&2\\-1&-3&1&-1&1\end{pmatrix}\xrightarrow[②+①\times(-2)]{③+①}\begin{pmatrix}1&2&-1&1&1\\0&0&0&-1&0\\0&-1&0&0&2\end{pmatrix}$

$\xrightarrow{(③,②)}\begin{pmatrix}1&2&-1&1&1\\0&-1&0&0&2\\0&0&0&-1&0\end{pmatrix}\xrightarrow[③\times(-1)]{②\times(-1)}\begin{pmatrix}1&2&-1&1&1\\0&1&0&0&-2\\0&0&0&1&0\end{pmatrix}$

$$\xrightarrow[\text{①}+\text{③}\times(-1)]{\text{①}+\text{②}\times(-2)}\begin{pmatrix}1&0&-1&0&5\\0&1&0&0&-2\\0&0&0&1&0\end{pmatrix}$$

因为 $r(\boldsymbol{A})=r(\overline{\boldsymbol{A}})=3<4$，所以线性方程组有无穷多解. 对应的同解方程组为

$$\begin{cases}x_1=x_3+5\\x_2=-2\quad(x_3\text{ 为自由未知量})\\x_4=0\end{cases}$$

设 $x_3=c$（c 为任意常数），即方程组的通解为

$$\begin{cases}x_1=c+5\\x_2=-2\\x_3=c\\x_4=0\end{cases}$$

例 5 讨论 a，b 为何值时，方程组 $\begin{cases}x_1+\ ax_2-\ x_3=1\\x_1+\ 2ax_2-x_3=2\\-x_1+x_2+bx_3=2\end{cases}$ 有唯一解，无解，无穷多解？

解 $$\overline{\boldsymbol{A}}=\begin{pmatrix}1&a&-1&1\\1&2a&-1&2\\-1&1&b&2\end{pmatrix}\xrightarrow[\text{②}+\text{①}\times(-1)]{\text{③}+\text{①}}\begin{pmatrix}1&a&-1&1\\0&a&0&1\\0&1+a&b-1&3\end{pmatrix}$$

$$\xrightarrow{\text{③}+\text{②}\times(-1)}\begin{pmatrix}1&a&-1&1\\0&a&0&1\\0&1&b-1&2\end{pmatrix}\xrightarrow{(\text{②},\text{③})}\begin{pmatrix}1&a&-1&1\\0&1&b-1&2\\0&a&0&1\end{pmatrix}$$

$$\xrightarrow{\text{③}+\text{②}\times(-a)}\begin{pmatrix}1&a&-1&1\\0&1&b-1&2\\0&0&a(1-b)&1-2a\end{pmatrix}$$

（1）当 $a\neq0$ 且 $b\neq1$ 时，$r(\boldsymbol{A})=r(\overline{\boldsymbol{A}})=3=n$，方程组有唯一解；

（2）当 $b=1$ 且 $a=\dfrac{1}{2}$ 时，$r(\boldsymbol{A})=r(\overline{\boldsymbol{A}})=2<n$，方程组有无穷多解；

（3）其余情形 $r(\boldsymbol{A})\neq r(\overline{\boldsymbol{A}})$，方程组无解.

2. 齐次线性方程组的解法

当线性方程组(1-1)中常数项 $\boldsymbol{b}=\begin{pmatrix}b_1\\b_2\\\vdots\\b_m\end{pmatrix}=0$(即 $b_1=b_2=\cdots=b_m=0$)时，线性方程组

$$\begin{cases}a_{11}x_1+a_{12}x_2+\cdots+a_{1n}x_n=0\\a_{21}x_1+a_{22}x_2+\cdots+a_{2n}x_n=0\\\qquad\qquad\vdots\\a_{m1}x_1+a_{m2}x_2+\cdots+a_{mn}x_n=0\end{cases}$$

叫做**齐次线性方程组**. 齐次线性方程组的矩阵方程形式为 $\boldsymbol{AX}=\boldsymbol{0}$.

齐次线性方程组的系数矩阵 $\boldsymbol{A}$ 和增广矩阵 $\overline{\boldsymbol{A}}$ 恒有 $r(\boldsymbol{A})=r(\overline{\boldsymbol{A}})$，故齐次线性方程组一定有解.

定理 2 齐次线性方程组 $\boldsymbol{AX}=\boldsymbol{0}$ 解的情况：

(1) 仅有零解的充分必要条件是 $r(\boldsymbol{A})=n$;

(2) 有非零解的充分必要条件是 $r(\boldsymbol{A})<n$.

由此可知，当 n 元齐次线性方程组 $\boldsymbol{AX}=\boldsymbol{0}$ 中，方程的个数 m 小于未知数的个数，即 $m<n$ 时，一定有非零解.

例 6 求齐次线性方程组 $\begin{cases}x_1+x_2-x_3=0\\2x_1-x_2-3x_4=0\\x_1+2x_2+x_3-x_4=0\\4x_1+2x_2-4x_4=0\end{cases}$ 的通解.

解 $$\boldsymbol{A}=\begin{pmatrix}1&1&-1&0\\2&-1&0&-3\\1&2&1&-1\\4&2&0&-4\end{pmatrix}\xrightarrow[\substack{③+①\times(-1)\\②+①\times(-2)}]{④+①\times(-4)}\begin{pmatrix}1&1&-1&0\\0&-3&2&-3\\0&1&2&-1\\0&-2&4&-4\end{pmatrix}$$

$$\xrightarrow{(②,③)}\begin{pmatrix}1&1&-1&0\\0&1&2&-1\\0&-3&2&-3\\0&-2&4&-4\end{pmatrix}\xrightarrow[③+②\times3]{④+②\times2}\begin{pmatrix}1&1&-1&0\\0&1&2&-1\\0&0&8&-6\\0&0&8&-6\end{pmatrix}$$

$$\xrightarrow{④+③\times(-1)}\begin{pmatrix}1&1&-1&0\\0&1&2&-1\\0&0&8&-6\\0&0&0&0\end{pmatrix}\xrightarrow{③\times\left(\frac{1}{8}\right)}\begin{pmatrix}1&1&-1&0\\0&1&2&-1\\0&0&1&-\frac{3}{4}\\0&0&0&0\end{pmatrix}$$

$$\xrightarrow[\text{②}+\text{③}\times(-2)]{\text{①}+\text{③}}\begin{pmatrix}1 & 1 & 0 & -\frac{3}{4}\\0 & 1 & 0 & \frac{1}{2}\\0 & 0 & 1 & -\frac{3}{4}\\0 & 0 & 0 & 0\end{pmatrix}\xrightarrow{\text{①}+\text{②}\times(-1)}\begin{pmatrix}1 & 0 & 0 & -\frac{5}{4}\\0 & 1 & 0 & \frac{1}{2}\\0 & 0 & 1 & -\frac{3}{4}\\0 & 0 & 0 & 0\end{pmatrix}$$

因为 $r(\boldsymbol{A})=3<4$，所以齐次线性方程组有非零解．对应的同解方程组为

$$\begin{cases}x_1=\frac{5}{4}x_4\\x_2=-\frac{1}{2}x_4\ （x_4\text{ 为自由未知量）}\\x_3=\frac{3}{4}x_4\end{cases}$$

设 $x_4=c$（c 为任意常数），即齐次线性方程组的通解为

$$\begin{cases}x_1=\frac{5}{4}c\\x_2=-\frac{1}{2}c\\x_3=\frac{3}{4}c\\x_4=c\end{cases}$$

习题 1-3

1. 讨论下列线性方程组解的情况：

（1）$\begin{cases}-x_1-x_2-3x_3=1\\2x_1+x_2+x_3=0\end{cases}$；（2）$\begin{cases}x_1+x_2+2x_3=1\\-x_1-x_2+x_3=0\\x_1-x_2+x_3=-1\end{cases}$；

（3）$\begin{cases}2x_1-x_2+2x_3=-1\\-x_1+2x_2-x_3=2\\x_1-x_2+x_3=0\end{cases}$；（4）$\begin{cases}x_1+2x_2-x_3+2x_4=0\\2x_1+x_2+3x_4=3\\-x_1-2x_2+x_3-3x_4=3\\3x_1-3x_2+3x_3+4x_4=3\end{cases}$.

2. 求解下列线性方程组：

(1) $\begin{cases} x_1 + x_3 + x_4 = -1 \\ 2x_1 + x_2 + x_3 + x_4 = 2 \\ x_1 + x_2 + x_3 = 0 \\ 2x_1 + x_3 + 2x_4 = 1 \end{cases}$;　　(2) $\begin{cases} x_1 + 2x_2 + x_3 - x_4 = 1 \\ x_1 + 2x_2 - x_3 - x_4 = 1 \\ 2x_1 + 4x_2 + x_3 - 2x_4 = 2 \end{cases}$;

(3) $\begin{cases} -x_1 + 2x_2 + 4x_3 = 3 \\ 2x_1 - x_2 + 3x_3 = -1 \\ x_2 + x_3 = 2 \end{cases}$;　　(4) $\begin{cases} x_1 + 2x_2 = 1 \\ 2x_1 - x_2 = 0 \\ x_1 + x_2 = 2 \end{cases}$.

3. 求解下列齐次线性方程组：

(1) $\begin{cases} -x_1 + x_2 - x_3 + 5x_4 = 0 \\ x_1 + x_2 + 3x_3 - 2x_4 = 0 \\ -x_1 + 3x_2 + x_3 + 8x_4 = 0 \\ 3x_1 + x_2 + 7x_3 - 9x_4 = 0 \end{cases}$;　　(2) $\begin{cases} x_1 + 2x_2 + x_3 - x_4 = 0 \\ -2x_1 + x_2 - x_3 + x_4 = 0 \\ 7x_1 + x_2 + 5x_3 - 5x_4 = 0 \\ -x_1 + 3x_2 - x_3 - 2x_4 = 0 \end{cases}$.

4. 当 a，b 取何值时，线性方程组 $\begin{cases} x_1 + ax_2 + x_3 = 3 \\ x_1 + 2ax_2 + x_3 = 4 \\ x_1 + x_2 + bx_3 = 4 \end{cases}$ 有唯一解，无解，无穷多解？有无穷多解时求通解.

第四节　数 学 实 验

掌握矩阵的输入方法，利用 MATLAB 应用数学软件进行矩阵的运算，不但可以提高应用矩阵解决问题的能力，而且可以为求解线性方程组奠定良好的基础.

一、矩阵及其基本运算

1. 矩阵的生成

矩阵的生成比较简单，输入的格式要求是：矩阵用“[ ]”括起来，直接按行输入每个元素，同一行中的元素用逗号(或空格)相隔，行与行之间用分号相隔；向量则用“[ ]”括起来，元素之间用空格、逗号或分号相隔就可以了.

说明：①MATLAB 中可以用 eye(n)、ones(m,n)、zeros(m,n)分别生成单位矩阵、全部元素为 1 的矩阵和零矩阵；②MATLAB 中用 transpose(A)或 A′生成矩阵 $\boldsymbol{A}$ 的转置 $\boldsymbol{A}^{\mathrm{T}}$.

例 1　输入向量 $\boldsymbol{A}=(1,2,3)$.

解　>> A = [1,2,3]

```
A =
     1  2  3
```

例 2 输入矩阵 $\boldsymbol{A}=\begin{pmatrix}1&2&3\\2&3&1\\3&2&1\end{pmatrix}$，并求出它的转置矩阵.

解

```
>> A = [1,2,3;2,3,1;3,2,1]
A =
     1  2  3
     2  3  1
     3  2  1
>> transpose(A)
ans =
     1  2  3
     2  3  2
     3  1  1
```

2. 矩阵的基本运算

在 MATLAB 软件中，矩阵的加(+)、减(-)、乘(*)、乘方(^)、转置(′)与前面学习的运算法则一致；不同的是，MATLAB 提供了两种除法运算：左除(/)和右除(\).

例 3 设 $\boldsymbol{A}=\begin{pmatrix}7&5\\6&8\end{pmatrix}$，$\boldsymbol{B}=\begin{pmatrix}3&4\\5&6\end{pmatrix}$，求 $\boldsymbol{A}+\boldsymbol{B}$，$\boldsymbol{A}-\boldsymbol{B}$，$\boldsymbol{AB}$，$3\boldsymbol{A}$，$\boldsymbol{A}^2$，$\boldsymbol{A}'$.

解

```
>> A = [7,5;6,8]; B = [3,4;5,6];
>> C = A + B, D = A - B, E = A * B, F = 3 * A, G = A^2, H = A′
C =
     10   9
     11  14
D =
     4  1
     1  2
E =
     46  58
     58  72
F =
     21  15
     18  24
```

```
G =
    79  75
    90  94
H =
    7  6
    5  8
```

3. 矩阵基本分析

求方阵的行列式、方阵的逆矩阵和矩阵的秩对于矩阵问题的应用起着不可或缺的作用.

(1) 求方阵的行列式的函数调用格式：det(A)

(2) 求方阵的逆矩阵的函数调用格式：inv(A)

(3) 求矩阵的秩的函数调用格式：rank(A)

例 4 求 $\boldsymbol{A}=\begin{pmatrix}1&2&3\\2&2&1\\3&4&2\end{pmatrix}$的行列式、秩和逆矩阵.

解

```
>> A=[1,2,3;2,2,1;3,4,2];
>> d=det(A), r=rank(A), Y=inv(A)
d =
    4
r =
    3
Y =
    0.0000     2.0000    -1.0000
   -2.500     -1.7500     1.2500
    0.5000     0.5000    -0.5000
```

4. 线性方程组的求解

由上所述，将矩阵化为行最简形不但可以用来求矩阵的秩和逆，对线性方程组的求解也起着重要的作用.

化矩阵为行最简形的函数格式为：rref(A)

例 5 设矩阵 $\boldsymbol{A}=\begin{pmatrix}2&-3&8&2\\2&12&-2&2\\1&3&2&4\end{pmatrix}$，试将 $\boldsymbol{A}$ 化为行最简形矩阵，并求出 $\boldsymbol{A}$ 的秩.

解

```
>> A=[2,-3,8,2;2,12,-2,2;1,3,2,4];
>> rref(A)
```

```
ans =
     1.0000        0         0   -8.0000
          0   1.0000         0    2.0000
          0        0    1.0000    3.0000
```

因此，矩阵 $\boldsymbol{A}$ 的秩为3.

例6 求方程组 $\begin{cases} 2x_1 + x_2 - 5x_3 + x_4 = 8 \\ x_1 - 3x_2 - 6x_4 = 9 \\ 2x_2 - x_3 + 2x_4 = -5 \\ x_1 + 4x_2 - 6x_3 + 6x_4 = 0 \end{cases}$ 的解.

解

```
>> A = [2,1,-5,1,8;1,-3,0,-6,9;0,2,-1,2,-5;1,4,-6,6,0];
>> rref(A)
ans =
1.0000        0        0        0    1.2000
     0   1.0000        0        0   -4.2000
     0        0   1.0000        0   -1.8000
     0        0        0   1.0000    0.8000
```

因此方程组的解为：$x_1 = 1.2$，$x_2 = -4.2$，$x_3 = -1.8$，$x_4 = 0.8$.

二、应用模型举例

现有一个木工、一个电工、一个油漆工和一个粉饰工，四人同意彼此装修他们自己的房子. 在装修之前，他们约定每人工作13天(包括给自己家干活在内)，每人的日工资根据一般的市价在50~70元，每人的日工资数应使得每人的总收入与总支出相等. 表1-5是他们协商后制定出的工时分配方案，如何计算出他们每人应得的日工资以及每人房子的装修费(只计算工钱,不包括材料费)是多少?

表1-5 工时分配方案

天数 \ 工种	木 工	电 工	油 漆 工	粉 饰 工
在木工家工作天数	4	3	2	3
在电工家工作天数	5	4	2	3
在油漆工家工作天数	2	5	3	3
在粉饰工家工作天数	2	1	6	4

1. 模型分析与建立

这是一个收入、支出的闭合模型. 设木工、电工、油漆工和粉饰工的日工资分别为 x_1, x_2, x_3, x_4(元), 为满足"平衡"条件, 每人的收支相等, 要求每人在这 13 天内"总收入 = 总支出", 则可建立线性方程组

$$\begin{cases} 4x_1 + 3x_2 + 2x_3 + 3x_4 = 13x_1 \\ 5x_1 + 4x_2 + 2x_3 + 3x_4 = 13x_2 \\ 2x_1 + 5x_2 + 3x_3 + 3x_4 = 13x_3 \\ 2x_1 + x_2 + 6x_3 + 4x_4 = 13x_4 \end{cases}$$

整理得齐次线性方程组

$$\begin{cases} -9x_1 + 3x_2 + 2x_3 + 3x_4 = 0 \\ 5x_1 - 9x_2 + 2x_3 + 3x_4 = 0 \\ 2x_1 + 5x_2 - 10x_3 + 3x_4 = 0 \\ 2x_1 + x_2 + 6x_3 - 9x_4 = 0 \end{cases}$$

2. 模型求解

可利用 MATLAB 解此方程组如下:

```
>> A = [ -9 3 2 3;5  -9 2 3;2 5  -10 3;2 1 6  -9];
>> rank(A)
ans =
    3
>> %因为 rank(A) = 3 < 4, 所以齐次线性方程组有非零解
>>rref(A)         %将矩阵 A 化为标准阶梯形矩阵
ans =
    1.0000         0         0   -0.9153
         0    1.0000         0   -1.0678
         0         0    1.0000   -1.0169
         0         0         0         0
>> rats(ans)
ans =
    1  0  0   -54/59
    0  1  0   -63/59
    0  0  1   -60/59
    0  0  0        0
```

由上面标准阶梯形矩阵可以得到方程组的一般解为

$$\begin{cases} x_1 = \dfrac{54}{59}k \\ x_2 = \dfrac{63}{59}k \\ x_3 = \dfrac{60}{59}k \\ x_4 = k \end{cases}，其中 50 \leqslant k \leqslant 70.$$

取 $x_4 = 59$，得 $x_1 = 54$，$x_2 = 63$，$x_3 = 60$. 即木工、电工、油漆工和粉饰工的日工资分别为 54 元、63 元、60 元和 59 元. 每人房子的装修费用相当于本人 13 天的工资，因此分别为 702 元、819 元、780 元和 767 元.

习题 1-4

1. 求矩阵 $\boldsymbol{A} = \begin{pmatrix} 2 & 3 & 3 \\ 1 & -1 & 0 \\ -1 & 2 & 1 \end{pmatrix}$ 的逆矩阵和秩.

2. 将矩阵 $\boldsymbol{A} = \begin{pmatrix} 7 & -4 & 2 & 1 \\ 2 & 4 & 5 & -3 \\ 2 & 0 & 3 & 7 \end{pmatrix}$ 化成行最简形矩阵.

3. 求下列方程组的通解：

（1）$\begin{cases} 2x_1 - 4x_2 + 5x_3 + 3x_4 = 0 \\ 3x_1 - 6x_2 + 4x_3 + 2x_4 = 0 \\ 5x_1 - 10x_2 + 9x_3 + 5x_4 = 0 \end{cases}$；（2）$\begin{cases} 2x_1 + 5x_2 - 8x_3 + x_4 = 7 \\ 4x_1 + 3x_2 - 9x_3 + 2x_4 = 9. \\ 2x_1 - 2x_2 - x_3 + x_4 = 2 \end{cases}$

复 习 题 一

1. 单项选择题：

（1）下列矩阵是简化阶梯形矩阵的是(　　).

A. $\begin{pmatrix} 1 & 0 & 0 \\ 0 & 0 & 1 \\ 0 & 1 & 0 \end{pmatrix}$；　　B. $\begin{pmatrix} 1 & 0 & 0 \\ 0 & -3 & 0 \\ 0 & 0 & 1 \end{pmatrix}$；

C. $\begin{pmatrix} 1 & 3 & 0 \\ 0 & 0 & 1 \\ 0 & 1 & 0 \end{pmatrix}$；　　D. $\begin{pmatrix} 1 & 0 & 0 \\ 0 & 1 & 0 \\ 0 & 0 & 1 \end{pmatrix}$.

（2）若 $\boldsymbol{A}$ 是 $m \times n$ 矩阵，且 $\boldsymbol{A}^2 = \boldsymbol{A}$，则必有(　　).

A. $m = n$；　　B. $m > n$；　　C. $m < n$；　　D. m 与 n 无关.

（3）设矩阵 $\boldsymbol{C}$ 是 $m \times n$ 矩阵，矩阵 $\boldsymbol{A}$、$\boldsymbol{B}$ 满足 $\boldsymbol{AC} = \boldsymbol{CB}$，则 $\boldsymbol{A}$ 与 $\boldsymbol{B}$ 分别是

(　　)矩阵.

A. $n\times m$, $m\times n$;　　B. $m\times n$, $n\times m$;

C. $n\times n$, $m\times m$;　　D. $m\times m$, $n\times n$.

(4) 设 $\boldsymbol{A}$ 为 $n\times m$ 矩阵, $\boldsymbol{B}$ 为 $n\times s$ 矩阵, 则下列运算有意义的是(　　).

A. $\boldsymbol{AB}$;　　B. $\boldsymbol{B}^{\mathrm{T}}\boldsymbol{A}$;　　C. $\boldsymbol{A}+\boldsymbol{B}$;　　D. $\boldsymbol{AB}^{\mathrm{T}}$.

(5) 矩阵 $\begin{pmatrix}1&3&-2&1&0\\0&1&1&0&0\\0&0&1&0&0\\0&1&0&0&0\end{pmatrix}$ 的秩是(　　).

A. 1;　　B. 2;　　C. 3;　　D. 4.

2. 填空题:

(1) 当 $\lambda=$________ 时, 齐次线性方程组 $\begin{cases}-x_1+x_2=0\\\lambda x_1+x_2=0\end{cases}$ 有非零解.

(2) n 元线性方程组 $\boldsymbol{AX}=\boldsymbol{b}$ 有无穷多组解, 且秩 $r(\boldsymbol{A})=r(\overline{\boldsymbol{A}})=r$, 则通解中自由未知数的个数为________.

(3) 齐次线性方程组 $\boldsymbol{AX}=\boldsymbol{0}$ 只有零解的充分必要条件是系数矩阵 $\boldsymbol{A}_{m\times n}$ 的秩等于________.

(4) 设 $\boldsymbol{A}$ 为可逆矩阵, 且 $\boldsymbol{AX}+2\boldsymbol{B}=\boldsymbol{C}$, 则 $\boldsymbol{X}=$________.

(5) 设 $\boldsymbol{A}$ 为 $n\times m$ 矩阵, $\boldsymbol{B}$ 为 $m\times s$ 矩阵, 则 $\boldsymbol{AB}$ 有________行________列.

3. 设 $\boldsymbol{A}=\begin{pmatrix}-3&0\\1&2\\0&1\end{pmatrix}$, $\boldsymbol{B}=\begin{pmatrix}1&0&3\\2&1&0\end{pmatrix}$, 求 $\boldsymbol{A}-2\boldsymbol{B}^{\mathrm{T}}$, $2\boldsymbol{A}-\boldsymbol{B}^{\mathrm{T}}$.

4. 设 $\boldsymbol{A}=\begin{pmatrix}-1&0&1\\2&1&0\\-1&2&2\end{pmatrix}$, $\boldsymbol{B}=\begin{pmatrix}1&-2\\-2&3\\2&0\end{pmatrix}$, 求 $\boldsymbol{AB}$, $(\boldsymbol{AB})^{\mathrm{T}}$, $\boldsymbol{B}^{\mathrm{T}}\boldsymbol{A}$.

5. 求下列矩阵的秩:

(1) $\boldsymbol{A}=\begin{pmatrix}1&3&1&1&1\\3&9&-1&-4&4\\1&3&5&8&0\end{pmatrix}$; (2) $\boldsymbol{A}=\begin{pmatrix}1&2&-1&2&0\\2&1&0&3&2\\-1&-2&1&-3&3\\3&-3&3&4&3\end{pmatrix}$.

6. 设方阵 $\boldsymbol{A}=\begin{pmatrix}2&0&7\\1&2&0\\-1&-1&-2\end{pmatrix}$, 判断 $\boldsymbol{A}$ 是否可逆; 如果可逆, 求 $\boldsymbol{A}^{-1}$.

7. 已知矩阵 $\boldsymbol{X}$ 满足关系式 $\boldsymbol{AX}+\boldsymbol{E}=\boldsymbol{A}^2+\boldsymbol{X}$，其中 $\boldsymbol{A}=\begin{pmatrix}1&0&1\\0&2&0\\1&0&1\end{pmatrix}$，求矩阵 $\boldsymbol{X}$.

8. 矩阵 $\boldsymbol{A}=\begin{pmatrix}4&7&1&10\\1&2&0&3\\0&1&-1&b\\2&3&a&4\end{pmatrix}$，当 a，b 取何值时矩阵 $\boldsymbol{A}$ 满秩？$r(\boldsymbol{A})=3$？$r(\boldsymbol{A})=2$？

9. 解矩阵方程 $\begin{pmatrix}1&2&3\\2&1&2\\1&3&4\end{pmatrix}\boldsymbol{X}=\begin{pmatrix}1\\0\\2\end{pmatrix}$.

10. 求解下列线性方程组：

(1) $\begin{cases}x_1+6x_2-4x_3-x_4=4\\2x_1+x_3+5x_4=-3\\3x_1-2x_2+3x_3+6x_4=-1\\3x_1+2x_2+5x_4=0\end{cases}$；　(2) $\begin{cases}x_1+x_2+2x_3=1\\-x_1-x_2+x_3=0\\x_1-x_2+x_3=-1\end{cases}$；

(3) $\begin{cases}x_1+2x_2-x_3+2x_4=0\\2x_1+x_2+3x_4=3\\-x_1-2x_2+x_3-3x_4=3\\3x_1-3x_2+3x_3+4x_4=3\end{cases}$；　(4) $\begin{cases}-x_1+2x_2-2x_3+3x_4=-1\\-2x_1+3x_2+2x_3-x_4=4\\-x_1+x_2-x_3+x_4=0\end{cases}$；

(5) $\begin{cases}x_1+x_2-x_3=0\\2x_1-x_2-3x_4=0\\x_1+2x_2+x_3-x_4=0\\4x_1+2x_2-4x_4=0\end{cases}$；　(6) $\begin{cases}-x_1-2x_2+x_3+4x_4=0\\2x_1+3x_2-4x_3-5x_4=0\\x_1-4x_2-13x_3+14x_4=0\\x_1-x_2-7x_3+5x_4=0\end{cases}$.

第二章　集合与关系

集合论是德国数学家康托尔(G. Cantor)于19世纪创立的，它在数学中占有独特的地位. 集合论的语言简洁，具有很强的概括性. 它的基本概念不仅成为现代数学的基础，而且在计算机科学中也经常被使用. 关系是一种特殊的集合，它反映了研究对象之间的联系与性质. 集合与关系在编译程序语言设计、数据结构、信息检索等方面都有着广泛的应用.

本章从集合的概念出发，介绍关系，并着重研究二元关系的特征与性质.

第一节　集合的基本概念和运算

集合是现代数学中最基本的概念. 与几何中的“点”、“线”、“面”等概念一样，它不能被精确定义，而只能给予一种描述，但它是容易理解和掌握的.

一、集合的概念

人们在研究或考察某些明确的对象时，通常把这些对象的全体称为集合，而把这个集合中的对象称为该集合的元素. 因此，凡是在感觉或思维中可以明确判定和区分出的对象，如果把它们看成是一个整体，这个整体就称为一个**集合**. 由有限个元素组成的集合叫做**有限集**，由无限个元素组成的集合叫做**无限集**.

例如，一个班级中的全体同学组成一个集合，班级中的任意一个同学就是该集合中的一个元素；所有26个英文字母组成一个集合，任意一个字母都是该集合的一个元素. 它们都是有限集.

全体实数组成一个集合，任意一个实数就是该集合的一个元素. 它是一个无限集.

需要强调的是，集合的元素必须是明确的. 如果A是一个集合，对于任何一个明确的对象或者事物x，要么x在集合A中，这时记为$x \in A$，读作“x是A的元素”或“x属于A”；要么x不在集合A中，这时记为$x \notin A$，读作“x不是A的元素”或“x不属于A”. 两者必居其一. 通常用大写字母A，B，C，…来表示集合，用小写字母$a,b,c,\cdots$来表示集合的元素，并用花括号$\{\ \ \}$括起来.

二、集合的表示方法

集合的表示方法有三种：列举法、描述法和图示法.

1. 列举法

列举法是集合的一种显式表示方法，是把集合的元素全部明确列举出来，元素之间用逗号隔开.

例如，小于4的正整数的集合 A 可以表示为 $A=\{1,2,3\}$；由26个英文字母组成的集合 B 可以表示为 $B=\{a,b,c,\cdots,z\}$.

这种表示方法的优点是能够做到集合的元素一览无遗，缺点是不一定能体现出集合中元素的共有特征，也就是只有集合中的元素才具有的性质或者满足的条件.

集合有以下特点：

（1）集合中的元素是无序的. 例如，$\{1,3,2\}$，$\{2,3,1\}$，$\{2,1,3\}$，$\{3,1,2\}$ 都表示同一个集合 $\{1,2,3\}$，是一个集合的四种不同写法.

（2）集合中的元素不可重复. 例如，$\{1,2,3,3,1\}$ 所表示的依然是集合 $\{1,2,3\}$.

2. 描述法

描述法是集合的一种隐式表示方法，是通过一项法则来决定某个事物是否属于该集合. 这种表示方法尤其适用于表示那些元素没有必要或者无法全部明确列举出来的集合.

例如，$A=\{x \mid x$ 是正偶数$\}$，$B=\{y \mid y$ 是人口百万以上的城市$\}$. 这种表示的一般形式为

$$A=\{x \mid p(x)\}$$

含义为集合 A 由满足性质 p 的元素所组成.

集合的表示法并不是唯一的.

例如，集合 $A=\{2,4,6\}=\{x \mid x$ 是小于7的正偶数$\}$.

例1 下面介绍几个集合，它们的记号将在本章通用.

（1）$\mathbf{Z}^{+}=\{x \mid x$ 是正整数$\}$；

（2）$\mathbf{N}=\{x \mid x$ 是正整数或者是0$\}=\{x \mid x$ 是自然数$\}$；

（3）$\mathbf{Z}=\{x \mid x$ 是整数$\}$；

（4）$\mathbf{Q}=\{x \mid x$ 是有理数$\}$；

（5）$\mathbf{R}=\{x \mid x$ 是实数$\}$；

（6）$\mathbf{C}=\{x \mid x$ 是复数$\}$.

3. 图示法

集合除了可以用上述两种表示方法外，还可以用图形——文氏图表示，称为集合的图示法. 文氏图使用一个简单的平面区域表示一个集合，用区域内的点表

示集合内的元素，如图 2-1 所示．用文氏图可以形象地、直观地介绍的集合与集合之间的关系以及集合之间的部分运算．

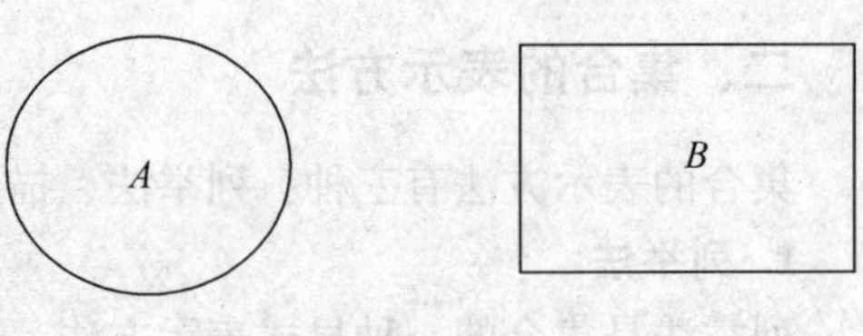

图 2-1

有限集合 A 中所含元素的个数记作 $|A|$．

三、集合间的关系

实数之间有 $=$，$<$，$\leqslant$，$>$，$\geqslant$ 的关系，类似地，可以定义集合间的 $=$，$\subset$，$\subseteq$，$\supset$，$\supseteq$ 关系．

定义 1 如果集合 A 和集合 B 的元素完全相同，则称集合 A 和集合 B 相等，记为 $A=B$；如果集合 A 和集合 B 的元素不完全相同，则称集合 A 与集合 B 不相等，记为 $A\neq B$．

例 2 若 $A=\{1,2,3\}$，$B=\{x\mid x$ 是正整数且 $x^2<12\}$，则 $A=B$．

例 3 若 $A=\{1,2,3\}$，$B=\{x\mid x$ 是实数且 $x^2<12\}$，则 $A\neq B$．

定义 2 设 A 和 B 是任意两个集合，若集合 A 的元素都是集合 B 的元素，则称集合 A 是集合 B 的**子集**，记为 $A\subseteq B$，或者 $B\supseteq A$．

若 A 是 B 的子集，也称 B 包含 A，或者 A 被 B 包含．若 A 不是 B 的子集，即 $A\subseteq B$ 不成立，则称 A 不被 B 包含．

定义 3 对任意两个集合 A 和 B，若 $A\subseteq B$ 且 $A\neq B$，则称 A 为 B 的**真子集**，记为 $A\subset B$，或者 $B\subset A$，如图 2-2 所示．

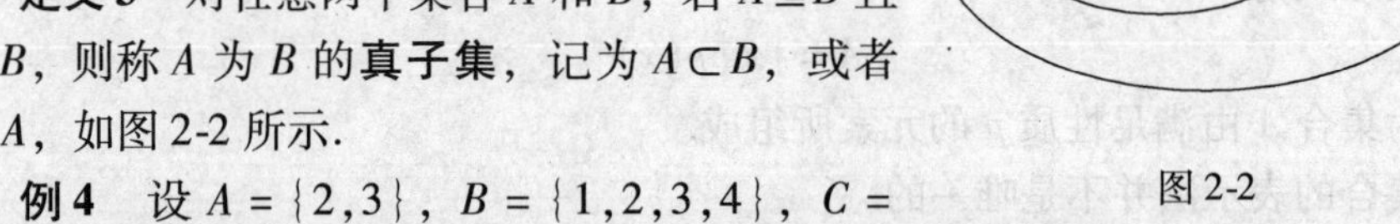

图 2-2

例 4 设 $A=\{2,3\}$，$B=\{1,2,3,4\}$，$C=\{0,1,2\}$，则 A 是 B 的真子集，但 C 不是 B 的真子集．

由上述定义，有 $\mathbf{Z}^+\subset\mathbf{N}\subset\mathbf{Z}\subset\mathbf{Q}\subset\mathbf{R}\subset\mathbf{C}$，当然也有 $\mathbf{Z}^+\subseteq\mathbf{N}\subseteq\mathbf{Z}\subseteq\mathbf{Q}\subseteq\mathbf{R}\subseteq\mathbf{C}$．

四、特殊集合

空集、全集、幂集是三个特殊集合，它们在集合论中的地位是很重要的．

定义 4 不含任何元素的集合称为**空集**，记为 $\varnothing$．

$$\varnothing=\{x\mid x\neq x\}$$

例如，$X=\{x\mid x^2+1=0$ 且 $x\in\mathbf{R}\}$．因为 $x^2+1=0$ 无实数解，所以 X 为空集．

但要注意，$\varnothing\neq\{\varnothing\}$，而且 $\varnothing\in\{\varnothing\}$，因为 $\{\varnothing\}$ 不是空集，表示集合中只有

一个元素$\varnothing$.

空集是唯一的.

定义 5 在一个具体的问题中，如果所涉及的集合都是某个集合的子集，则称这个集合为**全集**，记为E(或U).

全集是一个相对性的概念，根据研究问题的不同，可以选择不同的全集. 例如，在初等数学中常以全体整数为全集；在高等数学中常以实数为全集.

定义 6 设A是任意一个集合，由A的所有子集为元素的集合称为A的**幂集**，记为$\rho(A)$(或2^A)，即$\rho(A)=\{B \mid B\subseteq A\}$.

例 5 计算下列集合的幂集：

(1) $\{1,2,3\}$； (2) $\{1,\{2,3\}\}$； (3) $\varnothing$； (4) $\{\varnothing\}$.

解 (1) $\rho(\{1,2,3\})=\{\varnothing,\{1\},\{2\},\{3\},\{1,2\},\{1,3\},\{2,3\},\{1,2,3\}\}$

(2) $\rho(\{1,\{2,3\}\})=\{\varnothing,\{1\},\{\{2,3\}\},\{1,\{2,3\}\}\}$

(3) $\rho(\varnothing)=\{\varnothing\}$

(4) $\rho(\{\varnothing\})=\{\varnothing,\{\varnothing\}\}$

例 6 设$A=\{x \mid x(x-1)(x-3)=0, x\in\mathbf{R}\}$，求$A$的幂集.

解 因为$A=\{0,1,3\}$，所以$\rho(A)=\{\varnothing,\{0\},\{1\},\{3\},\{0,1\},\{0,3\},\{1,3\},\{0,1,3\}\}$.

定理 1 如果有限集合A的元素个数为n，则其幂集$\rho(A)$元素的个数为2^n.

关于集合有下列重要结论：

(1) 任何集合A，必有$\varnothing\subseteq A\subseteq E$.

(2) 若A是任意一个集合，则有$A\subseteq A$，即任何集合都是它本身的子集.

(3) 设有集合A，B，C，若$A\subseteq B$，$B\subseteq C$，则$A\subseteq C$.

(4) 设有集合A，B，则$A=B$的充分必要条件是$A\subseteq B$且$B\subseteq A$.

五、集合的运算

两个实数进行加、减、乘、除运算可以得到一个新的实数. 类似地，两个集合之间进行并、交、差、补运算可得到新的集合. 因此集合的运算是由已知集合构造新集合的一种方法. 文氏图是表示集合及其运算特别直观的一种方式，但应注意，这种表示方式只是示意图，只能帮助人们直观理解集合之间的关系和运算，不能代替证明.

1. 集合的运算

定义 7 设A和B为两个任意的集合，由所有属于集合A或属于集合B的元素所组成的集合，称为集合A和集合B的**并集**，记为$A\cup B$，即

$$A\cup B=\{x \mid x\in A \text{ 或 } x\in B\}$$

由并集定义很容易看出：$A\subseteq A\cup B$，$B\subseteq A\cup B$.

例 7 若 $A=\{a,b,c,d\}$，$B=\{c,d,e,f\}$，则 $A\cup B=\{a,b,c,d,e,f\}$.

注意：两个集合的公共元素在并集中只能出现一次.

例 8 设 $A=\{x\mid x$ 是有理数$\}$，$B=\{y\mid y$ 是无理数$\}$，则

$$A\cup B=\{x\mid x \text{ 是实数}\}$$

定义 8 设 A 和 B 为两个任意的集合，由集合 A 和集合 B 的所有公共元素组成的集合，称为 A 和 B 的**交集**，记为 $A\cap B$，即

$$A\cap B=\{x\mid x\in A \text{ 且 } x\in B\}$$

如果两个集合 A 和 B 的交集 $A\cap B=\varnothing$，则称它们是不相交的，或称它们没有共同元素. 此外，由交集的定义还可以得到 $A\cap B\subseteq A$，$A\cap B\subseteq B$.

例 9 设 $A=\{0,2,4,6,8,10\}$，$B=\{1,2,3,4,5,6,7\}$，则 $A\cap B=\{2,4,6\}$.

例 10 设 $A=\{1,\{2,3\}\}$，$B=\{\{1,2\},3\}$，则 $A\cap B=\varnothing$.

集合的并集和交集的运算可以推广到任意多个集合的情形，即

$$\bigcup_{i=1}^{\infty}=\{x\mid \text{存在某个 } i_0\in\mathbf{Z},\text{使得 } x\in A_{i_0}\}$$

$$\bigcap_{i=1}^{\infty}=\{x\mid \text{对一切 } i\in\mathbf{Z},\text{有 } x\in A_i\}$$

定义 9 由集合 A、B 中属于集合 A 而不属于集合 B 的一切元素组成的集合称为集合 A 与集合 B 的**差**，即

$$A-B=\{x\mid x\in A \text{ 且 } x\notin B\}$$

例 11 设 $A=\{1,2,3,4,5,6\}$，$B=\{2,3,6\}$，则

$$A-B=\{1,4,5\}$$

例 12 若 $A=\{a,b,c,d\}$，$B=\{c,d,e,f\}$，则

$$A-B=\{a,b\},\quad B-A=\{e,f\}$$

定义 10 设 E 为全集，集合 $A\subseteq E$，则称 $E-A$ 为集合 A 的**补集**，记为 $\overline{A}$，即

$$\overline{A}=E-A=\{x\mid x\in E \text{ 且 } x\notin A\}$$

例 13 设 $A=\{x\mid x\geqslant 5\}$，$E=\mathbf{R}$，则

$$\overline{A}=\{x\mid x<5 \text{ 且 } x\in\mathbf{R}\}$$

定义 11 设 A 和 B 为任意两个集合，称 $A-B$ 与 $B-A$ 的并集为集合 A 和集合 B 的**对称差**，即

$$A\oplus B=(A-B)\cup(B-A)$$

例 14 设 $A=\{2,3,5,6\}$，$B=\{1,2,5,7,9\}$，则

$$A\oplus B=\{1,3,6,7,9\}$$

在交集的定义中，集合中的元素是所定义集合的公共元素，而对称差正好与

之相反，它恰是去掉所定义集合的所有公共元素，由剩下的所有元素组成.

以上定义的集合运算均可通过文氏图中阴影部分清楚地表示出来，如图 2-3 所示.

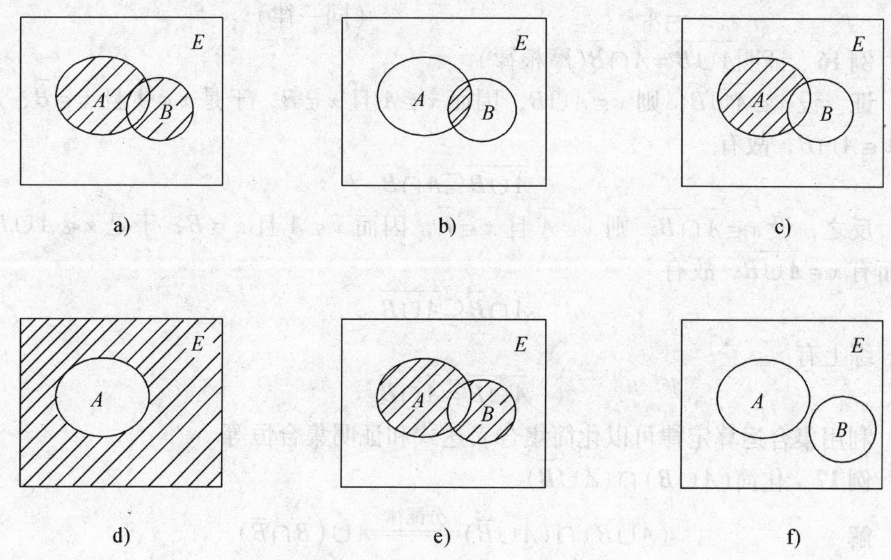

图 2-3

a) $A\cup B$ b) $A\cap B$ c) $A-B$ d) $\overline{A}$ e) $A\oplus B$ f) $A\cap B=\varnothing$

2. 集合运算的性质

实数运算有交换律、结合律和分配律等，类似地，集合的并、交、差、补运算也具有许多运算律. 下面以恒等式的形式给出集合运算满足的主要运算律，其中 A，B，C 是任意集合，E 是全集.

(1) 交换律 $A\cup B=B\cup A$；$A\cap B=B\cap A$

(2) 结合律 $(A\cup B)\cup C=A\cup(B\cup C)$；$(A\cap B)\cap C=A\cap(B\cap C)$

(3) 分配律 $A\cup(B\cap C)=(A\cup B)\cap(A\cup C)$；$A\cap(B\cup C)=(A\cap B)\cup(A\cap C)$

(4) 幂等律 $A\cup A=A$；$A\cap A=A$

(5) 同一律 $A\cup\varnothing=A$；$A\cap E=A$

(6) 零律 $A\cup E=E$；$A\cap\varnothing=\varnothing$

(7) 互补律 $A\cup\overline{A}=E$；$A\cap\overline{A}=\varnothing$

(8) 吸收律 $A\cup(A\cap B)=A$；$A\cap(A\cup B)=A$

(9) 对合律 $\overline{\overline{A}}=A$；

(10) 摩根律 $\overline{A\cup B}=\overline{A}\cap\overline{B}$；$\overline{A\cap B}=\overline{A}\cup\overline{B}$

以上运算定律都可以用集合相等的定义加以证明，限于篇幅，仅举二例.

例 15 证明 $A\cup(A\cap B)=A$(吸收律).

证 $A \cup (A \cap B) = (A \cap E) \cup (A \cap B)$ （同一律）

$= A \cap (E \cup B)$ （分配律）

$= A \cap E$ （零律）

$= A$ （同一律）

例 16 证明$\overline{A \cup B} = \overline{A} \cap \overline{B}$（摩根律）.

证 设 $x \in \overline{A \cup B}$，则 $x \notin A \cup B$，因而 $x \notin A$ 且 $x \notin B$，于是 $x \in \overline{A}$ 且 $x \in \overline{B}$，从而 $x \in \overline{A} \cap \overline{B}$，故有

$$\overline{A \cup B} \subseteq \overline{A} \cap \overline{B}$$

反之，设 $x \in \overline{A} \cap \overline{B}$，则 $x \in \overline{A}$ 且 $x \in \overline{B}$，因而 $x \notin A$ 且 $x \notin B$，于是 $x \notin A \cup B$，从而有 $x \in \overline{A \cup B}$，故有

$$\overline{A} \cap \overline{B} \subseteq \overline{A \cup B}$$

综上有

$$\overline{A \cup B} = \overline{A} \cap \overline{B}$$

利用集合运算定律可以化简集合表达式和证明集合恒等.

例 17 化简$(A \cup B) \cap (A \cup \overline{B})$.

解

$$(A \cup B) \cap (A \cup \overline{B}) \xlongequal{\text{分配律}} A \cup (B \cap \overline{B})$$

$$\xlongequal{\text{互补律}} A \cup \varnothing$$

$$\xlongequal{\text{同一律}} A$$

例 18 证明 $A \cup (B - A) = A \cup B$.

证 $A \cup (B - A) = A \cup (B \cap \overline{A})$

$= (A \cup B) \cap (A \cup \overline{A})$

$= (A \cup B) \cap E$

$= A \cup B$

利用文氏图可以直观、形象地说明上述运算性质，但是它只能说明集合的运算，不能用来证明.

例 19 用文氏图解释 $A - (B \cup C) = (A - B) \cap (A - C)$.

解 作文氏图，如图 2-4 所示.

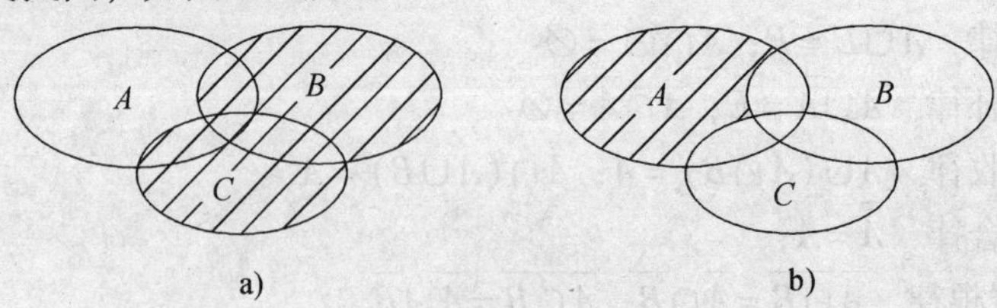

图 2-4

a) $B \cup C$ b) $A - (B \cup C)$

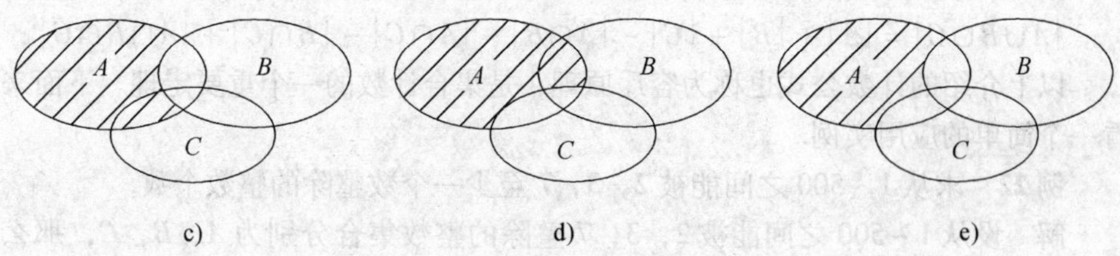

图 2-4(续)

c) $A-B$ d) $A-C$ e) $(A-B)\cap(A-C)$

从图 2-4 中看出，等式两边对应图中同一个区域，因此等式成立.

3. 有限集的计数原理

设 A 是一个有限集合，$|A|$表示集合 A 所包含的不同元素的个数，则有下面十分明显的结论.

定理 2 如果 A、B 是两个不相交的有限集，则 $A\cup B$ 也是有限集，而且

$$|A\cup B| = |A| + |B|$$

如果 A、B 是两个相交的有限集，则 $A\cup B$ 显然也是有限集，集合 $A\cup B$ 中元素的个数$|A\cup B|$又该如何计算呢？先看一个简单的例子.

例 20 设 $A=\{1,2,3,4,5,6\}$，$B=\{1,2,3,7,8,\}$，则

$$A\cup B=\{1,2,3,4,5,6,7,8\},\ A\cap B=\{1,2,3\}$$

$|A\cup B|=8$，$|A|+|B|=11$，$|A\cap B|=3$，于是有

$$|A\cup B|=|A|+|B|-|A\cap B|=6+5-3=8$$

从上面的简单例子或者直接通过对文氏图的观察，可以得出如下一般结论.

定理 3 如果 A、B 是两个有限集，则

$$|A\cup B|=|A|+|B|-|A\cap B|$$

例 21 设一班级共有 50 名学生，期中考试中有 26 人得 80 分以上，期末考试中有 21 人得 80 分以上，两次考试中有 14 人都得 80 分以上，问两次考试成绩都没达到 80 分以上的有多少人？

解 设期中考试得 80 分以上学生集合为 A，期末考试得 80 分以上的学生集合为 B，根据题意，有

$$|A|=26,\ |B|=21,\ |A\cap B|=14$$

至少一次得 80 分以上学生人数为

$$\begin{aligned}|A\cup B| &= |A|+|B|-|A\cap B|\\ &=26+21-14=33\end{aligned}$$

从而可知，两次考试都没达到 80 分的学生数为$(50-33)$人$=17$人.

运用定理 3 的结论，可以得到关于三个有限集合的计数公式.

推论 如果 A, B, C 是有限集，则 $A\cup B\cup C$ 也是有限集，而且

$$|A\cup B\cup C|=|A|+|B|+|C|-|A\cap B|-|A\cap C|-|B\cap C|+|A\cap B\cap C|$$

以上介绍的计数公式也称为容斥原理，是集合计数的一个重要定理. 下面来看一个简单的应用实例.

例 22 求从 1 ~ 500 之间能被 2, 3, 7 至少一个数整除的整数个数.

解 设从 1 ~ 500 之间能被 2, 3, 7 整除的整数集合分别为 A, B, C, 那么“从 1 ~ 500 之间能被 2, 3, 7 至少一个数整除的整数”集合为 $A\cup B\cup C$, 根据题意画出文氏图，如图 2-5 所示. 于是有

$$|A|=[500\div 2]=250$$
$$|B|=[500\div 3]=166$$
$$|C|=[500\div 7]=71$$
$$|A\cap B|=[500\div(2\times 3)]=83$$
$$|A\cap C|=[500\div(2\times 7)]=35$$
$$|B\cap C|=[500\div(3\times 7)]=23$$
$$|A\cap B\cap C|=[500\div(2\times 3\times 7)]=11$$

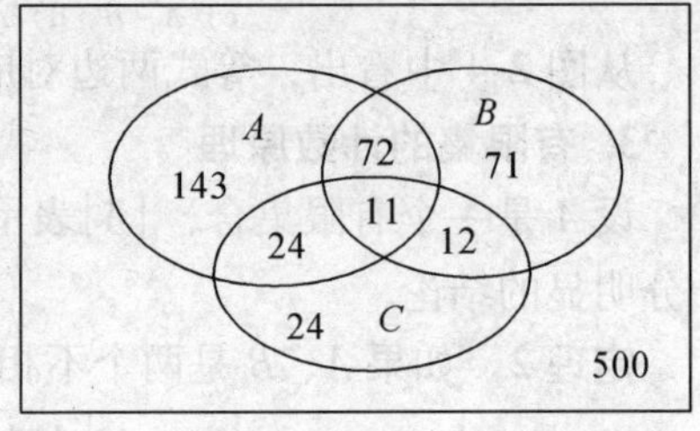

图 2-5

于是

$$\begin{aligned}|A\cup B\cup C|&=|A|+|B|+|C|-|A\cap B|-|A\cap C|-|B\cap C|+|A\cap B\cap C|\\&=250+166+71-83-35-23+11\\&=357\end{aligned}$$

所以，从 1 ~ 500 之间能被 2, 3, 7 至少一个数整除的整数个数有 357 个.

六、序偶与笛卡尔积

笛卡尔积是集合论中的基本概念之一，在后面的各章中，将会使用这个概念.

1. 序偶

定义 12 由两个客体 x 和 y 按照一定次序排列成的序列，称为**序偶**，记作 (x,y)，其中 x 是它的第一元素，y 是它的第二元素.

例如，笛卡尔坐标系中二维平面上一个点的坐标 (x,y)，就是一个序偶. 序偶 $(1,2)$ 和 $(2,1)$ 表示不同的点，也就是说，序偶的次序是十分重要的，不能随便换序. 它和含有两个元素的集合不同. 如集合 $\{1,2\}$ 和 $\{2,1\}$ 是同一个集合. 而且序偶 (x,y) 中两个元素既可以取自同一个集合，也可以取自不同的集合，并且允许 $x=y$.

定义 13 给定两个序偶 (x,y) 和 (a,b)，当且仅当 $x=a$ 和 $y=b$ 时，称序偶 (x,y) 和 (a,b) 相等，记作 $(x,y)=(a,b)$.

我们可以将序偶概念推广到有序 n 元组.

定义 14 对于自然数 n，n 个客体 $a_1,a_2,\cdots,a_n$ 按一定次序排列成的一个序列，称为**有序 n 元组**，简称 **n 元组**，记作$(a_1,a_2,\cdots,a_n)$，其中 a_i 称为第 i 个元素.

$(a_1,a_2,\cdots,a_n)=(b_1,b_2,\cdots,b_n)$的条件是：当且仅当 $a_i=b_i(i=1,2,\cdots,n)$.

例如，$(a,b,c)\neq(b,a,c)$，但$\{a,b,c\}=\{b,a,c\}$.

又如，$(a,a,a)\neq(a,a)\neq(a)$，但$\{a,a,a\}=\{a,a\}=\{a\}$.

序偶(x,y)中的元素可以分别属于不同的集合，因此任意给定两个集合 A、B，就可以定义一种序偶的集合.

2. 笛卡尔积

定义 15 设 A、B 是任意两个集合，若序偶的第一元素是集合 A 的一个元素，第二元素是集合 B 的一个元素，则所有这样的序偶集合，称为集合 A 和集合 B 的**笛卡尔积**，记作 $A\times B$，即

$$A\times B=\{(x,y)\mid x\in A \text{ 且 } y\in B\}$$

例 23 设 $A=\{a,b\}$，$B=\{1,2,3\}$，求 $A\times B$，$B\times A$，$A\times A$，$B\times B$，$(A\times B)\cap(B\times A)$.

解 $A\times B=\{(a,1),(a,2),(a,3),(b,1),(b,2),(b,3)\}$

$B\times A=\{(1,a),(2,a),(3,a),(1,b),(2,b),(3,b)\}$

$A\times A=\{(a,a),(a,b),(b,a),(b,b)\}$

$B\times B=\{(1,1),(1,2),(1,3),(2,1),(2,2),(2,3),(3,1),(3,2),(3,3)\}$

$(A\times B)\cap(B\times A)=\varnothing$

由例 23 可以看出，一般地，任意两个集合的笛卡尔积不满足交换律.

两个集合的笛卡尔积定义也可以推广到 n 个集合上.

定义 16 由任意 n 个集合 $A_1,A_2,\cdots,A_n$ 构成的新集合

$$\{(a_1,a_2,\cdots,a_n)\mid a_i\in A_i,i=1,2,\cdots,n\}$$

称为 $A_1,A_2,\cdots,A_n$ 的笛卡尔积，记作 $A_1\times A_2\times\cdots\times A_n$.

当 $A_1=A_2=\cdots=A_n$ 时，$\overbrace{A_1\times A_2\times\cdots\times A_n}^{n个}=A^n$.

例 24 设 $A=\{a,b\}$，$B=\{1,2\}$，$C=\{x\}$，求 $A\times B\times C$.

解 $A\times B\times C=\{(a,1,x),(a,2,x),(b,1,x),(b,2,x)\}$

例 25 设 $A=\{x\mid 1\leqslant x\leqslant 2,x\in\mathbf{R}\}$，$B=\{y\mid y\geqslant 0,y\in\mathbf{R}\}$，试求 $A\times B$，$B\times A$，并画出其图像.

解 $A\times B=\{(x,y)\mid 1\leqslant x\leqslant 2,y\geqslant 0,x,y\in\mathbf{R}\}$

$B\times A=\{(y,x)\mid 1\leqslant x\leqslant 2,y\geqslant 0,x,y\in\mathbf{R}\}$

$A\times B$，$B\times A$ 的图像分别如图 2-6a、b 中阴影部分所示.

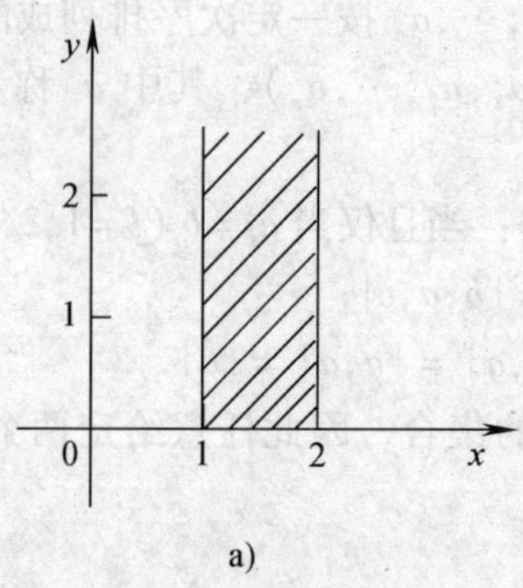

a)

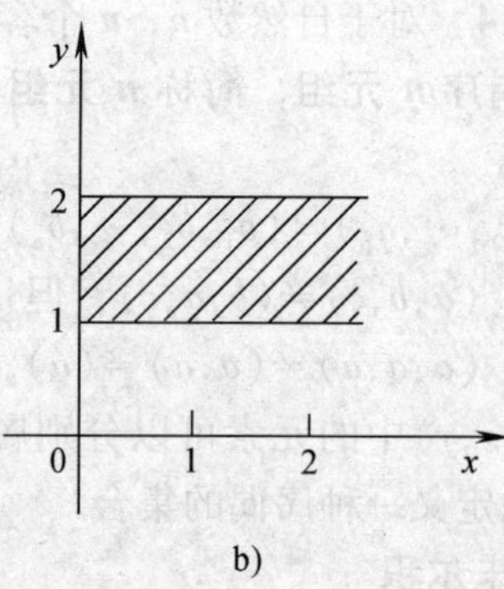

b)

图 2-6

上例再一次验证了笛卡尔积不满足交换律.

例 26 设 $A=\{a,b\}$, $B=\{1,2\}$, $C=\varnothing$, 试求 $A\times\{0\}\times B$, $A^2\times B$, $(B\times A)^2$, $A\times B\times C$.

解 $A\times\{0\}\times B=\{(a,0,1),(a,0,2),(b,0,1),(b,0,2)\}$

$A^2\times B=\{(a,a,1),(a,a,2),(a,b,1),(a,b,2),(b,a,1),(b,a,2),(b,b,1),(b,b,2)\}$

$(B\times A)^2=\{((1,a),(1,a)),((1,b),(1,b)),((2,a),(2,a)),((2,b),(2,b)),((1,a),(1,b)),((1,a),(2,a)),((1,a),(2,b)),((1,b),(1,a)),((1,b),(2,a)),((1,b),(2,b)),((2,a),(1,a)),((2,a),(1,b)),((2,a),(2,b)),((2,b),(1,a)),((2,b),(1,b)),((2,b),(2,a))\}$

$A\times B\times C=\varnothing$

本例说明了在笛卡尔积中若有一个集合是空集时，则笛卡尔积一定是空集.

一般地，两个集合 A 和 B 的笛卡尔积，可以通过图 2-7 表示.

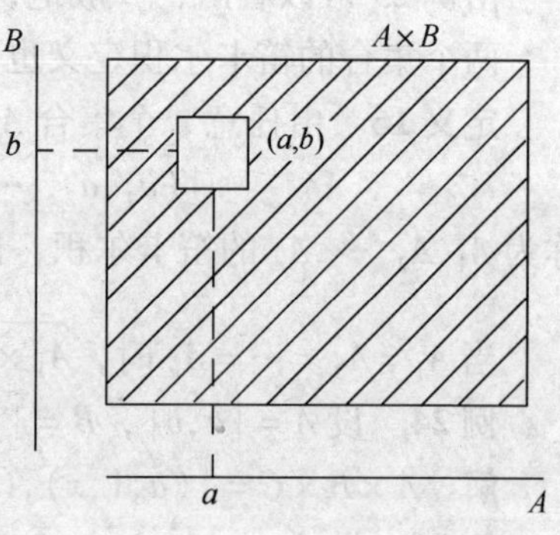

图 2-7

关于笛卡尔积有如下性质：

设 A、B、C 为任意三个集合，则有

(1) $A\times(B\cup C)=(A\times B)\cup(A\times C)$;

(2) $A\times(B\cap C)=(A\times B)\cap(A\times C)$;

(3) $(A\times B)\cup C=(A\times C)\cup(B\times C)$;

(4) $(A\times B)\cap C=(A\times C)\cap(B\times C)$.

习题 2-1

1. 用列举法表示下列集合：

(1) 小于10的正整数的集合； (2) $\{x \mid x \in \mathbf{Z}$ 且 $x^2 < 16\}$；

(3) 大于2小于等于9的整数； (4) $|x| < 4$ 的奇数解的集合.

2. 用描述法表示下列集合：

(1) 小于5的非负整数集合； (2) 3的整数倍集合；

(3) $\{-2, -1, 0, 1, 2\}$；(4) 直角坐标系中单位圆内(不包括圆周)点的集合.

3. 写出 $\{a, b, c, d\}$ 的全部子集.

4. 确定下列式子是否正确.

(1) $\varnothing \subseteq \varnothing$； (2) $\varnothing \subset \varnothing$；

(3) $\varnothing \in \varnothing$； (4) $\varnothing \in \{\varnothing\}$；

(5) $\{a, b\} \subseteq \{a, b, c, \{a, b, c\}\}$； (6) $\{a, b\} \in \{a, b, c, \{a, b, c\}\}$；

(7) $\{a, b\} \subseteq \{a, b, \{\{a, b\}\}\}$； (8) $\{a, b\} \in \{a, b, \{\{a, b\}\}\}$.

5. 设 $A = \{a, b, c, d, e\}$，$B = \{a, c, e, f, g\}$，求 $A \cup B$，$A \cap B$，$A - B$，$A \oplus B$.

6. 计算下列集合的幂集：

(1) $\{a, b, c\}$； (2) $\{\{a, b\}, c\}$；

(3) $\{\varnothing, \{\varnothing\}\}$； (4) $\{1, \{\varnothing, 1\}\}$.

7. 设 $A = \{x \mid 3 < x < 5, x \in \mathbf{R}\}$，$B = \{x \mid x > 4, x \in \mathbf{R}\}$，求 $A \cup B$，$A \cap B$，$A - B$，$A \oplus B$.

8. 设集合 $E = \{1, 2, 3, 4, 5, 6\}$，$A = \{1, 2, 3\}$，$B = \{1, 3, 5\}$，求 $\overline{A}$，$\overline{B}$，$\overline{A} \cup \overline{B}$，$\overline{A} \cap \overline{B}$，$\overline{A \cup B}$，$\overline{A \cap B}$.

9. 求从 1 ~ 300 之间能被3，5至少一个数整除的整数个数.

10. 对200名大学生进行调查，67名喜欢篮球，47名喜欢排球，95名喜欢足球，28名既喜欢篮球又喜欢排球，26名既喜欢篮球又喜欢足球，27名既喜欢排球又喜欢足球，并且知道50名学生对这三种球都不喜欢，求3种球都喜欢的人数.

11. 求从 1 ~ 100 之间能被2，3，5至少一个数整除的整数个数.

12. 设 A、B、C 为任意三个集合，化简下列集合：

(1) $(A \cup B) \cup (\overline{A} \cap B)$； (2) $((A \cup B) \cap A) - ((A \cup (B - C)) \cap A)$；

(3) $((A \cap B) \cup B) - A \cap B$； (4) $((A \cup B \cup C) - (B \cup C)) \cup A$.

13. 设 A、B、C 为任意三个集合，试证：

(1) $A - B = A \cap \overline{B}$； (2) $A - (B \cup C) = (A - B) - C$.

14. 设集合 $A = \{a, b\}$，$B = \{1, 2, 3\}$，$C = \{3, 4\}$，试求 $A \times (B \cap C)$，$(A \times B)$ 和 $(A \times C)$，并验证 $A \times (B \cap C) = (A \times B) \cap (A \times C)$ 成立.

15. 设 $A=\{a,b,c\}$，$B=\{0,1\}$，求 $A\times B$，$B\times A$，A^2，B^2，$(A\times B)\cap(B\times A)$.

16. 设 $A=\{1,2\}$，$B=\{a,b\}$，$C=\{x\}$，求 $A\times B\times C$，$(A\times B)\times C$，$A\times(B\times C)$.

第二节 二 元 关 系

日常生活中经常遇到“关系”这一概念，如师生关系、兄弟关系、位置关系等. 在数学中，关系可以表达集合中元素间的联系，如相等关系，小于关系，整除关系等. 在计算机科学中，关系这一基本概念也具有重要的意义.

一、关系的基本概念

1. 关系的定义

定义 1 设 A 和 B 是两个集合，$A\times B$ 的子集 R 称为 A，B 上的二元关系. 即对 $a\in A$，$b\in B$，若 $(a,b)\in R$，则称 a，b 有关系 R，记作 aRb；若 $(a,b)\notin R$，则称 a，b 没有关系 R. 特别地，当 $A=B$ 时，称为 A 上的二元关系.

例如，自然数之间的大于关系 $\{(x,y)\mid x,y\in\mathbf{N},\text{且 } x>y\}$，人群中的父子关系 $\{(x,y)\mid x,y\text{ 是人},x\text{ 是 }y\text{ 的父亲}\}$.

定义 2 设 A 和 B 是两个集合，R 为 A，B 上的二元关系. 若 $R=\varnothing$，则称 R 为空关系；若 $R=A\times B$，则称 R 为全关系.

定义 3 设 A 为任意集合，关系 $I_A=\{(a,a)\mid a\in A\}$ 称为 A 上的恒等关系.

例 1 设集合 $A=\{1,2,3\}$，求 A 上的全关系和恒等关系.

解 集合 A 上的全关系

$R=\{(1,1),(1,2),(1,3),(2,1),(2,2),(2,3),(3,1),(3,2),(3,3)\}$

集合 A 上的恒等关系

$$I_A=\{(1,1),(2,2),(3,3)\}$$

例 2 设集合 $A=\{1,2,3,4,5\}$，定义 A 上的二元关系 $D_A=\{(a,b)\mid a,b\in A,\text{且 } a\text{ 整除 }b\}$ 为整除关系，求 D_A.

解 $D_A=\{(1,1),(1,2),(1,3),(1,4),(1,5),(2,2),(2,4),(3,3),(4,4),(5,5)\}$

例 3 设集合 $A=\{1,2,3,4,5,6\}$，定义 A 上的二元关系

$$R=\left\{(a,b)\,\middle|\,a,\ b\in A,\ \text{且}\frac{a-b}{3}\text{是整数}\right\}$$

求 R.

解 $R=\{(1,1),(1,4),(2,2),(2,5),(3,3),(3,6),(4,1),(4,4),(5,2),(5,5),(6,3,),(6,6)\}$

关系 R 也称为“模 3 同余”关系，记作“$a\equiv b(\mathrm{mod}3)$”. 类似地，可以定

义"模 n 同余"关系，记作"$a \equiv b(\bmod n)$".

由此可见，关系是一个集合，其中的元素由序偶构成，即关系是有次序的.

定义 4 设 $A_1, A_2, \cdots, A_n$ 为任意 n 个集合，笛卡尔积 $A_1 \times A_2 \times \cdots \times A_n$ 的任意子集 R 称为 $A_1, A_2, \cdots, A_n$ 上的一个 n 元关系. 当 $A_1 = A_2 = \cdots = A_n$ 时，R 也称为 A 上的 n 元关系.

例如，集合 A 上的三元关系 $R = \{(a,b,c) \mid (a,b,c) \in \mathbf{N}^3 \text{ 且 } a+b=c\}$

2. 关系矩阵与关系图

在定义 1 中给出了关系的集合表示方法，当集合 A 和集合 B 均为有限集时，还可以用矩阵和图来表示二元关系，这种表示方法不仅直观、形象，而且有利于对关系进行研究，便于计算机存储.

定义 5 设集合 $A = \{a_1, a_2, \cdots, a_m\}$，$B = \{b_1, b_2, \cdots, b_n\}$，$R$ 为 A 到 B 的关系，则称 $m \times n$ 矩阵 $\boldsymbol{M}_{\mathrm{R}} = [r_{ij}]_{m \times n}$ 为 R 的关系矩阵. 其中

$$r_{ij} = \begin{cases} 1 & \text{若 } a_i R b_j \\ 0 & \text{其他} \end{cases}, \quad (i = 1, \cdots, m;\ j = 1, \cdots, n)$$

当 $A = B$ 时，A 上的二元关系 R 的关系矩阵为方阵.

例 4 设集合 $A = \{2,3,4,5\}$，$B = \{2,4,6\}$，A 到 B 的二元关系

$$R = \{(x,y) \mid x \in A, y \in B, \text{且 } x > y\}$$

求 $\boldsymbol{M}_R$.

解 $R = \{(3,2),(4,2),(5,2),(5,4)\}$

$$\boldsymbol{M}_R = \begin{pmatrix} 0 & 0 & 0 \\ 1 & 0 & 0 \\ 1 & 0 & 0 \\ 1 & 1 & 0 \end{pmatrix}$$

例 5 设 $A = \{1,2,3,4,5\}$，定义 A 上的二元关系 R 的关系为"$a \equiv b(\bmod 3)$"，求 $\boldsymbol{M}_R$.

解 $R = \{(1,1),(1,4),(2,2),(2,5),(3,3),(4,1),(4,4),(5,2),(5,5)\}$

$$\boldsymbol{M}_R = \begin{pmatrix} 1 & 0 & 0 & 1 & 0 \\ 0 & 1 & 0 & 0 & 1 \\ 0 & 0 & 1 & 0 & 0 \\ 1 & 0 & 0 & 1 & 0 \\ 0 & 1 & 0 & 0 & 1 \end{pmatrix}$$

定义 6 设 A 和 B 为任意非空有限集，R 为 A 到 B 的二元关系. 用 m 个空心点表示元素 $a_1, a_2, \cdots, a_m$，用 n 个空心点表示 $b_1, b_2, \cdots, b_n$，这些空心点统称为结点. 对每个 $(a,b) \in R$，皆画一条从 a 到 b 的有向弧，这样所得的图，称为 R 的关系图.

设 R 是集合 A 上的一个二元关系，若 $(a,b)\in R$，有向弧的画法与上面相同；若 $(a,a)\in R$，则画一条从结点 a 到结点 a 的带箭头的封闭弧，称为自回路(或环).

例 6 画出例 4、例 5 的关系图.

解 例 4 的关系图如图 2-8 所示，例 5 的关系图如 2-9 所示.

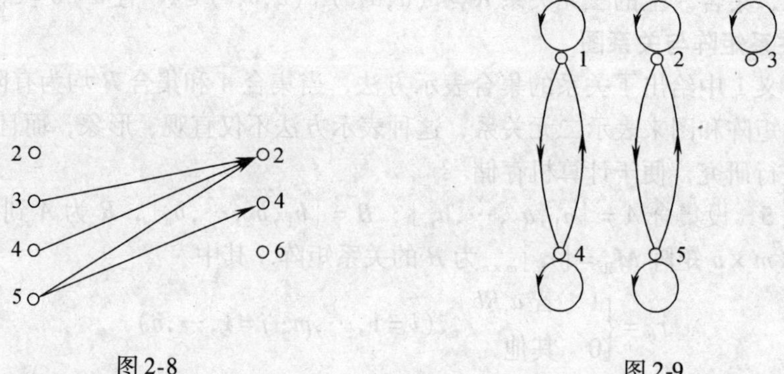

图 2-8　　图 2-9

由于关系图主要表示结点与结点之间的邻接关系，故关系图中结点位置和有限弧的长短无关.

二、关系的运算

1. 关系的并、交、差、补运算

由于关系是一个集合，因此在关系中可以进行集合的并、交、差、补运算.

例 7 设集合 $A=\{2,3,4,6\}$，集合 A 上的二元关系 R_1，R_2 分别为

$$R_1=\{(a,b)\mid(a,b)\in A^2,a\text{ 整除 }b\}\qquad R_2=\{(a,b)\mid(a,b)\in A^2,b=2a\}$$

求 $R_1\cup R_2$，$R_1\cap R_2$，R_1-R_2，$\overline{R_1}$.

解 由 $R_1=\{(2,2),(2,4),(2,6),(3,3),(3,6),(4,4),(6,6)\}$，$R_2=\{(2,4),(3,6)\}$

得 $R_1\cup R_2=\{(2,2),(2,4),(2,6),(3,3),(3,6),(4,4),(6,6)\}=R_1$

$R_1\cap R_2=\{(2,4),(3,6)\}=R_2$

$R_1-R_2=\{(2,2),(2,6),(3,3),(4,4),(6,6)\}$

$\overline{R_1}=\{(2,3),(3,2),(3,4),(4,2),(4,3),(4,6),(6,2),(6,3),(6,4)\}$

定理 若 R_1，R_2 是集合 A 和集合 B 上的两个二元关系，则 R_1，R_2 的并、交、差、补仍是 A，B 上的二元关系.

2. 复合关系

关系除可以进行集合的通常运算外，还可以定义其他运算，如关系的复合运算和逆关系.

定义 7 设 A，B，C 为三个集合，R 为 A，B 上的二元关系，S 为 B，C 上的二元关系，则称 $R\circ S$ 为 A 与 C 的复合关系，即

$$R\circ S=\{(a,c)\mid a\in A,c\in C,\text{且存在 } b\in B,\text{使}(a,b)\in R,(b,c)\in S\}$$

例如，在人际关系中，R 为父子关系，S 为兄妹关系，则 $R\circ S$ 为父女关系；又如，R 为父子关系，则 $R\circ R$ 为祖孙关系.

例 8 设集合 $A=\{1,2,3,4\}$，$B=\{2,3,4\}$，$C=\{1,2,3\}$，R 为 A，B 上的二元关系，S 为 B，C 上的二元关系，且

$$R=\{(x,y)\mid x+y=5\}=\{(1,4),(2,3),(3,2)\},\ S=\{(y,z)\mid y-z=1\}$$
$$=\{(2,1),(3,2),(4,3)\}$$

求 $R\circ S$，并画出 $R\circ S$ 的关系图.

解 由 $x+y=5$，$y-z=1$ 得出 $x+z=4$，于是有

$$R\circ S=\{(x,z)\mid x+z=4\}=\{(1,3),(2,2),(3,1)\}$$

$R\circ S$ 的关系图如图 2-10 所示.

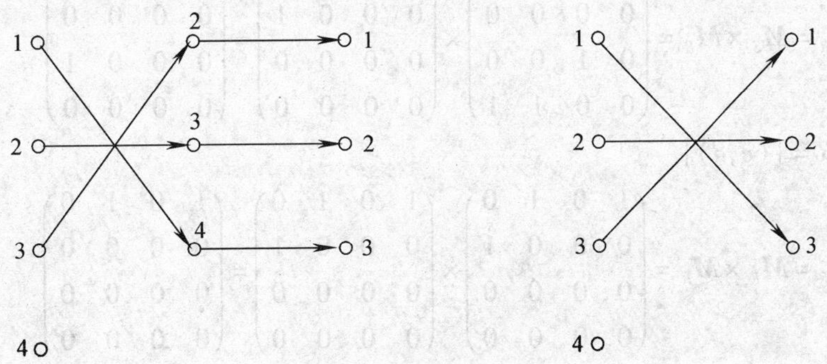

图 2-10

例 9 设 $A=\{1,2,3,4\}$，R 和 S 都是 A 上的二元关系，

$$R=\{(1,1),(1,2),(2,3),(3,3),(4,2)\},\ S=\{(1,3),(2,3),(3,4)\}$$

求 $R\circ S$ 和 $S\circ R$.

解 $R\circ S=\{(1,3),(2,4),(3,4),(4,3)\}$　$S\circ R=\{(1,3),(2,3),(3,2)\}$

由例 9 可知 $R\circ S\neq S\circ R$，即二元关系的复合运算是不满足交换律的.

两个关系的复合也可以通过关系矩阵的乘法来求出.

设集合 $A=\{a_1,a_2,\cdots,a_m\}$，$B=\{b_1,b_2,\cdots,b_n\}$，$C=\{c_1,c_2,\cdots,c_p\}$，R 为 A 到 B 的关系. S 为 B 到 C 的关系. R 的关系矩阵为 $m\times n$ 矩阵 $\boldsymbol{M}_R$，S 的关系矩阵为 $n\times p$ 矩阵 $\boldsymbol{M}_S$，于是 $R\circ S$ 的关系矩阵为 $m\times p$ 矩阵 $\boldsymbol{M}_{R\circ S}=\boldsymbol{M}_R\times\boldsymbol{M}_S$.

这里的矩阵运算是布尔运算，即

$$0+0=0,\ 0+1=1+0=1+1=1$$
$$1\times1=1,\ 0\times1=1\times0=0\times0=0$$

例 10 设集合 $A=\{a,b,c,d\}$，A 上的关系

$R=\{(a,a),(a,c),(b,d)\}$, $S=\{(a,d),(c,b),(d,c),(d,d)\}$

求 $R\circ S$, $S\circ R$, $R\circ R$ 和 $S\circ S$.

解

$$M_R=\begin{pmatrix}1&0&1&0\\0&0&0&1\\0&0&0&0\\0&0&0&0\end{pmatrix}\quad M_S=\begin{pmatrix}0&0&0&1\\0&0&0&0\\0&1&0&0\\0&0&1&1\end{pmatrix}$$

则 $$M_{R\circ S}=M_R\times M_S=\begin{pmatrix}1&0&1&0\\0&0&0&1\\0&0&0&0\\0&0&0&0\end{pmatrix}\times\begin{pmatrix}0&0&0&1\\0&0&0&0\\0&1&0&0\\0&0&1&1\end{pmatrix}=\begin{pmatrix}0&1&0&1\\0&0&1&1\\0&0&0&0\\0&0&0&0\end{pmatrix}$$

即 $R\circ S=\{(a,b),(a,d),(b,c),(b,d)\}$

$$M_{S\circ R}=M_S\times M_R=\begin{pmatrix}0&0&0&1\\0&0&0&0\\0&1&0&0\\0&0&1&1\end{pmatrix}\times\begin{pmatrix}1&0&1&0\\0&0&0&1\\0&0&0&0\\0&0&0&0\end{pmatrix}=\begin{pmatrix}0&0&0&0\\0&0&0&0\\0&0&0&1\\0&0&0&0\end{pmatrix}$$

即 $S\circ R=\{(c,d)\}$

$$M_{R\circ R}=M_R\times M_R=\begin{pmatrix}1&0&1&0\\0&0&0&1\\0&0&0&0\\0&0&0&0\end{pmatrix}\times\begin{pmatrix}1&0&1&0\\0&0&0&1\\0&0&0&0\\0&0&0&0\end{pmatrix}=\begin{pmatrix}1&0&1&0\\0&0&0&0\\0&0&0&0\\0&0&0&0\end{pmatrix}$$

即 $R\circ R=\{(a,a),(a,c)\}$

$$M_{S\circ S}=M_S\times M_S=\begin{pmatrix}0&0&0&1\\0&0&0&0\\0&1&0&0\\0&0&1&1\end{pmatrix}\times\begin{pmatrix}0&0&0&1\\0&0&0&0\\0&1&0&0\\0&0&1&1\end{pmatrix}=\begin{pmatrix}0&0&1&1\\0&0&0&0\\0&0&0&0\\0&1&1&1\end{pmatrix}$$

即 $S\circ S=\{(a,c),(a,d),(d,b),(d,c),(d,d)\}$

定义 8 设 R 为 A 上的一个二元关系，则称 $R\circ R=R^2$ 为 R 的二次幂. 类似地，$\overbrace{R\circ R\circ\cdots\circ R}^{n}=R^n$ 称为 R 的 n 次幂. 规定 $R^0=I_A$. 显然有

$$R^m\circ R^n=R^{m+n}\qquad (R^m)^n=R^{mn}$$

3. 逆关系

定义 9 设 R 为 A 到 B 的关系，则从 B 到 A 的关系

$$R^{-1}=\{(b,a)\mid(a,b)\in R\}$$

称为 R 的逆关系.

一个关系 R 的逆是比较容易求的，只需要把关系 R 中的每个有序对交换一下元素的次序就可以了.

例 11 设集合 $A=\{1,2,3,4\}$，A 上的关系 $R=\{(a,b)\mid a>b\}$，求：①R，R 的关系矩阵，R 的关系图；②R^{-1}，R^{-1}的关系矩阵，R^{-1}的关系图.

解 (1) $R=\{(a,b)\mid a>b\}=\{(2,1),(3,1),(4,1),(3,2),(4,2),(4,3)\}$

$$\boldsymbol{M}_R=\begin{pmatrix}0&0&0&0\\1&0&0&0\\1&1&0&0\\1&1&1&0\end{pmatrix}$$

R 的关系图如图 2-11 所示.

(2) $R^{-1}=\{(b,a)\mid a>b\}=\{(1,2),(1,3),(1,4),(2,3),(2,4),(3,4)\}$

$$\boldsymbol{M}_{R^{-1}}=\begin{pmatrix}0&1&1&1\\0&0&1&1\\0&0&0&1\\0&0&0&0\end{pmatrix}$$

R^{-1}的关系图如图 2-12 所示.

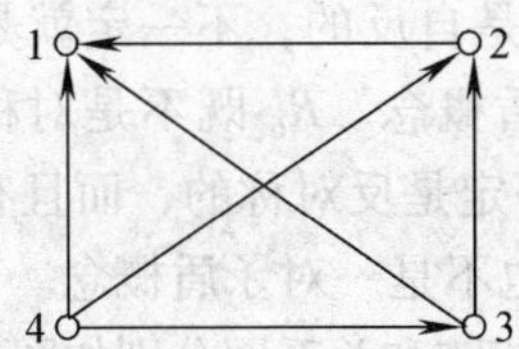

图 2-11

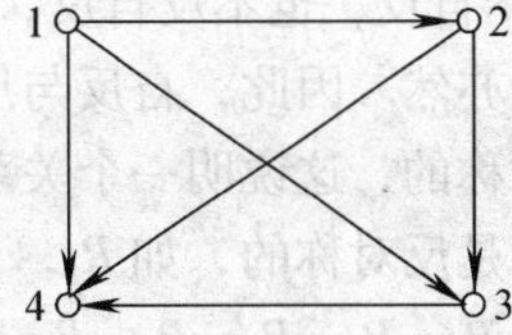

图 2-12

由例 11 可见，$(\boldsymbol{M}_R)^{\mathrm{T}}=\boldsymbol{M}_{R^{-1}}$，$R$ 的关系图和 R^{-1}的关系图中的有向弧反向.

对于逆关系，有下列运算性质.

设 R，S 分别是 A 到 B 及 B 到 C 的关系，有

$$(R^{-1})^{-1}=R \qquad (R\circ S)^{-1}=S^{-1}\circ R^{-1}$$

三、关系的性质

集合上的关系有很多重要的性质. 下面主要讨论在给定集合 A 上的一些特殊性质.

1. 关系的特殊性质

定义 10 设 R 为 A 上的一个二元关系.

(1) 若对于任意的 $a\in A$，都有$(a,a)\in R$，则称 R 在 A 上是自反的.

(2) 若对于任意的 $a\in A$，都有$(a,a)\notin R$，则称 R 为 A 上反自反的.

(3) 对于任意的 a，$b\in A$，若$(a,b)\in R$，都有$(b,a)\in R$，则称 R 是对称的.

(4) 如果对于任意的 a，$b \in A$，每当有 $(b,a) \in R$ 时，就必有 $a=b$，则称 R 是反对称的.

(5) 对于任意的 a，b，$c \in A$，若 $(a,b) \in R$，$(b,c) \in R$，都有 $(a,c) \in R$，则称 R 是传递的.

例如，实数集上的相等关系是自反、对称、传递的，而大于等于(小于等于)关系是自反、反对称、传递的，但大于(小于)关系是反自反的、反对称、传递的.

例 12 设 $A=\{1,2,3,4\}$，令

$R_1=\{(1,1),(1,3),(2,2),(2,3),(3,3),(4,1),(4,4)\}$

$R_2=\{(1,3),(1,4),(2,4),(3,4),(4,3)\}$

$R_3=\{(1,1),(1,3),(2,3),(4,1),(4,4)\}$

$R_4=\{(1,2),(2,1),(3,3),(1,4),(4,1)\}$

$R_5=\{(1,1),(1,3),(2,3),(4,1),(4,2)\}$

$R_6=\{(1,1),(1,3),(1,4),(2,3),(3,2),(3,3),(4,1)\}$

$R_7=\{(1,1),(1,2),(3,2),(4,1),(4,2)\}$

$R_8=\{(1,1),(2,2),(3,3),(4,4)\}$

则有 R_1 是自反的，R_2 是反自反的，R_4 是对称的，R_5 是反对称的，R_7 是传递的. 但 R_3 既不自反，也不反自反，这说明一个关系不是自反的，不一定就是反自反的，反之亦然. 因此，自反与反自反不是一对矛盾概念. R_6 既不是对称的，也不是反对称的，这说明一个关系不是对称的，不一定是反对称的，而且有既是对称的，又是反对称的，如 R_8. 因此对称与反对称也不是一对矛盾概念.

关系 R_1，R_2，R_3，R_4，R_5，R_6，R_7，R_8 的关系矩阵和关系图分别如图 2-13a ~ h 所示.

$$M_{R_1}=\begin{pmatrix}1&0&1&0\\0&1&1&0\\0&0&1&0\\1&0&0&1\end{pmatrix}$$

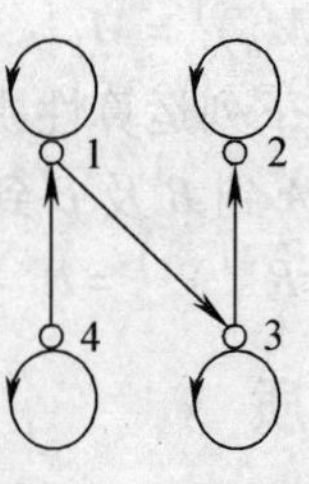

1 2 3 4

a)

$$M_{R_2}=\begin{pmatrix}0&0&1&1\\0&0&0&1\\0&0&0&1\\0&0&1&0\end{pmatrix}$$

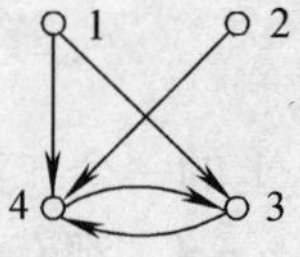

1 2 3 4

b)

图 2-13

a) R_1 的关系矩阵与关系图　b) R_2 的关系矩阵与关系图

$$M_{R_3}=\begin{pmatrix}1&0&1&0\\0&0&1&0\\0&0&0&0\\1&0&0&1\end{pmatrix}$$

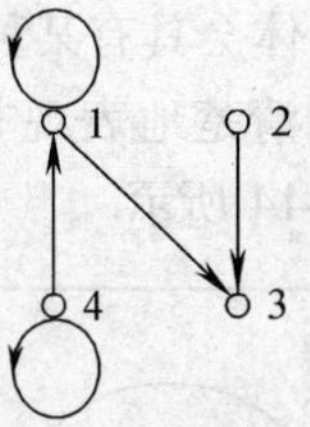

c)

$$M_{R_4}=\begin{pmatrix}0&1&0&1\\1&0&0&0\\0&0&1&0\\1&0&0&0\end{pmatrix}$$

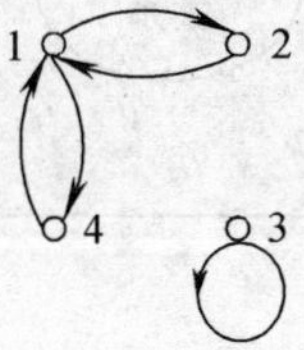

d)

$$M_{R_5}=\begin{pmatrix}1&0&1&0\\0&0&1&0\\0&0&0&0\\1&1&0&0\end{pmatrix}$$

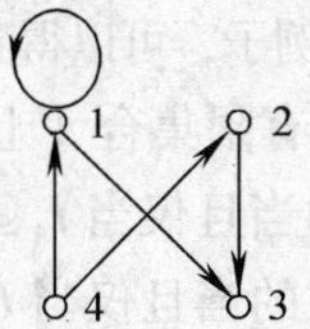

e)

$$M_{R_6}=\begin{pmatrix}1&0&1&1\\0&0&1&0\\0&1&1&0\\1&0&0&0\end{pmatrix}$$

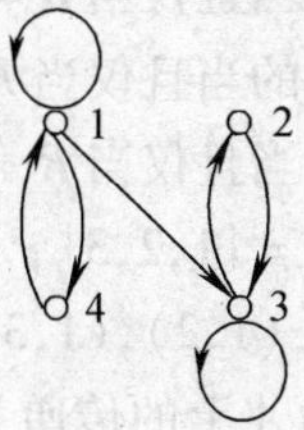

f)

$$M_{R_7}=\begin{pmatrix}1&1&0&0\\0&0&0&0\\0&1&0&0\\1&1&0&0\end{pmatrix}$$

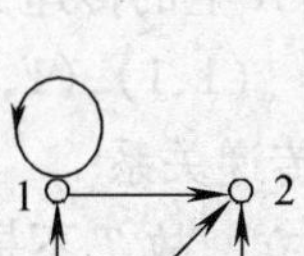

g)

$$M_{R_8}=\begin{pmatrix}1&0&0&0\\0&1&0&0\\0&0&1&0\\0&0&0&1\end{pmatrix}$$

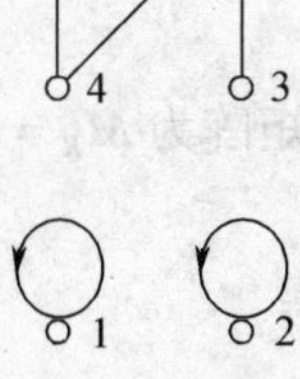

h)

图 2-13(续)

c) R_3 的关系矩阵与关系图　d) R_4 的关系矩阵与关系图　e) R_5 的关系矩阵与关系图
f) R_6 的关系矩阵与关系图　g) R_7 的关系矩阵与关系图　h) R_8 的关系矩阵与关系图

通过本例，可以体会具有某种性质的关系的矩阵和关系图的特点.

利用文氏图可以清楚地表现非空集合 A 上的自反与反自反，对称与反对称之间的联系，如图 2-14 所示.

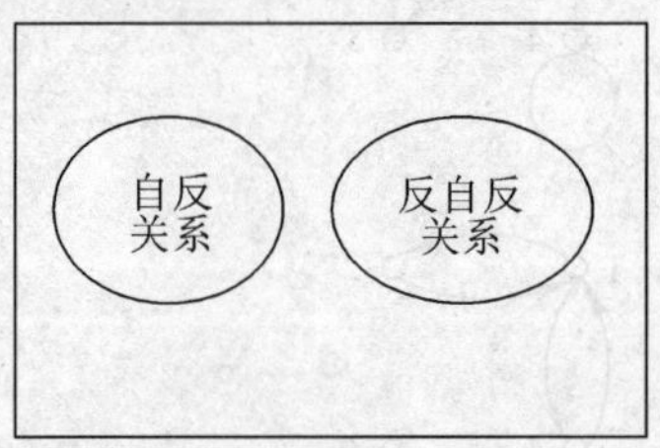

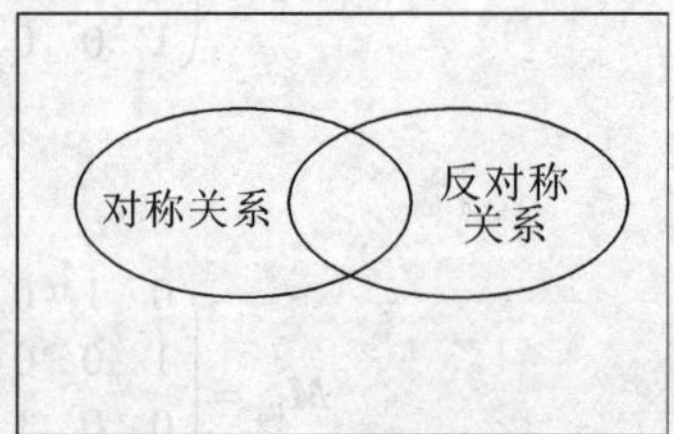

图 2-14

2. 关系性质的判定

根据以上定义和例子，可以得到下面关于集合 A 上关系 R 的性质的判定定理.

定理 1 设 R 是有限集合 A 上的一个二元关系，则

(1) R 是自反的当且仅当 $I_A \subseteq R$.

(2) R 是反自反的当且仅当 $I_A \cap R = \varnothing$.

(3) R 是对称的当且仅当 $R = R^{-1}$.

(4) R 是反对称的当且仅当 $R \cap R^{-1} \subseteq I_A$.

(5) R 是传递的当且仅当 $R \circ R \subseteq R$.

例 13 设集合 $A = \{1,2,3\}$，R，S，T 为 A 上的二元关系，

$$R = \{(1,1),(1,2),(1,3),(2,3)\},\ S = \{(1,2)\},\ T = \{(1,2),(2,3)\}$$

判断 R，S，T 是否为 A 上的传递关系.

解 因为 $R \circ R = \{(1,1),(1,2),(1,3)\} \subseteq R$，$S \circ S = \varnothing \subseteq S$

所以 R，S 是 A 上的传递关系.

但 $T \circ T \subseteq T$ 不成立，故 T 不是 A 上的传递关系.

R，S，T 的关系矩阵为 $\boldsymbol{M}_R = \begin{pmatrix} 1 & 1 & 1 \\ 0 & 0 & 1 \\ 0 & 0 & 0 \end{pmatrix}$，$\boldsymbol{M}_S = \begin{pmatrix} 0 & 1 & 0 \\ 0 & 0 & 0 \\ 0 & 0 & 0 \end{pmatrix}$，$\boldsymbol{M}_T = \begin{pmatrix} 0 & 1 & 0 \\ 0 & 0 & 1 \\ 0 & 0 & 0 \end{pmatrix}$

关系图如图 2-15 所示.

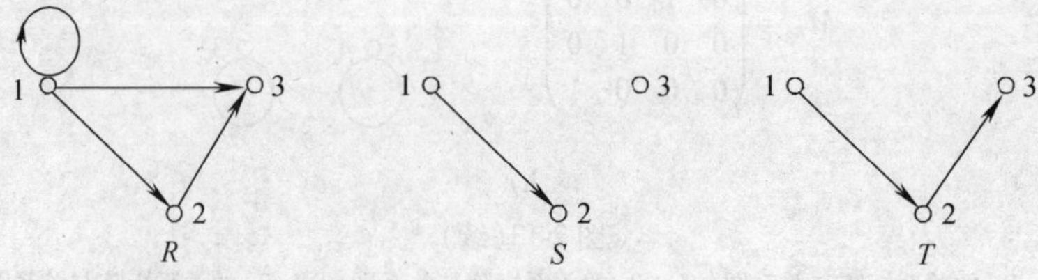

图 2-15

以上只用集合形式给出了关系性质的定义和判别方法. 实际上，一个关系 R 的性质也可以用 R 的关系矩阵和关系图来加以判别. 有时候，使用关系矩阵和关系图更加直观方便. 下面只介绍具体判别方法，这些方法的正确性请自行证明.

定理 2 设 R 是有限集合 A 上的一个二元关系，$\boldsymbol{M}_R$ 是 R 的关系矩阵，G_R 是 R 的关系图，则有下列结论：

(1) R 是自反的$\Leftrightarrow\boldsymbol{M}_R$ 的主对角线元素都为 1

$\Leftrightarrow G_R$ 的每个结点都有自回路.

(2) R 是反自反的$\Leftrightarrow\boldsymbol{M}_R$ 的主对角线元素都为 0

$\Leftrightarrow G_R$ 的每个结点都没有自回路.

(3) R 是对称的$\Leftrightarrow\boldsymbol{M}_R$ 是对称矩阵

$\Leftrightarrow G_R$ 的任意两个结点间若有有向弧，则必是成对的.

(4) R 是反对称的$\Leftrightarrow$在 $\boldsymbol{M}_R$ 中，有 $a_{ij}\cdot a_{ji}=0(1\leqslant i,j\leqslant n,\text{且 } i\neq j)$.

$\Leftrightarrow G_R$ 的任意两个结点都无双向边.

(5) R 是传递的$\Leftrightarrow$在 $\boldsymbol{M}_R$ 中，若 $a_{ij}=1$，$a_{jk}=1$，则 $a_{ik}=1(1\leqslant i,j,k\leqslant n)$.

$\Leftrightarrow G_R$ 的任意两个结点 a_i 和 a_j（a_i 和 a_j 可以是同一点），若从 a_i 到 a_j有向通路，则必有从一条 a_i 和 a_j 的有向弧.

3. 关系的保守性

关系的运算能否保持它们原有的特性呢？这是我们要讨论的，即关系的保守性.

定理 3 设 R_1，R_2 是有限集合 A 上的二元关系，则有以下结论：

(1) 若 R_1，R_2 是自反的，则 R_1^{-1}，$R_1\cup R_2$，$R_1\cap R_2$，$R_1\circ R_2$ 也是自反的.

(2) 若 R_1，R_2 是反自反的，则 R_1^{-1}，$R_1\cup R_2$，$R_1\cap R_2$ 也是自反的.

(3) 若 R_1，R_2 是对称的，则 R_1^{-1}，$R_1\cup R_2$，$R_1\cap R_2$ 也是对称的.

(4) 若 R_1，R_2 是反对称的，则 R_1^{-1}，$R_1\cap R_2$ 也是反对称的.

(5) 若 R_1，R_2 是传递的，则 R_1^{-1}，$R_1\cap R_2$ 也是传递的.

从定理 3 可以看出，关系的逆运算和关系的交运算的保守性较好，而关系的并与复合运算的保守性较差.

例如，集合 $A=\{1,2,3\}$，关系 $R_1=\{(1,2),(2,1)\}$，$R_2=\{(2,3),(3,2)\}$ 都是 A 上的对称关系，而 $R_1\circ R_2=\{(1,3)\}$ 不是 A 上的对称关系；$R_3=\{(1,2)\}$，$R_4=\{(2,1)\}$ 都是 A 上的反对称关系，但 $R_3\cup R_4=\{(1,2),(2,1)\}$ 却是对称的；$R_5=\{(1,2)\}$，$R_6=\{(2,3)\}$ 是传递的，但 $R_5\cup R_6=\{(1,2),(2,3)\}$ 不传递.

四、关系的闭包

任意给出集合 A 上的一个关系，不一定具有某种性质，因此需要用扩充序偶的方法来构造新的具有该性质的关系.

1. 闭包的定义

定义 11 设 R 是 A 上的一个关系，如果 A 上的一个关系 R' 满足：

(1) R' 是自反的(对称的,传递的)；

(2) $R'\supseteq R$；

(3) 若 R'' 是 A 上满足(1)，(2)的任一关系，有 $R''\supseteq R'$，

则称 R' 为 R 的自反(对称,传递)闭包，记作 $r(R)$($s(R)$,$t(R)$).

从定义 11 可见，闭包也是一个关系，自反(对称,传递)闭包是包含 R 的最小的自反(对称,传递)关系.

例 14 设 $A=\{1,2,3\}$，R 是 A 上的一个关系，

$R=\{(1,2),(2,3),(3,3)\}$，$R_1=\{(1,1),(1,2),(2,2),(2,3),(3,2),(3,3)\}$

$R_2=\{(1,2),(2,1),(2,3),(3,2),(3,3)\}$，$R_3=\{(1,2),(2,3),(1,3),(3,3)\}$

则 $r(R)=R_1$，$s(R)=R_2$，$t(R)=R_3$.

例 14 说明了闭包的存在性.

定理 4 设 R 是 A 上的一个关系，则

(1) R 是自反的 $\Leftrightarrow r(R)=R$；

(2) R 是对称的 $\Leftrightarrow s(R)=R$；

(3) R 是传递的 $\Leftrightarrow t(R)=R$.

2. 闭包的求法

下面的定理揭示了关系闭包的构造，并给出了闭包的求法.

定理 5 设 R 是集合 A 上的一个关系，则

(1) $r(R)=R\cup I_A$；

(2) $s(R)=R\cup R^{-1}$；

(3) $t(R)=\bigcup\limits_{i=1}^{\infty}R$.

推论 设 R 是有限集合 A 上的一个关系，A 的元素个数为 n，则 $t(R)=\bigcup\limits_{i=1}^{n}R$.

关系的闭包实质是关系的一种运算，由这种运算可在已知关系 R 的关系图 G_R 的情况下得到 $r(R)$，$s(R)$，$t(R)$ 的关系图.

R 的自反闭包 $r(R)$ 的关系图是把 G_R 中的每个无自回路的结点都添加一个自回路.

R 的对称闭包 $s(R)$ 的关系图是把 G_R 中的每个单向边都改为双向边.

R 的传递闭包 $t(R)$ 的关系图是在 G_R 中，若结点 x 到结点 y 间有边连接(不止一条)，则在结点 x 到结点 y 间添加“捷径”(一条边)，使 x 和 y 直接连接.

例 15 设 $A=\{1,2,3,4\}$，R 是 A 上的一个关系，

$$R=\{(1,2),(2,1),(2,3),(3,4)\}$$

求 $r(R)$，$s(R)$，$t(R)$，并分别画出它们的关系图.

解 为了求出 $r(R)$，$s(R)$，$t(R)$，需先求出 I_A，R^{-1}，R^2，R^3，R^4.

$I_A=\{(1,1),(2,2),(3,3),(4,4)\}$，$R^{-1}=\{(2,1),(1,2),(3,2),(4,3)\}$

$R^2=\{(1,1),(1,3),(2,2),(2,4)\}$，$R^3=\{(1,2),(1,4),(2,1),(2,3)\}$

$R^4=\{(1,1),(1,3),(2,2),(2,4)\}$

$r(R)=R\cup I_A=\{(1,1),(1,2),(2,1),(2,2),(2,3),(3,3),(3,4),(4,4)\}$

$s(R)=R\cup R^{-1}=\{(1,2),(2,1),(2,3),(3,2),(3,4),(4,3)\}$

$t(R)=R_1\cup R_2\cup R_3\cup R_4=\{(1,1),(1,2),(1,3),(1,4),(2,1),(2,2),(2,3),(2,4),(3,4)\}$

R 及其闭包的关系图如图 2-16 所示.

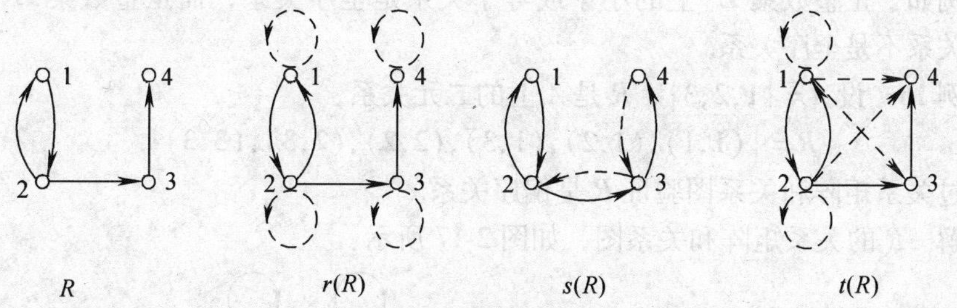

图 2-16

3. 闭包的性质

定理 6 设 R 是 A 上的一个关系，于是

(1) 若 R 是自反的，则 $s(R)$，$t(R)$ 也是自反的；

(2) 若 R 是对称的，则 $r(R)$，$t(R)$ 也是对称的；

(3) 若 R 是传递的，则 $r(R)$ 也是传递的.

定理 7 设 R_1，R_2 是 A 上的一个关系，于是

(1) $r(R_1\cup R_2)=r(R_1)\cup r(R_2)$；

(2) $r(R_1\cap R_2)=r(R_1)\cap r(R_2)$；

(3) $s(R_1\cup R_2)=s(R_1)\cup s(R_2)$.

定理 7 表明自反闭包对关系的并、交运算满足分配律，对称闭包对关系的并运算满足分配律. 那么，很自然地提出这样的问题，对称闭包对关系的交运算以及传递闭包对关系的并、交运算是否也满足分配律呢？请大家思考，留作练习.

五、次序关系

集合中还有一种重要的关系——次序关系. 它可用来比较集合中元素的次

序，其中最常用的是偏序关系和全序关系.

1. 偏序关系

定义 12 若集合 A 上二元关系 R 同时是自反的、反对称的、传递的，则称 R 为是集合 A 上的一个偏序关系，记作“≤”，也读作“小于或等于”，称(A, R)为偏序集.

注意：这里的符号“≤”不能简单地理解为实数中的“小于或等于”，它可以表示一个集合元素之间的顺序关系，$a \leqslant b$ 表示 a 排在 b 的前面. 采用这样的符号和名称，是因为偏序关系和小于等于关系具有完全相似的性质.

例如，实数集 $\mathbf{R}$ 上的小于等于关系、大于等于关系，正整数集 $\mathbf{Z}^+$ 上的整除关系，集合 A 的幂集 $\rho(A)$上的“$\subseteq$”关系，都是偏序关系.

定义 13 设 R 是集合 A 上的偏序关系，如果对 A 中任意两个元素 a，$b \in A$，必有 $a \leqslant b$ 或 $b \leqslant a$，则称 R 是集合 A 上全序关系，称(A,R)为全序集.

例如，正整数集 $\mathbf{Z}^+$ 上的小于或等于关系是全序关系，而正整数集 $\mathbf{Z}^+$ 上的整除关系不是全序关系.

例 16 设 $A = \{1,2,3\}$，R 是 A 上的二元关系，

$$R = \{(1,1),(1,2),(1,3),(2,2),(2,3),(3,3)\}$$

试通过关系矩阵和关系图验证 R 是偏序关系.

解 R 的关系矩阵和关系图，如图 2-17 所示：

$$M_R = \begin{pmatrix} 1 & 1 & 1 \\ 0 & 1 & 1 \\ 0 & 0 & 1 \end{pmatrix}$$

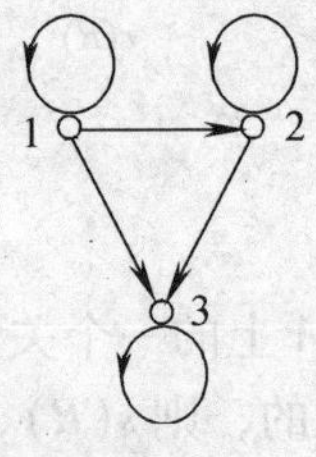

图 2-17

从关系图中可以看出：

(1) 每个结点都有自回路，所以 R 是自反的；

(2) 两个结点之间都无双向边，所以 R 是反对称的；

(3) 1 指向 2，2 指向 3，有 1 指向 3，R 是传递的，

所以 R 是偏序关系.

从关系矩阵也可以验证，留作练习.

例 17 设集合 $A = \{2,3,4,6,9,18\}$ 上的二元关系 R 为整除关系，判断 R 为 A 上的偏序关系.

解 $R = \{(2,4),(2,6),(2,18),(3,6),(3,9),(3,18),(6,18),(9,18)\} \cup I_A$

(1) 对任意的 $x \in A$，都有 x 整除 x，即$(x,x) \in R$，所以 R 是自反的；

(2) 对任意 x，$y \in A$，若$(x,y) \in R$，$(y,x) \in R$，则必有 $x = y$，所以 R 是反

对称的；

（3）对任意 x，y，$z\in A$，若 $(x,y)\in R$ 且 $(y,z)\in R$，即 $y=mx$；$z=ny$（m，n 为整数），则必有 $z=mnx$，即 $(x,z)\in R$，所以 R 是传递的，

所以 R 为 A 上的偏序关系.

2. 哈斯图

偏序关系是一个特殊的二元关系，可以用简化的关系图表示. 它的作图规则是：

（1）若 R 是自反的，则省略每个结点的自回路；

（2）R 是反对称的，即对任意 a，$b\in A$，若 $a\leqslant b$，则将 b 画在 a 的上方，并省略弧上箭头；

（3）R 是传递的，对任意 a，b，$c\in A$，若有 $a\leqslant b$，$b\leqslant c$，则必有 $a\leqslant c$，因此省略 a 和 c 之间的连线.

这样的关系图称为哈斯图.

例 18 设 $A=\{a,b\}$，画出 $(\rho(A),\subseteq)$ 的哈斯图.

解 $\rho(A)=\{\varnothing,\{a\},\{b\},\{a,b\}\}$，其哈斯图如图 2-18 所示.

例 19 设 $A=\{1,2,3,4,6,8,12,14\}$，R 为 A 上的整除关系，画出 (A,R) 哈斯图.

解 R 的哈斯图如图 2-19 所示.

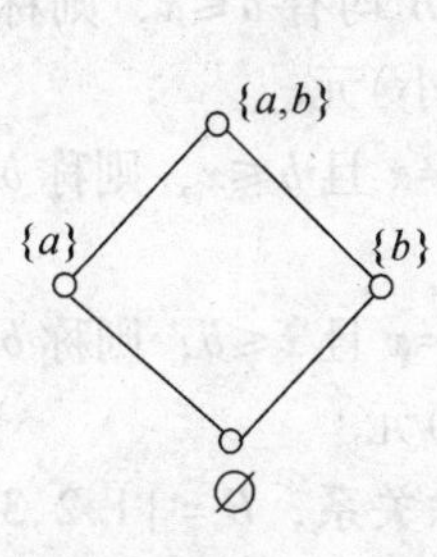

图 2-18

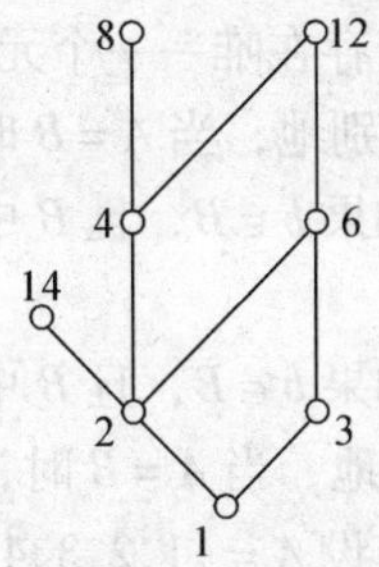

图 2-19

哈斯图的基本思想就是借用位置关系和偏序关系的传递性，只需把每个元素的直接关系表示出来就可以了.

例 20 画出下列偏序关系的哈斯图：

（1）整数集合 **Z** 上的小于等于关系；

（2）集合 $A=\{2,3,6,12,24,36\}$ 上的整除关系；

（3）集合 $A=\{1,2,3\}$，幂集 $\rho(A)$ 上的包含关系.

解 （1）整数集合 **Z** 上的小于等于关系的哈斯图，如图 2-20a 所示；

（2）集合 $A=\{2,3,6,12,24,36\}$ 上的整除关系的哈斯图，如图 2-20b 所示；

(3) 集合 $A=\{1,2,3\}$，幂集 $\rho(A)$ 上的包含关系的哈斯图，如图 2-20c 所示.

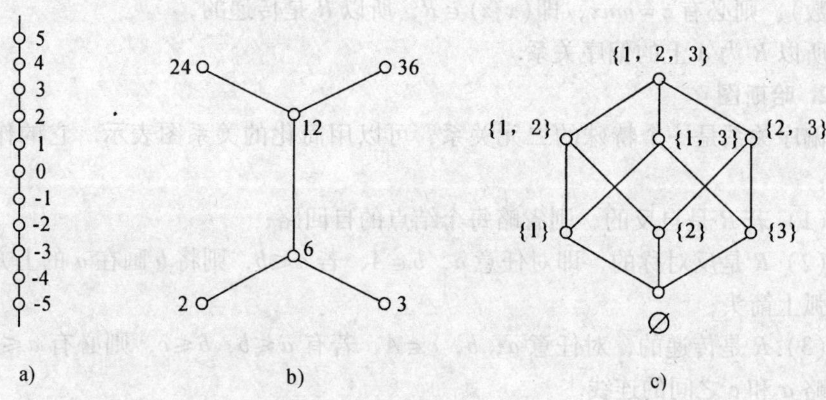

图 2-20

3. 偏序关系的几个特殊元素

偏序集中有一些特殊的元素，主要包括最大元、最小元、极大元和极小元等.

定义 14 设 $(A,\leqslant)$ 是一个偏序集合，且 $B\subseteq A$.

(1) 若存在唯一一个元素 $b\in B$，使对一切 $x\in B$ 均有 $x\leqslant b$，则称 b 是 B 的最大元.

(2) 若存在唯一一个元素 $b\in B$，使对一切 $x\in B$ 均有 $b\leqslant x$，则称 b 是 B 的最小元. 特别地，当 $A=B$ 时，称 b 是 A 的最大(最小)元.

(3) 如果 $b\in B$，且 B 中不存在元素 x，使得 $b\neq x$ 且 $b\leqslant x$，则称 b 是 B 的极大元.

(4) 如果 $b\in B$，且 B 中不存在元素 x，使得 $b\neq x$ 且 $x\leqslant b$，则称 b 是 B 的极小元. 特别地，当 $A=B$ 时，称 b 是 A 的极大(极小)元.

例 21 设 $A=\{1,2,3,4,5,6\}$，R 为 A 上的整除关系，$B=\{1,2,3,6\}$，$C=\{2,3\}$，求集合 A，B，C 的最大元、最小元、极大元、极小元.

解 偏序关系 R 的哈斯图如图 2-21 所示.

A 的最小元为 1，最大元无，极小元为 1，极大元为 4，5，6；

B 的最小元为 1，最大元为 6，极小元为 1，极大元为 6；

C 没有最小元和最大元，极小元 2，3，极大元 2，3.

例 21 说明对任意非空子集，一定存在极大(小)元，极大(小)元不唯一；不一定存在最大(小)元. 如果存在 最大(小)元，则唯一，且最大(小)元必是极大(小)元.

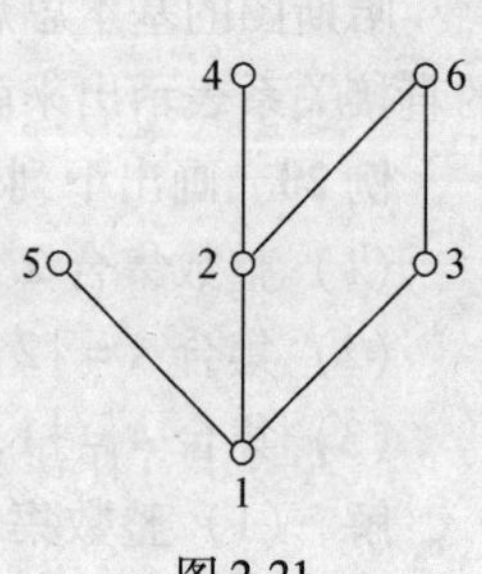

图 2-21

例 22　对下列集合中的整除关系，画出哈斯图，并指出哪些是全序关系，写出下列集合的最大元、最小元、极大元、极小元.

（1）$A=\{2,3,4,5,6\}$；（2）$B=\{2,4,8,16\}$；（3）$C=\{1,3,5,9,15,45\}$.

解　各集合中整除关系的哈斯图，分别如图 2-22a、b、c 所示.

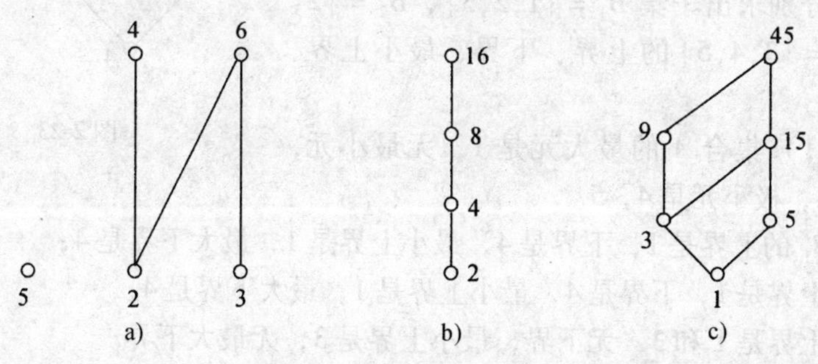

图 2-22

（1）A 不是全序集，因为 2，3 不能整除. 最大元无，最小元无，极大元为 4，5，6，极小元为 2，3，5.

（2）B 是全序集，最大元为 16，最小元为 2，极大元为 16，极小元为 2.

（3）C 不是全序集，因为 3，5 不能整除. 最大元为 45，最小元为 1，极大元为 45，极小元为 1.

定义 15　设 (A,R) 为一个偏序集，B 是 A 的任意非空子集，元素 $a\in A$，则

（1）若对任意 $b\in B$，都有 $b\leqslant a$，则称 a 是 B 的上界；

（2）若对任意 $b\in B$，都有 $a\leqslant b$，则称 a 是 B 的下界；

（3）若 a 是 B 的上界，且对于 B 的任意上界 b，都有 $a\leqslant b$，则称 a 是 B 的最小上界(或称上确界)；

（4）若 a 是 B 的下界，且对于 B 的任意下界 b，都有 $b\leqslant a$，则称 a 是 B 的最大下界(或称下确界).

注意：一般地，上界与最大元(或极大元)的区别在于元素 a 所取的集合不同，对于 $B\subseteq A$，B 的上界 $a\in A$，而最大元(或极大元)的 $a\in B$.

例如，$A=\{2,3,6,12,24,36\}$，R 为整除关系，对于偏序集 (A,R)，

$B=\{2,3,6\}$，B 的上界为 6，12，24，36. 其中 $6\in B$，而 12，24，$36\notin B$. 6 为最小上界，B 无下界.

$C=\{2,3\}$ 的上界为 6，12，24，36. 6 为最小上界，C 无下界.

即使某集合存在上界或下界，最小上界或最大下界也不一定存在；如果最小上界或最大下界存在，则一定是唯一的，它们可以在该集合中，也可以不在此集合中.

例 23 设集合 $A=\{1,2,3,4,5\}$ 上的偏序关系哈斯图如图 2-23 所示.

(1) 求集合 A 的最大元、最小元、极大元、极小元；

(2) 分别求出子集 $B_1=\{1,2,3\}$，$B_2=\{2,3,4\}$，$B_3=\{3,4,5\}$ 的上界、下界、最小上界、最大下界.

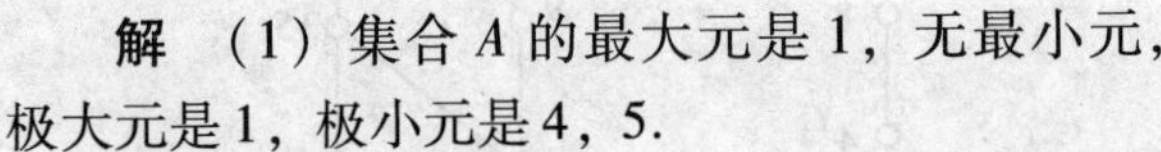

图 2-23

解 (1) 集合 A 的最大元是 1，无最小元，极大元是 1，极小元是 4，5.

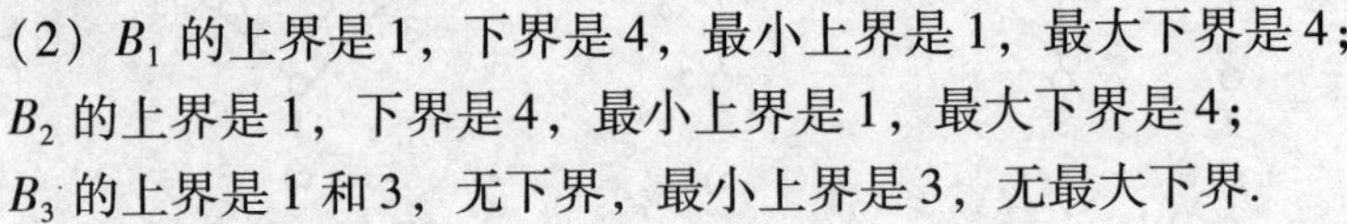

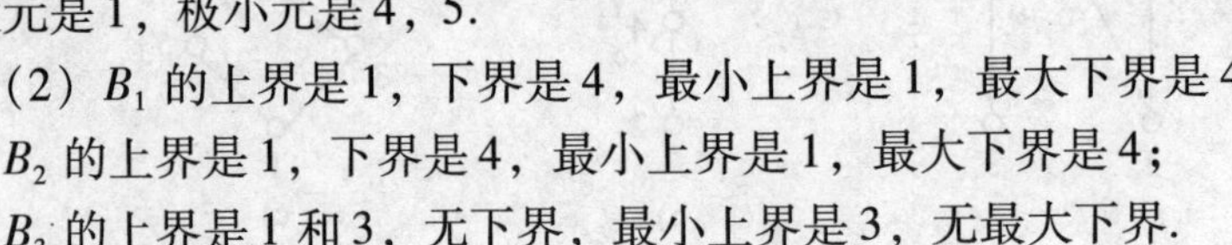

(2) B_1 的上界是 1，下界是 4，最小上界是 1，最大下界是 4；

B_2 的上界是 1，下界是 4，最小上界是 1，最大下界是 4；

B_3 的上界是 1 和 3，无下界，最小上界是 3，无最大下界.

六、等价关系

等价关系是集合上的一种特殊关系，研究等价关系的目的在于将集合中的元素分类.

定义 16 若 A 上的二元关系 R 是自反的、对称的、传递的，则称 R 是等价关系. 此时 $(a,b)\in R$，又称 a 等价于 b，记作 $a\cong b$.

例如，实数集数上的恒等关系、平面上直线的平行关系都是等价关系，非空集合 A 上的恒等关系 I_A 和全关系 E_A 都是等价关系. 但是，实数的小于等于关系、集合的包含关系都不是等价关系.

例 24 设集合 $A=\{1,2,3,4,5,6,7,8\}$，R 为 A 上的"模 3 同余"关系，即

$$R=\left\{(a,b)\,\middle|\,a,\ b\in A,\ \frac{a-b}{3}\text{是整数}\right\}$$

通过关系图验证 R 为等价关系，并写出 R 的关系矩阵.

解 R 的关系图如图 2-24 所示. 由关系图可得：

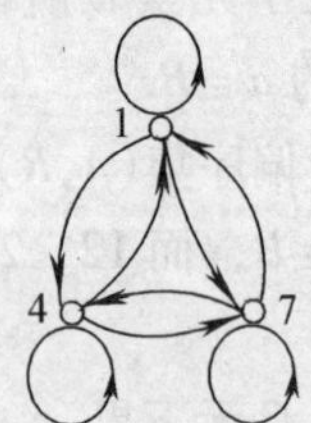

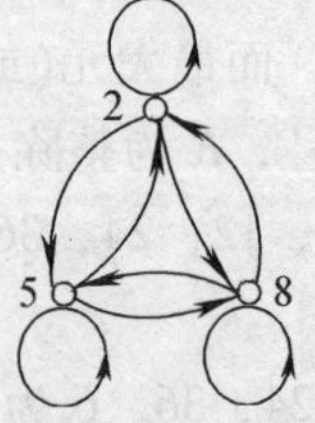

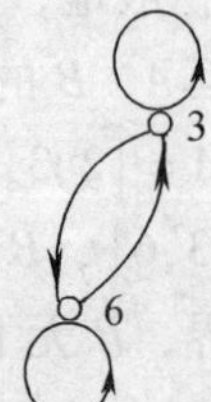

图 2-24

（1）每个结点都有自回路，即 R 是自反的；

（2）两个结点 a，b 之间若有从 a 指向 b 的弧，就有从 b 指向 a 的弧，即 R 是对称的；

（3）若有从结点 a 指向 b 的弧，且有从 b 指向 c 的弧，就有从 a 指向 c 的弧，即 R 是传递的.

由上述分析，R 是等价关系. 其中 $1\cong4\cong7$，$2\cong5\cong8$，$3\cong6$.

R 的关系矩阵为

$$\boldsymbol{M}_R=\begin{pmatrix}1&0&0&1&0&0&1&0\\0&1&0&0&1&0&0&1\\0&0&1&0&0&1&0&0\\1&0&0&1&0&0&1&0\\0&1&0&0&1&0&0&1\\0&0&1&0&0&1&0&0\\1&0&0&1&0&0&1&0\\0&1&0&0&1&0&0&1\end{pmatrix}$$

从关系矩阵也可以验证 R 是等价关系.

与等价关系有密切联系的概念是等价类，下面给出等价类的定义.

定义 17 设 A 是一个非空集合，$\cong$ 是 A 上的等价关系，M 是 A 的一个非空子集，如果满足：

（1）若 $a\in M$，$b\in M$，则 $a\cong b$；

（2）若 $a\in M$，$b\notin M$，则 a 与 b 不等价；或者 $a\in M$，$a\cong b$，则 $b\in M$，

则称子集 M 为 A 的一个等价类.

从定义 17 可以看出，M 中的任意两个元素都等价，而 M 中的元素与 M 外的任何元素都不等价.

例如，在例 24 中，1，4，7 构成一个等价类，可记作 $M_1=\{1,4,7\}$；同样 2，5，8 与 3，6 也分别构成一个等价类，可记作 $M_2=\{2,5,8\}$，$M_3=\{3,6\}$.

例 25 整数集 $\mathbf{Z}$ 上的"模 n 同余"关系 $R=\left\{(a,b)\,\middle|\,a,\ b\in\mathbf{Z},\ \dfrac{a-b}{n}\in\mathbf{Z}\right\}$，容易验证 R 为等价关系，$\mathbf{Z}$ 中元素生成的等价类为

$$[0]_R=M_0=\{\cdots,-2n,-n,0,n,2n,\cdots\}$$

$$[1]_R=M_1=\{\cdots,-2n+1,-n+1,1,n+1,2n+1,\cdots\}$$

$$[2]_R=M_2=\{\cdots,-2n+2,-n+2,2,n+2,2n+2,\cdots\}$$

……

$$[n-1]_R=M_{n-1}=\{\cdots,-n-1,-1,n-1,2n-1,3n-1,\cdots\}$$

定理 8 设 $\cong$ 是集合 A 上的等价关系，于是等价类是存在的.

定理9 设$\cong$是集合 A 上的等价关系，M_1，M_2，…是 A 中的所有等价类，于是

$$A=M_1\cup M_2\cup\cdots$$

并且 $M_i\cap M_j=\varnothing(i\neq j)$. 即集合 A 上的等价关系把 A 分成了互不相交的等价类.

习题 2-2

1. 写出从集合 $A=\{1,2,3\}$ 到 $B=\{a,b\}$ 所有二元关系.

2. 设集合 $A=\{1,2,3,4,5,6\}$，下列各式定义的 R 都是 A 上的二元关系，写出 R 的集合表示式.

（1）$R=\{(a,b)\mid a,b\in A,a$ 整除 $b\}$；（2）$R=\{(a,b)\mid a,b\in A,a+b=6\}$；

（3）$R=\{(a,b)\mid a,b\in A,(a-b)^3\in A\}$.

3. 设 R 是集合 A 到集合 B 的二元关系，写出下列各式中关系 R 的关系矩阵，并画出关系图.

（1）$A=\{a,b,c,d\}B=\{1,2,3\}$，$R=\{(a,1),(a,3),(b,2),(b,3),(c,2)\}$

（2）$A=\{1,2,3,4,5,6\}$，$B=\{1,2,3\}$，$R=\{(a,b)\mid a\in A,b\in B,2\leqslant a+b\leqslant 5\}$.

4. 设集合 $A=\{1,2\}$，$B=\{a,b,c\}$，$C=\{\alpha,\beta\}$，R 是从 A 到 B 的二元关系，S 是从 B 到 C 的二元关系，且 $R=\{(1,a),(1,c),(2,b)\}$，$S=\{(a,\beta),(b,\beta)\}$，求复合关系 $R\circ S$ 及其关系矩阵.

5. 设集合 $A=\{1,2,3\}$，A 上的二元关系

$R=\{(1,1),(1,2),(2,3),(3,1),(3,3)\}$，$S=\{(1,2),(1,3),(2,1),(3,3)\}$

求复合关系 $R\circ S$，$S\circ R$，$R\circ R$，$S\circ S$.

6. 设集合 $A=\{a,b,c\}$，R 和 S 是 A 上的二元关系，其关系矩阵分别为：

$$\boldsymbol{M}_R=\begin{pmatrix}1&1&0\\0&1&0\\0&0&1\end{pmatrix},\ \boldsymbol{M}_S=\begin{pmatrix}1&1&0\\0&1&0\\0&1&1\end{pmatrix}$$

（1）写出关系 $S\circ R$ 的集合表达式；（2）求 $\boldsymbol{M}_{R^{-1}}$和 $\boldsymbol{M}_{S^{-1}}$.

7. 设集合 $A=\{1,2,3,4\}$，A 上的二元关系

$$R=\{(1,1),(1,3),(2,2),(3,1),(3,3),(3,4),(4,3),(4,4)\}$$

判断 R 具有哪几种性质？

8. 设集合 $A=\{a,b,c\}$ 上的二元关系

$R=\{(a,a),(b,b),(b,c),(c,c)\}$，$S=\{(a,b),(b,a)\}$，$T=\{(a,b),(a,c),(b,a),(b,c)\}$判断 R，S，T 是否为 A 上自反的、对称的和传递的关系.

9. 设 $A=\{a,b,c\}$，$R=\{(a,b),(b,c),(c,a)\}$，求出 R 的自反、对称、传递闭包，并作出各闭包的关系图.

10. 设集合 $A=\{1,2,3\}$，图 2-25 中给出了集合 A 上的 12 种关系的关系图，对每个关系写出相应的关系矩阵，并说明它具有的性质.

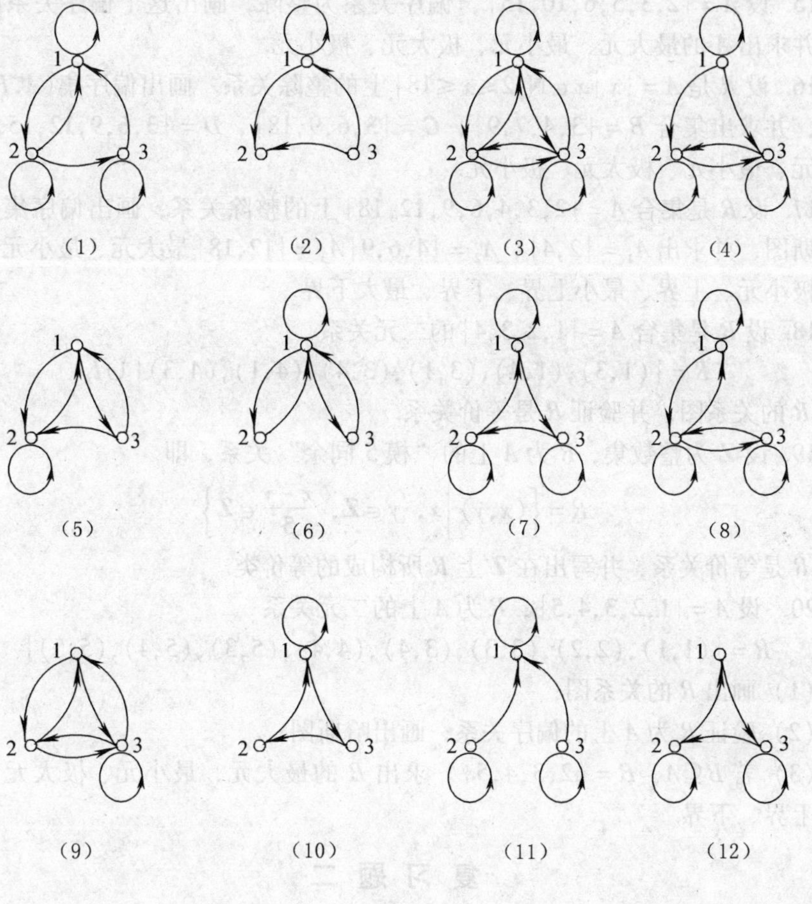

（1）　（2）　（3）　（4）

（5）　（6）　（7）　（8）

（9）　（10）　（11）　（12）

图 2-25

11. 设集合 $A=\{0,1,2,3\}$ 上的二元关系如图 2-26 所示，求 $r(R)$，$s(R)$，$t(R)$，并画出各闭包的关系图.

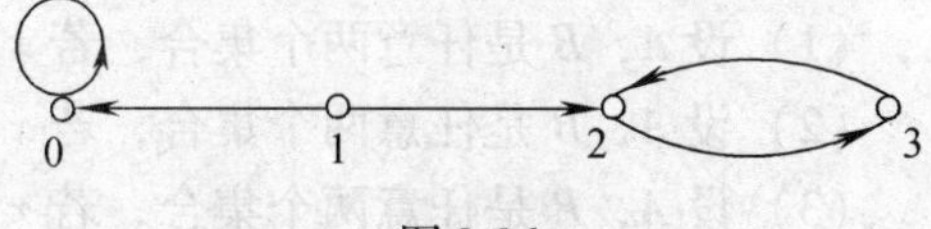

图 2-26

12. 设 $A=\{1,2,3,4\}$，判断下列关系是否为等价关系：

$R=\{(1,1),(1,2),(2,1),(2,2),(3,3),(4,4)\}$，$S=\{(1,1),(2,2),(3,3)\}$

$T=\{(2,2),(2,3),(3,2),(3,3)\}$

13. 设 $A=\{1,2,3,4,5,6\}$，$R=\{(1,3),(1,5),(2,4),(3,1),(3,5),(4,2),(5,1),(5,3)\}\cup I_A$，用关系图判定 R 是等价关系.

14. 设集合 $A=\{a,b,c,d,e\}$ 上的二元关系为

$$R=\{(a,b),(a,c),(a,d),(a,e),(b,c),(b,e),(c,e),(d,e)\}\cup I_A$$

验证(A,R)为偏序集，并给出这个偏序关系的哈斯图.

15. 设$A=\{2,3,5,6,10,15\}$，偏序关系为整除，画出这个偏序关系的哈斯图，并求出A的最大元、最小元、极大元、极小元.

16. 设R是$A=\{x\mid x\in \mathbf{N},2\leqslant x\leqslant 18\}$上的整除关系. 画出偏序集$(A,R)$的哈斯图，并求出集合$B=\{3,4,7,9\}$，$C=\{3,6,9,18\}$，$D=\{3,6,9,12,15,18\}$的最大元、最小元、极大元、极小元.

17. 设R是集合$A=\{2,3,4,6,9,12,18\}$上的整除关系，画出偏序集(A,R)的哈斯图，并求出$A_1=\{2,4\}$，$A_2=\{4,6,9\}A_3=\{12,18\}$最大元、最小元、极大元、极小元、上界、最小上界、下界、最大下界.

18. 设R是集合$A=\{1,2,3,4\}$的二元关系

$$R=\{(1,3),(1,4),(3,1),(3,4),(4,1),(4,3)\}\cup I_A$$

画出R的关系图，并验证R是等价关系.

19. 设$\mathbf{Z}$为整数集，R为A上的“模5同余”关系，即

$$R=\left\{(x,y)\ \middle|\ x,\ y\in \mathbf{Z},\ \frac{x-y}{5}\in \mathbf{Z}\right\}$$

证明R是等价关系，并写出在$\mathbf{Z}$上R所构成的等价类.

20. 设$A=\{1,2,3,4,5\}$，R为A上的二元关系

$$R=\{(1,1),(2,2),(3,3),(3,4),(4,4),(5,3),(5,4),(5,5)\}$$

(1) 画出R的关系图；

(2) 验证R为A上的偏序关系，画出哈斯图；

(3) 若$B\subseteq A$，$B=\{2,3,4,5\}$，求出B的最大元、最小元、极大元、极小元、上界、下界.

复 习 题 二

1. 判断题：

(1) 设A，B是任意两个集合，若$x\in A$，则$x\in A\cap B$. (　　)

(2) 设A，B是任意两个集合，若$x\in A\cup B$，则$x\in A$. (　　)

(3) 设A，B是任意两个集合，若$x\in A-B$，则$x\in A-(A\cap B)$. (　　)

(4) 设A，B是任意两个集合，则$A\cap\overline{B}=B\cap\overline{A}$. (　　)

(5) 设A，B，C，D是任意四个集合，如果$A\subseteq B$，$C\subseteq D$，那么$(A\cup C)\subseteq(B\cup D)$. (　　)

(6) 设A，B，C，D是任意四个集合，如果$A\subseteq B$，$C\subseteq D$，那么$(A\cap C)\subseteq(B\cap D)$. (　　)

(7) 设A，B，C是任意三个集合，则$(A-B)\cup(A-C)=A-(B\cap C)$. (　　)

(8) 设 A，B，C 是任意三个集合，则 $(A-B)\cup(A-C)=A-(B\cup C)$.
( )

(9) 设 A，B 是任意两个集合，则 $(A-B)\cup(B-A)=A\cup B$. ( )

(10) 设 A，B 是任意两个集合，则 $(A-B)\cap(B-A)=A\cap B$. ( )

(11) 设 A，B 是任意两个集合，则 $(A-B)\cap(B-A)=\varnothing$. ( )

(12) 设 A，B 是任意两个集合. 则 $(A-B)-C=A-(B-C)$. ( )

(13) 设 $A=\{1,2,3\}$，则 $R=\{(1,1),(1,2),(2,1),(2,2),(3,2),(3,3)\}$ 是 A 上的等价关系. ( )

(14) 若 $A\times B=B\times A$，则 $A=B$. ( )

(15) 若 $A\times B=A\times C$，则 $B=C$. ( )

(16) 若 R 是集合 A 上的自反关系，则 R^{-1} 也是 A 上的自反关系. ( )

(17) 若 R 是集合 A 上的偏序关系，则 R^{-1} 也是 A 上的偏序关系. ( )

(18) 若 R 是集合 A 上的传递关系，则 R^{-1} 也是 A 上的传递关系. ( )

(19) 若 R，S 是集合 A 上的传递关系，则 $R\cup S$ 也是 A 上的传递关系.
( )

(20) 若 R，S 是集合 A 上的对称关系，则 $R\cap S$ 也是 A 上的对称关系.
( )

2. 单项选择题：

(1) 下列集合中只有( )中的集合是空集.

A. $\{x\mid x$ 是满足 $x^2-1=0$ 的实数$\}$； B. $\{x\mid x$ 是满足 $2x+1=x$ 的实数$\}$；

C. $\{x\mid x$ 是满足 $x^2-9x+6=0$ 的实数$\}$； D. $\{x\mid x$ 是满足 $x^2+1=0$ 的实数$\}$.

(2) 设 $A=\{\{1\},2,5,8,11\}$，下列结论中只有( )成立.

A. $\{\{5\},\{1\}\}\subseteq A$； B. $\{\{5\},1\}\subseteq A$；

C. $\{5,\{1\}\}\subseteq A$； D. $\{5,1\}\subseteq A$.

(3) 设 A，B，C 是任意三个集合，则下列结论中只有( )正确.

A. $(A-B)-C=A-(B\cap C)$； B. $(A-B)-C=A-(B\cup C)$；

C. $A-(B-C)=A-(B\cup C)$； D. $A-(B-C)=A-(B\cap C)$.

(4) 设 A，B，C 是任意三个集合，则下列结论中只有( )正确.

A. $(A\cup B)-C=(A-C)\cup(B-C)$； B. $(A\cup B)-C=(A-C)\cap(B-C)$；

C. $(A\cap B)-C=(A-C)\cup(B-C)$； D. $(A\cap B)-C=A\cap B\cap C$.

(5) 设 A，B，C 是任意三个集合，则下列结论中只有( )正确.

A. $(A-B)\cup C=(A\cup C)-B$； B. $(A-B)\cap C=(A-C)\cap B$；

C. $(A\cap B)-C=(A-C)\cap(B-C)$； D. $(A-B)\cap C=A\cap C$.

(6) 设 $A=\{a,b,c\}$，下列关系中只有( )是 A 上的自反关系.

A. $R_1=\{(a,b),(b,c),(c,a),(c,c)\}$；

B. $R_2=\{(a,a),(b,b),(c,b),(b,c)\}$;

C. $R_3=\{(a,b),(b,b),(c,c),(a,a)\}$;

D. $R_4=\{(a,b),(b,c),(c,c),(a,c)\}$.

(7) 设 $A=\{a,b,c\}$，下列关系中只有(　　)是 A 上的对称关系.

A. $R_1=\{(a,b),(b,c),(c,a),(c,c)\}$;

B. $R_2=\{(a,a),(b,b),(a,b),(b,c)\}$;

C. $R_3=\{(a,b),(b,b),(c,c),(a,a)\}$;

D. $R_4=\{(a,b),(b,c),(b,a),(c,b)\}$.

(8) 设 $A=\{a,b,c\}$，下列关系中只有(　　)是 A 上的反对称关系.

A. $R_1=\{(a,b),(b,c),(c,a),(c,b)\}$;

B. $R_2=\{(a,a),(a,b),(b,c),(c,a)\}$;

C. $R_3=\{(a,b),(b,b),(c,c),(b,a)\}$;

D. $R_4=\{(a,b),(b,b),(b,c),(b,a)\}$.

(9) 设 $A=\{a,b,c,d\}$，下列关系中只有(　　)是 A 上的传递关系.

A. $R_1=\{(b,c),(c,c),(c,d),(b,d)\}$;

B. $R_2=\{(a,b),(b,c),(c,a),(a,d)\}$;

C. $R_3=\{(a,b),(b,b),(a,a),(d,a)\}$;

D. $R_4=\{(a,b),(b,c),(b,a),(c,a)\}$.

(10) 设 $A=\{a,b,c\}$，下列关系中只有(　　)是 A 上的等价关系.

A. $R_1=\{(a,c),(c,c),(c,a)\}$;　　　B. $R_2=\{(a,b),(b,c),(c,a)\}$;

C. $R_3=\{(a,b),(b,b),(c,c)\}$;　　　D. $R_4=\{(a,a),(b,b),(c,c)\}$.

3. 填空题：

(1) 设 $A=\{1\}$，$B=\{1,3\}$，$C=\{1,5,9\}$，$D=\{1,2,3,4,5\}$，则 $A\cup B=$ ________，$B\cap D=$ ________，$C-B=$ ________，$C\oplus D=$ ________.

(2) 集合 $A=\{a,b,c\}$ 上的恒等关系 $I_A=$ ________，全关系 $E_A=$ ________.

(3) 设 $A=\{1,2,3,4\}$，$B=\{2,3,4,5\}$，则 $A\oplus B=$ ________.

(4) 设集合 $A=\{1,2,3,4\}$，A 上的二元关系 $R=\{(1,1),(1,3),(2,1),(3,3),(3,4),(4,4)\}$，则逆关系 R^{-1} 的关系矩阵 $\boldsymbol{M}_{R^{-1}}=$ ________，关系图为________.

(5) 设集合 $A=\{a,b\}$，$B=\{1,2\}$，则 $A\times B=$ ________.

(6) 设集合 $A=\{1,2,3\}$，$(\rho(A),\subseteq)$ 为偏序集，则 A 上的最大元为________，最小元为________.

(7) 设 $A=\{1,2,3\}$ 上的二元关系 $R=\{(1,1),(1,2),(2,3),(3,1)\}$，则关系具有________关系，不具有________.

(8) 设 $A=\{1,2,3\}$ 上的二元关系 $R=\{(1,1),(1,2),(2,1),(3,3)\}$，则关

系具有______关系，不具有______.

（9）设 R 是集合 A 上的二元关系，如果同时具有______关系，______关系，______关系，则称 R 是等价关系.

（10）设 R 是非空集合 A 上的二元关系，如果同时具有______关系，______关系，______关系，则称 R 是偏序关系.

4. 计算题：

（1）给定自然数集合 **N** 的下列子集，

$A=\{1,2,7,8\}$，　　　　$B=\{x \mid x^2<50\}$，

$C=\{x \mid x$ 可被 3 整除$,0\leqslant x\leqslant 30\}$，　$D=\{x \mid x=2^k,k=1,2,\cdots,6\}$

求下列集合：①$A\cap(B\cup(C\cap D))$，②$A\cup(B\cap(C\cup D))$，③$B-(A\cup C)$，④$((\overline{A})\cap B)\cup D$.

（2）设 $A=\{x \mid x^2-16<0\}$，$B=\{x \mid x^2-4x+3\geqslant 0\}$，求 $A\cap B$.

（3）设全集为自然数集合 **N**，其子集为

$A=\{x \mid x$ 为偶数$\}$，$B=\{x \mid x$ 为奇数$\}$，$C=\{x \mid 0\leqslant x\leqslant 10\}$，

求下列集合：①$\overline{A}\cap C$，②$A\oplus B$，③$A\cap B\cap C$，④$\rho(A)\cap\rho(B)$.

（4）设集合 $A=\{0,1,2,3\}$，R，S 是 A 上的二元关系：

$R=\{(a,b) \mid b=a+1$ 或 $b=a\}$，$S=\{(a,b) \mid a=b+2\}$

试求 $S\circ R$，$R\circ S$，$(R\circ S)\circ R$.

（5）求 1 ~ 500 之间能被 5 整除或能被 7 整除的整数的个数.

（6）某班有 50 名学生，其中有 20 人会下中国象棋，19 人会下围棋，18 人会下国际象棋，7 人既会下中国象棋又会下围棋，8 人既会下中国象棋又会下国际象棋，5 人既会下国际象棋又会下围棋，有 3 人三种棋都会下，求三种棋都不会下的学生人数.

5. 化简题：

（1）$(A\cap\overline{B})\cup(B\cap\overline{A})\cup(A\cap B))$；

（2）$((A\cup(B-C))\cap A)\cup(B-(B-A))$；

（3）$(A-B-C)\cup((A-B)\cap C)\cup(A\cap B-C)\cup(A\cap B\cap C)$；

（4）$(A\cup B\cup C)\cap(A\cup B)-(A\cup(B-C))\cap A$.

6. 设集合 $A=\{1,2,3,4\}$，R 是 A 上的二元关系，

$R=\{(1,1),(1,2),(2,3),(1,4),(2,4),(3,3),(4,2)\}$，

求关系矩阵 $\boldsymbol{M}_R$ 和关系图.

7. 设 $A=\{1,2,3,4\}$，R 是 A 上的二元关系，$R=\{(1,1),(2,2),(2,3),(4,4)\}$，求 $r(R)$，$s(R)$，$t(R)$，并画出 R，$r(R)$，$s(R)$，$t(R)$ 的关系图.

8. 设集合 $A=\{1,2,3,4,6,8,12,24\}$，R 为 A 上的整除关系，画出偏序集的哈斯图.

9. 设 $A=\{1,2,\cdots,12\}$，R 为整除关系.

（1）画出偏序集的哈斯图；

（2）设 $B=\{2,4,6,8,12\}$，$C=\{2,5,7,10\}$，求 B，C 的极大元、极小元，最大元、最小元，上界、最小上界，下界、最大下界.

10. 试画出集合 $A=\{2,3,4,5,6,8,12,24\}$ 在偏序关系“整除”下的哈斯图，并分别求出：

（1）集合 A 的最大元、最小元、极大元、极小元；

（2）集合 $B=\{2,3,6\}$ 的上界、下界、最小上界、最大下界；

（3）集合 $C=\{4,5,6\}$ 的上界、下界、最小上界、最大下界.

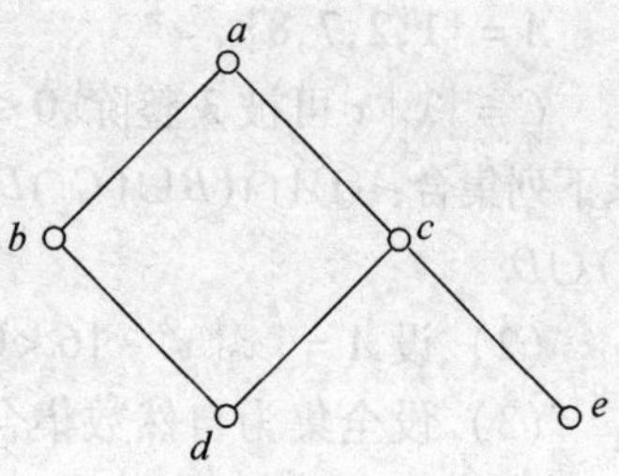

图 2-27

11. 图 2-27 给出了偏序集合 (A,R) 的哈斯图，这里 $A=\{a,b,c,d,e\}$.

（1）下列关系式哪个是真？

aRb，dRa，cRe，bRe，aRa，bRc，dRe.

（2）把哈斯图改为有向图.

（3）求出 A 的最大元、最小元；极大元、极小元.

（4）求出子集 $\{b,c,d\}$，$\{c,d,e\}$，$\{a,b,c\}$ 的上界和下界，最小上界和最大上界.

第三章　图　论

图论是应用十分广泛而又非常有趣的数学分支，在物理、化学、生物、经济、管理科学、信息论、计算机等各个领域都可以找到图论的足迹.

历史上很多数学家对图论的形成作出过贡献，特别是欧拉（Euler）、基尔霍夫（Kirchhoff）与凯莱（Cayley）. 随着计算机科学的发展，图论的应用也越来越广泛，同时图论也得到了充分的发展. 这里将主要介绍与计算机科学关系密切的图论的内容.

第一节　图

一、图的基本概念

1. 图的定义

在现实世界中有许多事情可以用由点和线组成的图形来描述. 例如，北京、上海、天津、重庆、香港、澳门是中国的几个著名的城市，这些城市之间的航空线，可以用由点和线组成的图形来描述. 在这样的图形中，我们只研究哪些点之间有线连接而不考虑这些点是什么，这些点之间连接的方式如何，这种从实际问题中抽象出来的图形就是图的概念.

定义1　无向图 $G=(V,E)$ 是一个有序二元组，其中，$V=\{v_1,v_2,\cdots,v_n\}$ 是有限非空集，称为图 G 的顶点集，V 中的元素称为顶点或结点；$E=\{e_1,e_2,\cdots,e_n\}$ 称为图 G 的边集，是图 G 中诸顶点之间的无向边的集合，E 中的元素称为边. 即图 G 是由结点和结点之间的边组成的图形.

由定义1可知，图 G 的边 e 是 V 的两个元素 v_i，v_j 的无序对 (v_i,v_j)，即 $e=(v_i,v_j)$. 与一条边 e 相关联的两个结点 v_i，v_j 称为邻接的或相邻的. 当 $v_i=v_j$ 时，称 e 为环. 结点 v_i，v_j 之间有多条边时称这些边为平行边.

在一个图 G 中，为了表示 V 和 E 分别是图 G 的结点集和边集，通常将 V 记作 $V(G)$，E 记作 $E(G)$.

若用"·"表示 V 中的结点，用结点之间的连线段表示边，则可画出图来.

例如，设图 $G=(V,E)$，其中

$V=\{a,b,c,d\}$

$E=\{e_1,e_2,e_3,e_4,e_5,e_6,e_7\}=\{(a,c),(a,c),(a,b),(c,b),(c,d),(b,d),(b,b)\}$

则 $G=(V,E)$ 的图形如图 3-1 所示．其中，e_7 为环，e_1，e_2 为平行边．

设 $G=(V,E)$ 为无向图，则当 V，E 都为有限集时，图 G 称为**有限图**．没有环和平行边的图称为**简单图**．

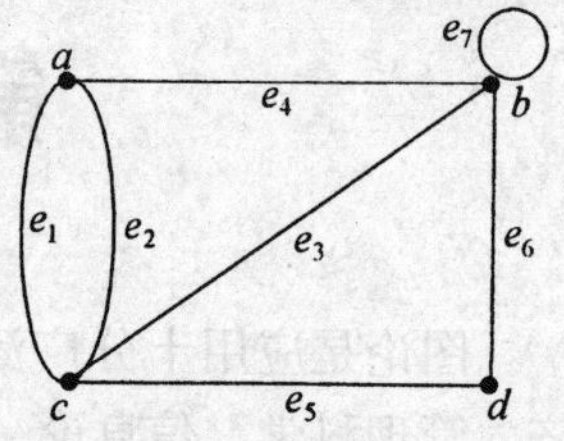

图 3-1

若 $|V|=n$，则称图 G 为 ***n* 阶图**．若 $E=\varnothing$，则称图 G 为**零图**．若 $|V|=1$，且 $E=\varnothing$，则称图 G 为**平凡图**．有 m 条边的 n 阶图称为 (n,m) 图，则 $(n,0)$ 图为零图，$(1,0)$ 图为平凡图．

例 1 用点集 $V=\{B,S,T,C,H,M\}$ 表示北京、上海、天津、重庆、香港、澳门这些城市，这些城市之间有航空线的用边集

$$E=\{(B,S),(B,H),(B,M)(S,H),(C,B),(H,C),(T,H)\}$$

表示，那么这些城市之间航空线关系 $G=(V,E)$ 可用图 3-2 表示．显然图 G 是简单图．

2．结点的度

定义 2 设 $G(V,E)$ 是无向图，$v\in V(G)$，结点 v 所关联的边数称为结点 v 的**度**，记作 $\deg(v)$ 或 $\mathrm{d}(v)$．

不与任何边关联的结点称为**孤立结点**．孤立结点的度为 0．一个环结点的度为 2．

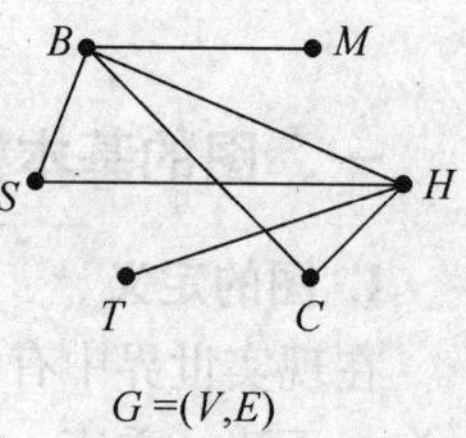

图 3-2

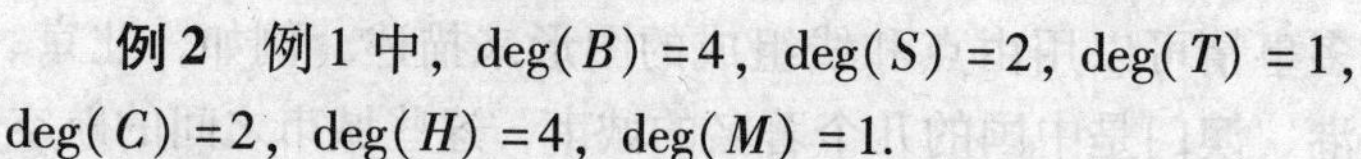

例 2 例 1 中，$\deg(B)=4$，$\deg(S)=2$，$\deg(T)=1$，$\deg(C)=2$，$\deg(H)=4$，$\deg(M)=1$．

定义 3 设 $G=(V,E)$ 是无向图，$V=\{v_1,v_2,\cdots,v_n\}$，则称 $\{\deg(v_1),\deg(v_2),\deg(v_3),\cdots,\deg(v_n)\}$ 为图 G 的结点度序列．

例 3 例 1 中的结点度序列为：$(4,2,1,2,4,1)$．

定义 4 设 $G=(V,E)$ 是无向图，则 $\Delta(G)=\max\{\deg(v)\mid v\in G\}$ 称为图 G 的最大度，$\delta(G)=\min\{\deg(v)\mid v\in G\}$ 称为图 G 的最小度．

例 4 例 1 中，最大度 $\Delta(G)=4$，最小度 $\delta(G)=1$．

定理 1 （握手定理）设 $G=(V,E)$ 为有限图，则所有结点度总和等于边数的 2 倍，即

$$\sum_{v\in V}\deg(v)=2m$$

其中，m 为边集 $E(G)$ 的总边数．

证 因为图中每条边关联两个结点，因此每条边给予它所关联的两个结点的度各是 1，即一条边对应的结点的度数是 2，所以图的度数总和为边数的 2 倍．

定理 2 任一有限图中，奇数度的结点必为偶数个．

例 5 下面哪些数的序列可能是一个简单图的度数序列？哪些可能不是？

a）(1,2,3,4,5)　　b）(2,2,2,2,2)　　c）(1,2,3,2,4)

d）(1,1,1,1,4)　　e）(1,2,2,4,5)

解　a）不是，因为有三个数字是奇数，所以由握手定理知 a）不是一个简单图的度数序列；b）、c）、d）是；e）不是，因为它有 5 个结点，有一个结点度为 5，而每个结点最多发出 $n-1$ 条边.

例 6　已知图 G 中，有 10 条边，4 个 3 度结点，其余结点的度均小于或等于 2，问 G 中至少有多少个结点？为什么？

解　由 $m=10$，得 $\sum \deg(v)=2m=20$. 由于其中有 4 个 3 度结点，所以余下结点度之和为：$20-3\times4=8$，又因为其余每个结点度数小于或等于 2，所以至少还有 4 个结点，综上 G 中至少有 8 个结点.

3. 子图与补图

定义 5　设 $G=(V,E)$ 为 n 阶无向简单图，则 G 中任意两个结点之间都有边相关联的图称为 n 阶无向完全图. 有 n 个结点的完全图用 K_n 表示，如图 3-3 所示.

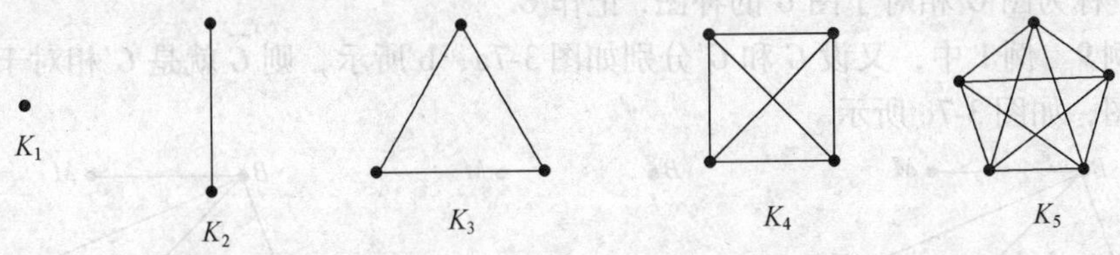

图 3-3

容易证明，n 阶完全图 K_n 具有 $\frac{n(n-1)}{2}$ 条边，每个结点的度数为 $n-1$.

定义 6　设图 G 和图 H，如果 $V(H)\subseteq V(G)$，$E(H)\subseteq E(G)$，则称 H 是 G 的子图，G 为 H 的母图. 如果 H 是 G 的子图，并且 $V(H)=V(G)$，则称 H 是 G 的生成子图(或支撑子图).

例 7　在例 1 中，又设图 $H=(V,E)$，如图 3-4 所示，则 $V(H)\subseteq V(G)$，$E(H)\subseteq E(G)$，所以 H 是 G 的子图，G 是 H 的母图；又设图 $J=(V,E)$，如图 3-5 所示，则 $V(J)=V(G)$，并且 J 是 G 的子图，所以 J 是 G 的生成子图.

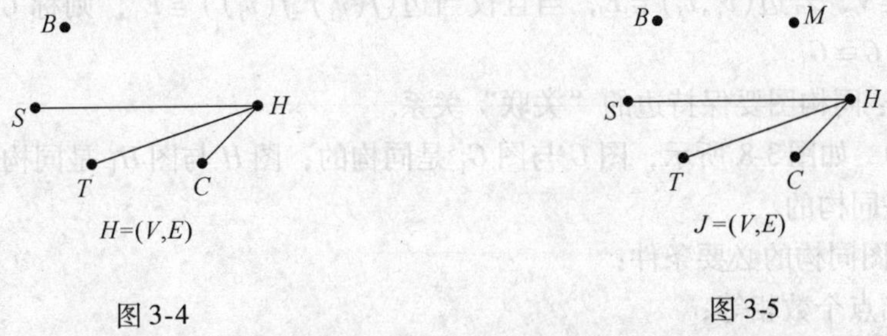

图 3-4　　　　图 3-5

定义 7　由图 G 的所有结点以及为使 G 变成完全图所需要添加的那些边组成的图，称为图 G 相对完全图的补图，简称 G 的补图，记作 $\overline{G}$.

例 8　设完全图 K_5 和图 G，如图 3-6a、b 所示，则图 G 的补图为 $\overline{G}$，如图 3-6c 所示. 实际上 G 和 $\overline{G}$ 都是 K_5 的子图，G 和 $\overline{G}$ 和起来就是 K_5.

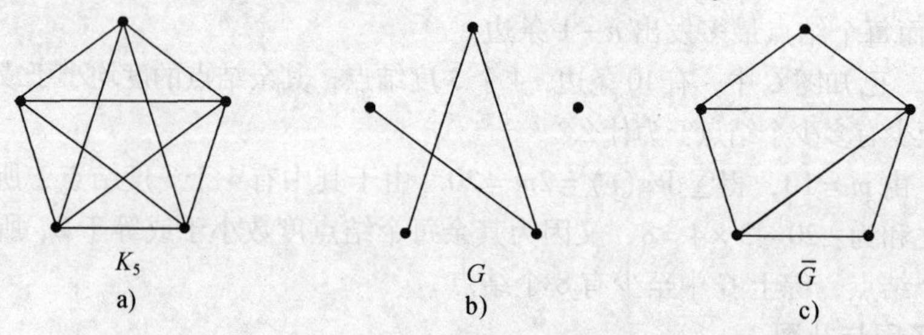

图 3-6

定义 8　由图 G 的所有结点以及为使图 G' 变成图 G 所需要添加的那些边组成的图，称为图 G' 相对于图 G 的补图，记作 $\overline{G}$.

例 9　例 1 中，又设 G 和 G' 分别如图 3-7a、b 所示，则 $\overline{G}$ 就是 G' 相对于图 G 的补图，如图 3-7c 所示.

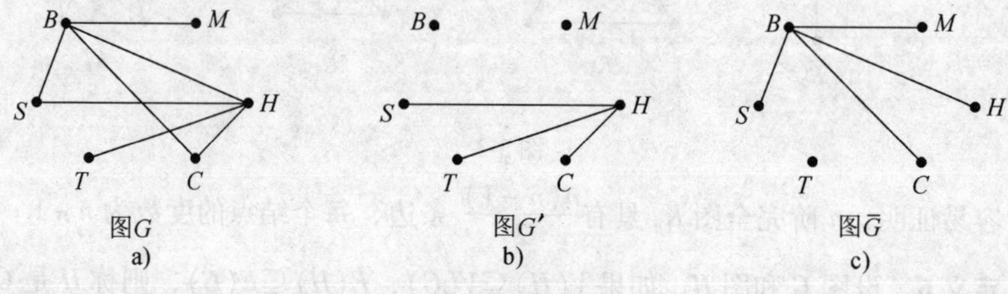

图 3-7

由于在画图时，结点的位置和边的形状是可以随意的，因此，表面上不同的两个图可能表示的却是同一个图. 为了判断不同图形是否为同一个图，下面给出图的同构的概念.

定义 9　设图 $G=(V,E)$ 和图 $G_1=(V_1,E_1)$，如果存在双射 f：$V\to V_1$，且任何 v_i，$v_j\in V$，若边 $(v_i,v_j)\in E$，当且仅当边 $(f(v_i),f(v_j))\in E_1$，则称 G 与 G_1 同构，记作 $G\cong G_1$.

注意：同构图要保持边的“关联”关系.

例 10　如图 3-8 所示，图 G 与图 G_1 是同构的；图 H 与图 H_1 是同构的；图 N 与图 N_1 是同构的.

两个图同构的必要条件：

1）结点个数相等；

2）边数相等；

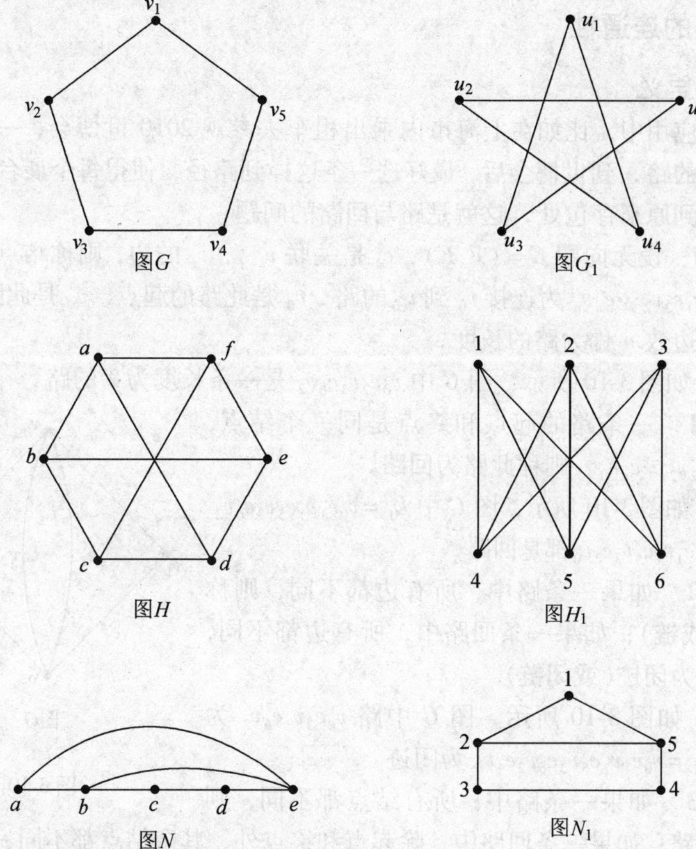

图 3-8

3）度数相同的结点数相等；

4）对应的结点的度数相等.

值得注意的是，这些不是充分条件.

例 11　如图 3-9 所示，图 G 和图 H 这两个图不同构：图 G 中四个 3 度结点构成四边形，而图 H，则不然，即这两个图不相同.

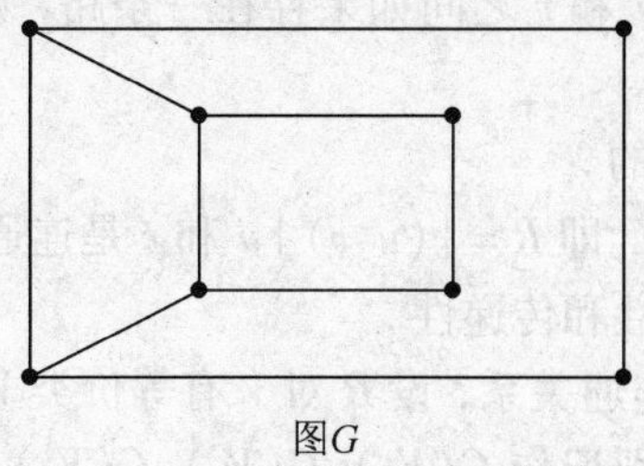
图G

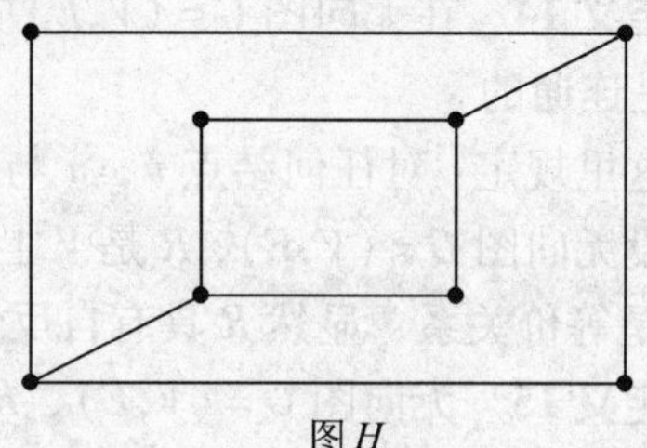
图H

图 3-9

二、图的连通性

1. 路的定义

在实际应用中，比如在上海市内乘出租车去参观 2010 世博会，一定要司机选一条最短的路．到世博会后，最好选一条这样到路径，使得每个展台都参观一次后，再回到原来存包处．这就是路与回路的问题．

定义 10　设无向图 $G=(V,E)$，e_i 是关联 v_{i-1}，v_i 的边，则称结点和边的交替序列 $v_0e_1v_1e_2v_2\cdots e_nv_n$ 为连接 v_0 到 v_n 的路．v_0 是此路的起点，v_n 是此路的终点．路中含有的边数 n 称为路的长度．

例 12　如图 3-10 所示，图 G 中 $v_0e_2v_3e_6v_2$ 是一条长度为 2 的路．

定义 11　一条路的起点和终点是同一个结点，即路 $v_0e_1v_1e_2v_2\cdots e_nv_0$，则称此路为**回路**．

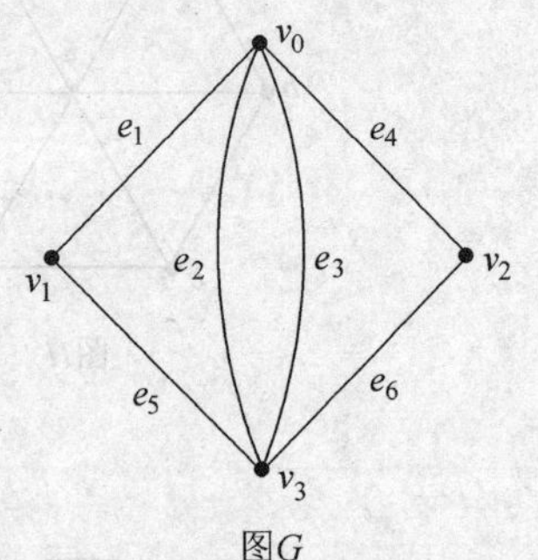

图 3-10

例 13　如图 3-10 所示，图 G 中 $L_1=v_0e_1v_1e_5v_3e_6v_2e_4v_0$，$L_2=v_0e_1v_1e_5v_3e_2v_0$都是回路．

定义 12　如果一条路中，所有边都不同，则称此路为**迹**(或**链**)；如果一条回路中，所有边都不同，则称此回路为**闭迹**(或**闭链**)．

例 14　如图 3-10 所示，图 G 中路 $v_0e_2v_3e_6v_2$ 为迹，回路 $L_1=v_0e_1v_1e_5v_3e_6v_2e_4v_0$ 为闭迹．

定义 13　如果一条路中，所有结点都不同，则称此路为**通路**；如果一条回路中，除起点和终点外，其余结点都不同，则称此回路为**圈**．

例 15　如图 3-10 所示，图 G 中 $L_1=v_0e_1v_1e_5v_3e_6v_2e_4v_0$，$L_2=v_0e_1v_1e_5v_3e_2v_0$ 既是闭迹，也是圈；$L_3=v_0e_1v_1e_5v_3e_2v_0e_3v_3e_6v_2e_4v_0$ 是闭迹，而不是圈．

定理 3　在一个有 n 个结点的图中，如果从结点 v_i 到 v_j 存在一条路，则从 v_i 到 v_j 必存在一条长度不多于 $n-1$ 的路．

2. 图的连通性

定义 14　在无向图 $G=(V,E)$中，结点 u 和 v 之间如果存在一条路，则称 u 与 v 是**连通的**．

这里规定：对任何结点 u，u 与 u 是连通的．

设无向图 $G=(V,E)$，R 是 V 上连通关系，即 $R=\{(u,v)\mid u$ 和 v 是连通的$\}$，则 R 是等价关系，显然 R 具有自反性、对称性和传递性．

定义 15　无向图 $G=(V,E)$，R 是 V 上连通关系，设 R 对 V 有等价类 $V_1,V_2,V_3,\cdots,V_n$，这 n 个等价类构成的 n 个子图分别记作 $G(V_1),G(V_2),G(V_3),\cdots,G(V_n)$，并称它们为 G 的**连通分支**，并用 $W(G)$表示 G 中连通分支数．

例 16 如图 3-11 所示，这三个图的连通分支数分别为：$W(G_1)=3$，$W(G_2)=2$，$W(G_3)=1$.

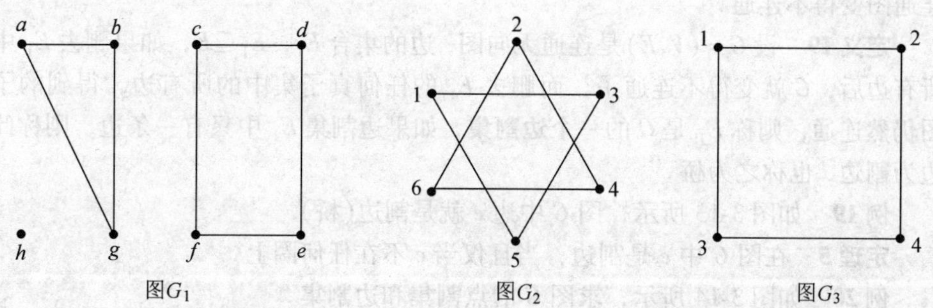

图 3-11

定义 16 如果图 G 中只有一个连通分支(即 $W(G)=1$)，则称图 G 是**连通图**.

例 17 例 16 中，因为 $W(G_3)=1$，所以图 G_3 是连通图.

3. 割集

割集在图论中是个重要概念，在图论的理论和应用中，都具有重要地位. 割集就是为使原来连通的图变成不连通，需要删去的结点集合或边的集合.

定义 17 设 $G=(V,E)$ 是连通无向图，结点集合 V_1，并且 $V_1 \subseteq V$，如果删去 V_1 中所有结点(包括所关联的边)后，G 就变得不连通了，而删去 V_1 的任何真子集中的所有结点，得到的子图仍然连通，则称 V_1 是 G 的一个**点割集**. 如果点割集 V_1 中只有一个结点，则称此结点为**割点**.

例 18 如图 3-12 所示，图 3-12a 中删去点 u 及点 u 所关联的边后如图 3-12b 所示，可见图不连通了，所以点 u 是割点.

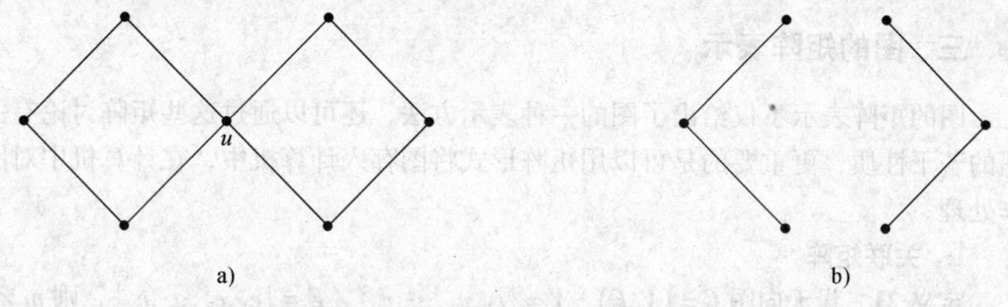

图 3-12

定义 18 若图 G 不是完全图，则 $k(G)=\min\{\,|V_1|\mid V_1$ 是 G 的点割集$\}$ 为 G 的点连通度. 点连通度 $k(G)$ 表示为使 G 不连通至少要删去的结点数. 如例 18 中，$k(G)=1$.

定理 4 一个连通图中结点 v 是割点的充分且必要条件是存在两个结点 u 和

w，使得从 u 到 w 的任何路都通过 v．

通过删去结点的办法可以使连通图变得不连通，通过删去边的办法也可以使连通图变得不连通．

定义 19 设 $G=(V,E)$ 是连通无向图，边的集合 E_1，$E_1 \subseteq E$，如果删去 E_1 中所有边后，G 就变得不连通了，而删去 E_1 的任何真子集中的所有边，得到的子图仍然连通，则称 E_1 是 G 的一个**边割集**．如果边割集 E_1 中只有一条边，则称此边为**割边**，也称之为**桥**．

例 19 如图 3-13 所示，图 G 中边 e 就是割边(桥)．

定理 5 在图 G 中 e 是割边，当且仅当 e 不在任何圈上．

例 20 如图 3-14 所示，求图 G 的点割集和边割集．

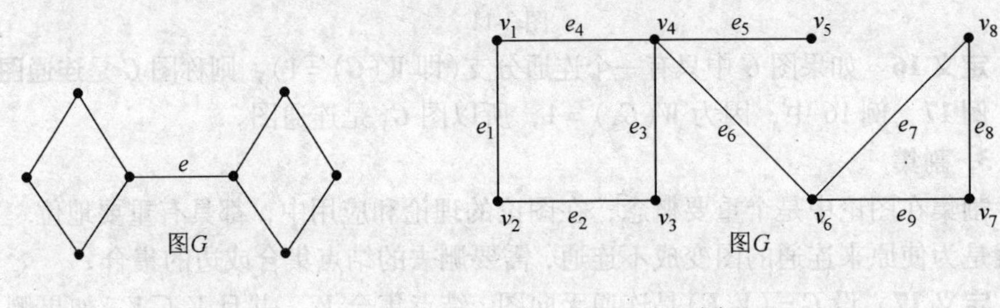

图 3-13　　　　图 3-14

解 v_4，v_6 是割点，e_5，e_6 是割边．

定义 20 若 G 不是平凡图，则 $\lambda(G)=\min\{|E_1| \mid E_1 \text{ 是 } G \text{ 的边割集}\}$ 为图 G 的**边连通度**．边连通度 $\lambda(G)$ 是表示为使 G 不连通至少要删去的边数．

显然，如果 G 不是连通图，则 $k(G)=\lambda(G)=0$．

定理 6 设 $G=(V,E)$ 是无向图，则 $k(G) \leqslant \lambda(G) \leqslant \delta(G)$．

三、图的矩阵表示

图的矩阵表示不仅给出了图的一种表示方法，还可以通过这些矩阵讨论有关图的若干性质，更重要的是可以用矩阵形式将图存入计算机中，在计算机中对图作处理．

1．关联矩阵

定义 21 设无向图 $G=(V,E)$，$V=\{v_1,v_2,\cdots,v_n\}$，$E=\{e_1,e_2,\cdots,e_n\}$，则 $m \times n$ 阶矩阵 $\boldsymbol{M}(G)=(a_{ij})$ 称为 G 的**关联矩阵**，其中，$a_{ij}=\begin{cases}1 & \text{当 } v_i \text{ 是 } e_j \text{ 的端点时} \\ 0 & \text{其他}\end{cases}$．

例 21 如图 3-15 所示，图 $G=(V,E)$，求 G 的关联矩阵．

解 图 G 的关联矩阵为

$$M(G)=\begin{array}{c} \\ v_1 \\ v_2 \\ v_3 \\ v_4 \\ v_5 \end{array}\begin{array}{c} \begin{array}{cccccc} e_1 & e_2 & e_3 & e_4 & e_5 & e_6 \end{array} \\ \begin{pmatrix} 1 & 1 & 0 & 0 & 0 & 0 \\ 1 & 0 & 1 & 1 & 0 & 0 \\ 0 & 0 & 0 & 1 & 1 & 0 \\ 0 & 0 & 0 & 0 & 1 & 1 \\ 0 & 1 & 1 & 0 & 0 & 1 \end{pmatrix} \end{array}$$

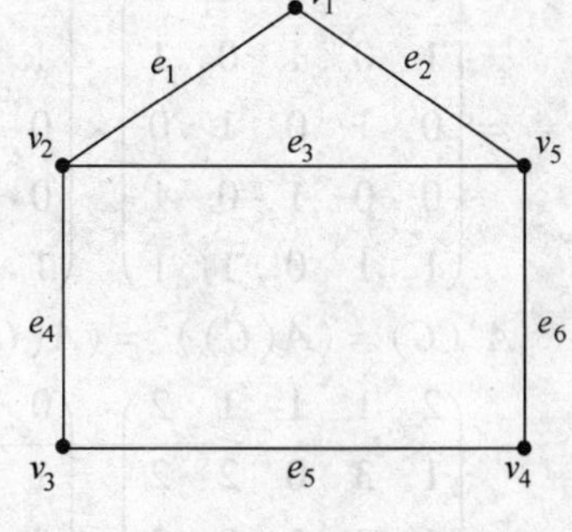

图 3-15

从关联矩阵看图的性质：

（1）每列只有两个 1（因为每条边只关联两个结点）；

（2）每行中 1 的个数为对应结点的度数.

注意：如果结点 v_i 关联边 e_j 是一个环，那么 $a_{ij}=2$.

2. 邻接矩阵

定义 22 设无向图 $G=(V,E)$，$V=\{v_1,v_2,\cdots,v_n\}$，则 $n\times n$ 阶矩阵 $A(G)=(b_{ij})$ 称为 G 的**邻接矩阵**，其中，$b_{ij}=\begin{cases}1 & 当\ v_i\ 是\ v_j\ 相邻，即边\ v_iv_j\in E\ 时\\ 0 & 其他\end{cases}$.

例 22 求例 21 中的图 G 的邻接矩阵.

解 图 G 的邻接矩阵为

$$A(G)=\begin{array}{c} \\ v_1 \\ v_2 \\ v_3 \\ v_4 \\ v_5 \end{array}\begin{array}{c} \begin{array}{ccccc} v_1 & v_2 & v_3 & v_4 & v_5 \end{array} \\ \begin{pmatrix} 0 & 1 & 0 & 0 & 1 \\ 1 & 0 & 1 & 0 & 1 \\ 0 & 1 & 0 & 1 & 0 \\ 0 & 0 & 1 & 0 & 1 \\ 1 & 1 & 0 & 1 & 1 \end{pmatrix} \end{array}$$

从邻接矩阵看图的性质：

每行 1 的个数 = 每列 1 的个数 = 对应结点的度.

3. 邻接矩阵的乘积

在实际应用中（如电话网络），有时只关心从一个结点到另一个结点是否有路可到达，而不关心路有多长. 通过邻接矩阵的乘积可求出结点 v_i 与结点 v_j 之间度数一定的路有几条.

例 23 如图 3-15 所示，求 $A^2(G)$，$A^3(G)$.

解 $A^2(G)=(A(G))^2=A(G)\cdot A(G)$

$$=\begin{pmatrix}0&1&0&0&1\\1&0&1&0&1\\0&1&0&1&0\\0&0&1&0&1\\1&1&0&1&1\end{pmatrix}\times\begin{pmatrix}0&1&0&0&1\\1&0&1&0&1\\0&1&0&1&0\\0&0&1&0&1\\1&1&0&1&1\end{pmatrix}=\begin{pmatrix}2&1&1&1&2\\1&3&0&2&2\\1&0&2&0&2\\1&2&0&2&1\\2&2&2&1&4\end{pmatrix}$$

$$\boldsymbol{A}^3(G)=(\boldsymbol{A}(G))^3=(\boldsymbol{A}(G))^2\cdot\boldsymbol{A}(G)$$

$$=\begin{pmatrix}2&1&1&1&2\\1&3&0&2&2\\1&0&2&0&2\\1&2&0&2&1\\2&2&2&1&4\end{pmatrix}\times\begin{pmatrix}0&1&0&0&1\\1&0&1&0&1\\0&1&0&1&0\\0&0&1&0&1\\1&1&0&1&1\end{pmatrix}=\begin{pmatrix}3&5&2&2&6\\5&3&5&2&8\\2&5&0&4&3\\3&2&4&1&6\\6&8&3&6&9\end{pmatrix}$$

在$\boldsymbol{A}^2(G)$中$(b_{24})^2=2$表示从v_2到v_4有2条长度为2的路：$v_2v_3v_4$，$v_2v_5v_4$；在$\boldsymbol{A}^3(G)$中$(b_{32})^3=5$表示从v_3到v_2有5条长度为3的路：$v_3v_2v_1v_2$，$v_3v_2v_5v_2$，$v_3v_4v_5v_2$，$v_3v_2v_3v_2$，$v_3v_4v_3v_2$. 其中，$\boldsymbol{A}^2(G)$中次幂2表示路的长度，$(b_{24})^2=2$中的“=2”表示有两条路.

一般地，$\boldsymbol{A}^n(G)$中n表示路的长度，矩阵$\boldsymbol{A}^n(G)$中的元素$(b_{ij})^n$的值表示结点v_i到结点v_j路的条数.

四、有向图

1. 有向图的定义

对于无向图，边集中的元素都是无序对，若改成有序对，就是下面介绍的有向图.

定义 23 有向图G是一个二元组$G=\langle V,E\rangle$，其中，集合$V\neq\varnothing$，称为G的顶点集，V中元素为顶点或结点；E是有向边的集合，E中元素为有向边或有向弧(简称弧).

由定义23可知，有向图的边e是有序对$\langle v_i,v_j\rangle$，v_i称为e的始点，v_j称为e的终点；当$v_i=v_j$时，称e为**环**，它是v_i到自身的有向边；两个顶点若有同方向的有向边，则称它们为**平行边**. 平行边的边数称为平行边的**重数**. 不含环和平行边的有向图称为**简单有向图**. 有m条边的n阶有向图称为**(n,m)有向图**.

例 24 如图3-16所示，有向图$G=\langle V,E\rangle$中，$e_8=\langle v_2,v_2\rangle$是环，$e_1$，$e_2$为平行边.

设$e=\langle v_i,v_j\rangle$是有向边，则称结点v_i邻接结点v_j. 与一条有向边相关联的两个顶点称为**邻接的**或**相邻的**. 若一顶点关联于几条弧，则称这些弧是**弧邻接**或**弧相邻**.

定义 24 设有向图$G=\langle V,E\rangle$，称v_j作为边的始点的次数之和为v_j的**出度**，记作$\deg+(v_j)$；称v_j作为边的终点的次数之和为v_j的**入度**，记作$\deg-(v_j)$；称v_j

作为边的端点的次数之和为 v_j 的**度数**，记作 $\deg(v_j)$. 显然，$\deg(v_j)=\deg+(v_j)+\deg-(v_j)$.

例 25 在图 3-16 中，入度：$\deg-(v_1)=2$，$\deg-(v_2)=2$，$\deg-(v_3)=0$，$\deg-(v_4)=3$，$\deg-(v_5)=1$；出度：$\deg+(v_1)=0$，$\deg+(v_2)=2$，$\deg+(v_3)=3$，$\deg+(v_4)=2$，$\deg+(v_5)=1$.

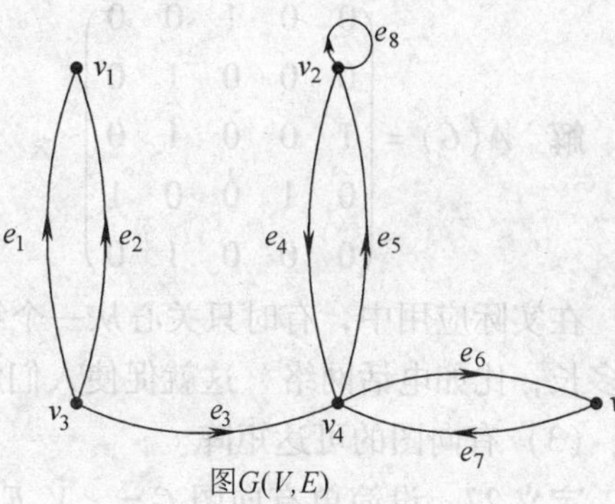

图$G(V,E)$

图 3-16

定理 7 设有向图 $G=<V,E>$，则 G 的所有结点的出度之和等于入度之和.

2. 有向图的矩阵表示

(1) 有向图的关联矩阵

定义 25 设有向图 $G=<V,E>$，$V=\{v_1,v_2,\cdots,v_m\}$，$E=\{e_1,e_2,\cdots,e_n\}$，则 $m\times n$ 阶矩阵 $\boldsymbol{M}(G)=(a_{ij})$ 称为 G 的关联矩阵，其中：

$$a_{ij}=\begin{cases}1 & \text{当 } v_i \text{ 是 } e_j \text{ 的起点时}\\ 0 & v_i \text{ 与 } e_j \text{ 不关联}\\ -1 & \text{当 } v_i \text{ 是 } e_j \text{ 的终点时}\end{cases}.$$

注意：当结点 v_i 有环 e_j 时，v_i 既是 e_j 的起点又是它的终点.

例 26 在图 3-17 中，求有向图 $G=<V,E>$ 的关联矩阵.

解 $$\boldsymbol{M}(G)=\begin{pmatrix}1 & -1 & 0 & 0 & 0 & 0 & 0\\ 0 & 0 & 0 & 1 & -1 & 0 & 0\\ -1 & 1 & 1 & 0 & 0 & 0 & 0\\ 0 & 0 & -1 & -1 & 1 & 1 & -1\\ 0 & 0 & 0 & 0 & 0 & -1 & 1\end{pmatrix}$$

(2) 有向图的邻接矩阵

定义 26 设有向图 $G=<V,E>$，$V=\{v_1,v_2,\cdots,v_n\}$，则 $n\times n$ 阶矩阵 $\boldsymbol{A}(G)=(b_{ij})$ 称为 G 的邻接矩阵（也称相邻矩阵），其中：

$$b_{ij}=\begin{cases}k & \text{当从 } v_i \text{ 到 } v_j \text{ 邻接有 } k \text{ 条边时}\\ 0 & v_i \text{ 与 } v_j \text{ 不邻接}\end{cases}.$$

例 27 在图 3-17 中，求 G 的邻接矩阵 $\boldsymbol{A}(G)$.

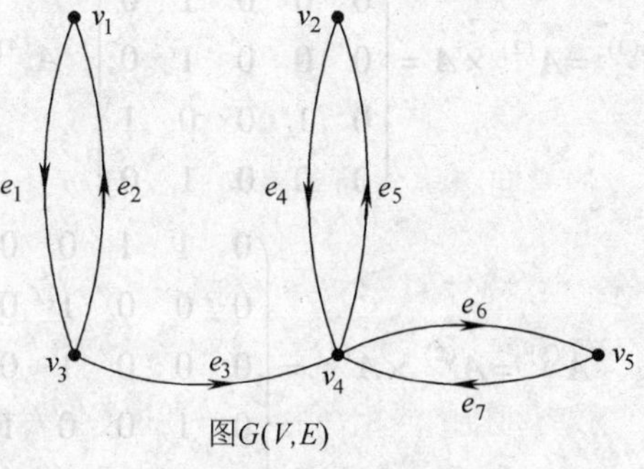

图$G(V,E)$

图 3-17

$$\text{解}\quad A(G)=\begin{pmatrix}0&0&1&0&0\\0&0&0&1&0\\1&0&0&1&0\\0&1&0&0&1\\0&0&0&1&0\end{pmatrix}$$

在实际应用中，有时只关心从一个结点到另一个结点是否有路，而不关心路有多长，比如电话网络．这就促使人们定义可达矩阵．

（3）有向图的可达矩阵

定义 27 设简单有向图 $G=<V,E>$，$V=\{v_1,v_2,\cdots,v_n\}$，则 $n\times n$ 阶矩阵 $\boldsymbol{P}=(p_{ij})$ 称为 G 的可达矩阵，其中：

$$p_{ij}=\begin{cases}1 & v_i\text{ 到 }v_j\text{ 可达(至少有一条路)}\\0 & \text{否则}\end{cases}.$$

可达矩阵的计算方法：根据邻接矩阵 $\boldsymbol{A}$ 求可达矩阵．设 $|V(G)|=n$，先按照矩阵相乘分别求出 $\boldsymbol{A}^{(k)}(k=2,3,\cdots,n)$，然后将 $\boldsymbol{A}^{(k)}$ 中的非 0 元素都写成 1，从而得到的只含有 0 和 1 的 0－1 矩阵，于是可达矩阵 $\boldsymbol{P}$ 为：

$\boldsymbol{P}=\boldsymbol{A}\vee\boldsymbol{A}^{(2)}\boldsymbol{A}^{(3)}\vee\cdots\vee\boldsymbol{A}^{(n)}$（其中 $\vee$ 是逻辑或）

例 28 在图 3-17 中，求 G 的可达矩阵 $\boldsymbol{P}$.

解 （1）由例 27 已知邻接矩阵 $\boldsymbol{A}$，求出 $\boldsymbol{A}^{(2)}$，$\boldsymbol{A}^{(3)}$，$\boldsymbol{A}^{(4)}$，$\boldsymbol{A}^{(5)}$.

$$\boldsymbol{A}(G)=\begin{pmatrix}0&0&1&0&0\\0&0&0&1&0\\1&0&0&1&0\\0&1&0&0&1\\0&0&0&1&0\end{pmatrix},\ \boldsymbol{A}^{(2)}=\boldsymbol{A}\times\boldsymbol{A}=\begin{pmatrix}1&0&0&1&0\\0&1&0&0&1\\0&1&0&0&1\\0&0&0&1&0\\0&1&0&0&1\end{pmatrix},$$

$$\boldsymbol{A}^{(3)}=\boldsymbol{A}^{(2)}\times\boldsymbol{A}=\begin{pmatrix}0&1&1&0&0\\0&0&0&1&0\\0&0&0&1&0\\0&1&0&0&1\\0&0&0&1&0\end{pmatrix},\ \boldsymbol{A}^{(4)}=\boldsymbol{A}^{(2)}\times\boldsymbol{A}^{(2)}=\begin{pmatrix}1&0&0&1&0\\0&1&0&0&1\\0&1&0&0&1\\0&0&0&1&0\\0&1&0&0&1\end{pmatrix}=\boldsymbol{A}^{(2)},$$

$$\boldsymbol{A}^{(5)}=\boldsymbol{A}^{(2)}\times\boldsymbol{A}^{(3)}=\begin{pmatrix}0&1&1&0&0\\0&0&0&1&0\\0&0&0&1&0\\0&1&0&0&1\\0&0&0&1&0\end{pmatrix}=\boldsymbol{A}^{(3)}.$$

（2）求出可达矩阵 $\boldsymbol{P}$.

$$P = A \vee A^{(2)} \vee A^{(3)} \vee A^{(4)} \vee A^{(5)} = \begin{pmatrix} 1 & 1 & 1 & 1 & 0 \\ 0 & 1 & 0 & 1 & 1 \\ 1 & 1 & 0 & 1 & 1 \\ 0 & 1 & 0 & 1 & 1 \\ 0 & 1 & 0 & 1 & 1 \end{pmatrix}.$$

3. 有向图的连通性

(1) 有向路

定义 28 在有向图 $G=<V,E>$ 中，若结点和边的交替序列 $v_0e_1v_1e_2v_2\cdots e_nv_n$ 为 G 的 v_0 到 v_n 的有向路，则当 $v_0=v_n$ 时，称该路为**有向回路**. 类似地，若有向路(或回路)的所有有向边互不相同，则称为 G 的简单有向路(或简单有向回路). 若有向路的所有结点互不相同，则称为 G 的初级有向路. 若除了起点和终点相同外，其他结点互不相同，则称为 G 的初级有向回路.

定义 29 设有向图 $G=<V,E>$，u，$v\in V$，如果从 u 到 v 有一条路，则称从 u 到 v 可达.

结点间的可达关系，具有自反性和传递性.

例 29 如图 3-18 所示，有向图 G 中：a 可达 b 和 d，但是 a 不可达 c.

定义 30 如果 u 可达 v，可能从 u 到 v 有多条路，其中最短的路的长度，称为从 u 到 v 的距离，记作 $d<u,v>$.

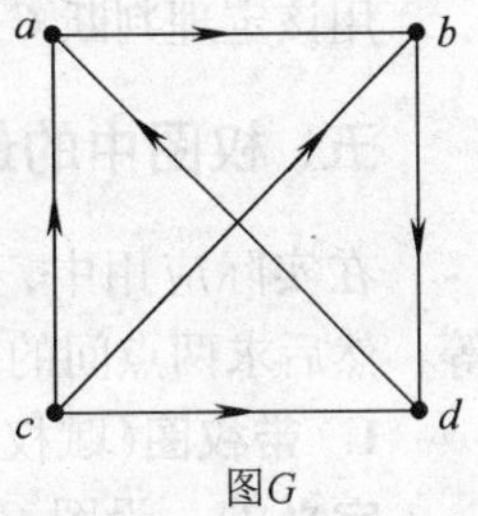

可达的性质：

1) $d<u,v>\geqslant 0$；

2) $d<u,u>=0$；

3) $d<u,v>+d<v,w>\geqslant d<u,w>$；

4) 如果从 u 到 v 不可达，则 $d<u,v>=\infty$；

5) 如从 u 可达 v，从 v 也可达 u，但 $d<u,v>$ 不一定等于 $d<v,u>$.

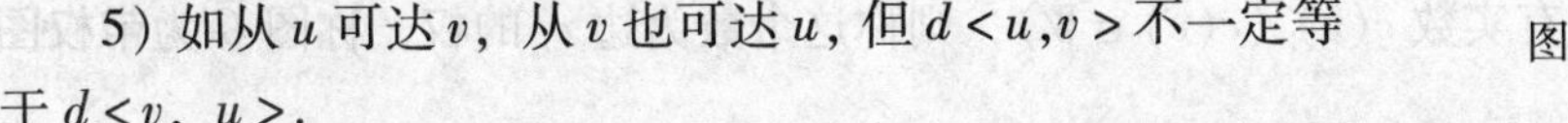
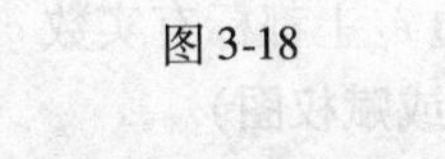

图G

图 3-18

例 30 在图 3-18 中，$d<a,b>=1$，$d<a,d>=2$，$d<a,a>=0$，$d<b,c>=\infty$.

(2) 强连通、单侧连通和弱连通

定义 31 在简单有向图 G 中，如果任何两个结点间相互可达，则称 G 是**强连通**的；如果任何一对结点间，至少有一个结点到另一个结点可达，则称 G 是**单侧连通**(或**单向连通**)的；如果将 G 看成无向图后(即把有向边看成无向边)是连通的，则称 G 是**弱连通**的.

例 31 如图 3-19a、b、c 所示，试判断它们的连通性.

解 图 3-19a 中有回路 $a\ d\ b\ c\ a$，是强连通.

图 3-19b 中 a 到 d，d 到 a 都不可达，是弱连通.

图 3-19c 是单侧连通.

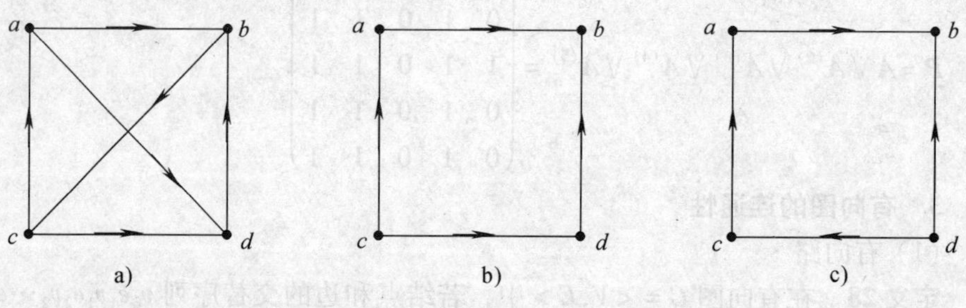

图 3-19

定理 8 若有向图 G 是强连通的，且仅当 G 中有一个回路时，此回路至少包含每个结点一次.

*证 充分性：显然成立. 因为如果 G 中有一个回路，它至少包含每个结点一次，就使得任何两个结点间相互可达，所以 G 是强连通的.

必要性：如果 G 是强连通的，则任何两个结点间相互可达，所以可以构造一个回路经过所有结点，若一个回路不包含某个结点 v，则 v 与回路上的各结点都不相互可达，这与 G 是强连通图矛盾，所以 G 必有回路至少包含每个结点一次.

用该定理判断 G 是否为强连通，就是看它是否有包含每个结点的一条回路.

五、权图中的最优路线

在实际应用中，一些图的边上标有数字，用以表示两结点间的距离或路费等，然后求两点间的最短路径，也就是最优路线. 这是非常有意义的问题.

1. 带权图(赋权图)

定义 32 设图 $G=<V,E,W>$，(W 是图 G 中的实数集合)，如果 G 的每条边 e_i 上都标有实数 $c(e)$ ($c(e)\in W$)，则称这个数为边 e_i 的**权**，称图 G 为**带权图**(或**赋权图**).

规定：u，$v\in V$，边(u,v)的权记作 $c(u,v)$，并且

(1) $c(u,u)=0$；

(2) 如果结点 u 与结点 v 之间不关联，则 $c(u,v)=\infty$.

定义 33 带权图 G 中，结点 u 与结点 v 之间的路中所包含的各边权的总和称为该路的**长度**.

例 32 如图 3-20 所示，路 $v_1v_2v_3v_6$ 的长度为 12.

定义 34 结点 u 与结点 v 之间的最短路的长度称为结点 u 与结点 v 之间的**距离**，记作 $d(u,v)$.

如果 G 是有向带权图，称为结点 u 到结点 v 的距离，记作 $d<u,v>$.

例 33 在图 3-20 中，v_2 到 v_5 的距离是最短路的权和：$d(v_2,v_5)=2$. 最短路

是：$v_2 \to v_4 \to v_5$.

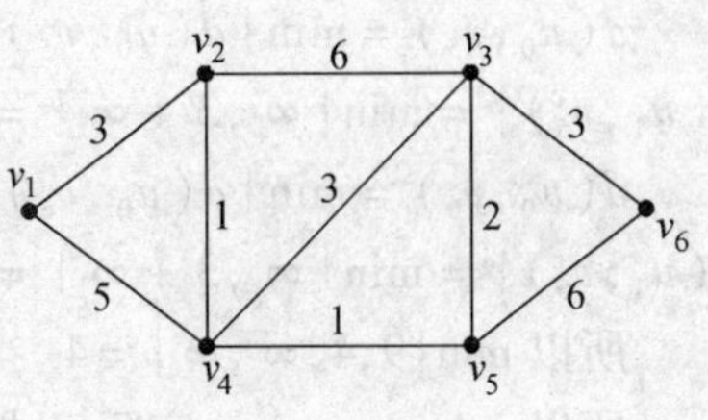

图 3-20

2. 带权图中求一个结点到各点的最短路的算法

此算法是于 1959 年由迪克斯特拉提出的．其基本思想是：若使路$(u_0,u_1,u_2,\cdots,u_{n-1},u_n)$最短，就要使$(u_0,u_1,u_2,\cdots,u_{n-1})$最短，即保证从 u_0 到以后各点的路都是最短的．

设图 $G=(V,E,W)$，集合 $S_i \subseteq V$，$S_i' = V - S_i$，令$|V|=n$，

$S_i = \{u \mid u_0$ 从到 u 的最短路已求出$\}$

$S_i' = \{u' \mid$ 从 u_0 到 u'的最短路未求出$\}$

迪克斯特拉算法：（求从 u_0 到各点 u 的最短路长）

第一步：置初值：$d(u_0,u_0)=0$，$d(u_0,v)=\infty$（其中 $v \neq u_0$），

$i=0$，$S_0=\{u_0\}$，$S'_0 = V - S_0$

第二步：若 $i=n-1$，则停止；否则，转第三步．

第三步：对每个 $u' \in S_i'$，

$$d(u_0,u') = \min_{u_i \in S_i}\{d(u_0,u'),d(u_0,u_i)+c(u_i,u')\}$$

计算 $\min\limits_{u' \in S'_i}\{d(u_0,u')\}$，并记下达到该最小值的那个结点 u'．置 $S_{i+1}=S_i \cup \{u_{i+1}\}$，$i=i+1$，$S_i' = V - S_i$，转第二步．

例 34　在图 3-20 中，求 v_1 到 v_6 的最短路．

解　(1) 置初值：$u_0 = v_1$，$d(u_0,u_0)=0$，$d(u_0,v_2)=d(u_0,v_3)=d(u_0,v_4)=d(u_0,v_5)=d(u_0,v_6)=\infty$.

(2) $i=0$，$S_0=\{v_1\}$，$S'_0=\{v_2,v_3,v_4,v_5,v_6\}$

$d(u_0,v_2)=\min\{d(u_0,v_2),d(u_0,u_0)+c(u_0,v_2)\}=\min\{\infty,0+3\}=3$

$d(u_0,v_3)=\min\{d(u_0,v_3),d(u_0,u_0)+c(u_0,v_3)\}=\min\{\infty,0+\infty\}=\infty$

$d(u_0,v_4)=\min\{d(u_0,v_4),d(u_0,u_0)+c(u_0,v_4)\}=\min\{\infty,0+5\}=5$

$d(u_0,v_5)=\min\{d(u_0,v_5),d(u_0,u_0)+c(u_0,v_5)\}=\min\{\infty,0+\infty\}=\infty$

$d(u_0,v_6)=\min\{d(u_0,v_6),d(u_0,u_0)+c(u_0,v_6)\}=\min\{\infty,0+\infty\}=\infty$

所以 $\min\{3,\infty,5,\infty,\infty\}=3$

所以 $u_{i+1}=u_1=v_2$，实际已求出 $d(u_0,v_2)=3$，路是 u_0v_2，即 v_1 到 v_2 的最短路径为 v_1v_2，$d(v_1,v_2)=3$，（如图 3-21 中粗线 v_1v_2 所示）.

(3) $i=1$，$S_1=\{v_1,v_2\}$，$S_1'=\{v_3,v_4,v_5,v_6\}$，$u_1=v_2$．

$d(u_0,u_1)=3$（已求出）

$d(u_0,v_3)=\min\{d(u_0,v_3),d(u_0,u_1)+c(u_1,v_3)\}=\min\{\infty,3+6\}=9$

$d(u_0,v_4)=\min\{d(u_0,v_4),d(u_0,u_1)+c(u_1,v_4)\}=\min\{5,3+1\}=4$

$d(u_0, v_5) = \min\{d(u_0, v_5), d(u_0, u_1) + c(u_1, v_5)\} = \min\{\infty, 3 + \infty\} = \infty$

$d(u_0, v_6) = \min\{d(u_0, v_6), d(u_0, u_1) + c(u_1, v_6)\} = \min\{\infty, 3 + \infty\} = \infty$

所以 $\min\{9, 4, \infty, \infty\} = 4$

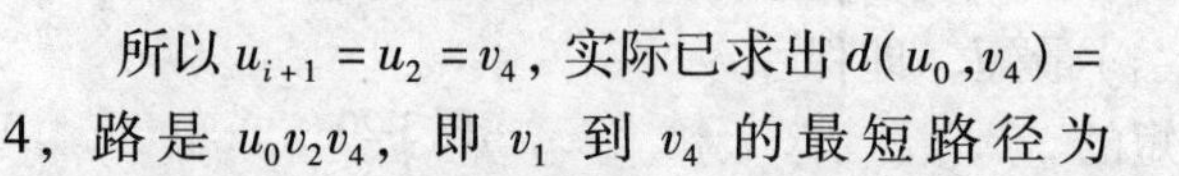

所以 $u_{i+1} = u_2 = v_4$，实际已求出 $d(u_0, v_4) = 4$，路是 $u_0v_2v_4$，即 v_1 到 v_4 的最短路径为 $v_1v_2v_4$，$d(v_1, v_4) = 4$（如图 3-22 中粗线 $v_1v_2v_4$ 所示）.

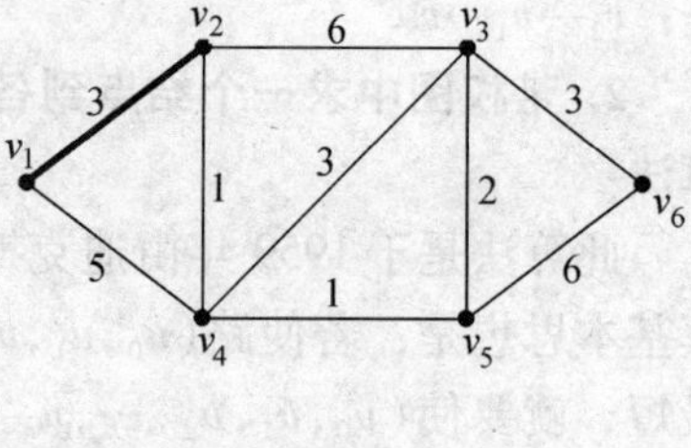

图 3-21

(4) $i=2$，$S_2 = \{v_1, v_2, v_4\}$，$S_2' = \{v_3, v_5, v_6\}$，$u_2 = v_4$.

$d(u_0, u_2) = 4$（已求出）

$d(u_0, v_3) = \min\{d(u_0, v_3), d(u_0, u_2) + c(u_2, v_3)\} = \min\{9, 4+3\} = 7$

$d(u_0, v_5) = \min\{d(u_0, v_5), d(u_0, u_2) + c(u_2, v_5)\} = \min\{\infty, 4+1\} = 5$

$d(u_0, v_6) = \min\{d(u_0, v_6), d(u_0, u_2) + c(u_2, v_6)\} = \min\{\infty, 4+\infty\} = \infty$

所以 $\min\{7, 5, \infty\} = 5$

所以 $u_{i+1} = u_3 = v_5$，实际已求出 $d(u_0, v_5) = 5$，路是 $u_0v_2v_4v_5$，即 v_1 到 v_5 的最短路径为 $v_1v_2v_4v_5$，$d(v_1, v_5) = 5$（如图 3-23 中粗线 $v_1v_2v_4v_5$ 所示）.

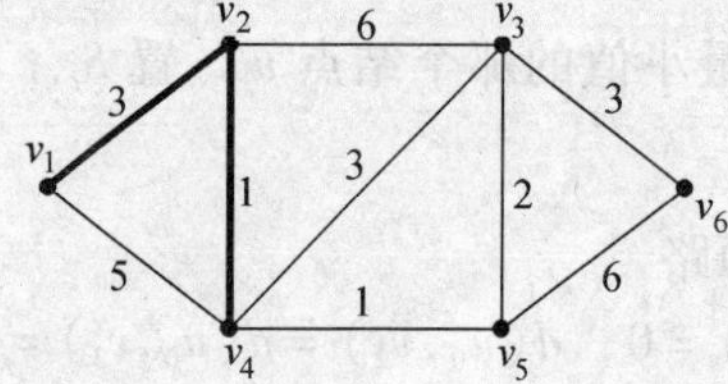

图 3-22

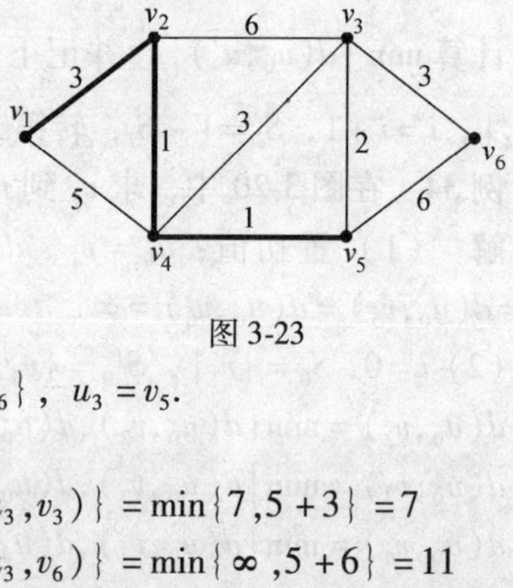

图 3-23

(5) $i=3$，$S_3 = \{v_1, v_2, v_4, v_5\}$，$S_2' = \{v_3, v_6\}$，$u_3 = v_5$.

$d(u_0, u_3) = 5$（已求出）

$d(u_0, v_3) = \min\{d(u_0, v_3), d(u_0, u_3) + c(u_3, v_3)\} = \min\{7, 5+3\} = 7$

$d(u_0, v_6) = \min\{d(u_0, v_6), d(u_0, u_3) + c(u_3, v_6)\} = \min\{\infty, 5+6\} = 11$

所以 $\min\{7, 11\} = 7$

所以 $u_{i+1} = u_4 = v_3$，实际已求出 $d(u_0, v_3) = 7$，路是 $u_0v_2v_4v_3$，即 v_1 到 v_3 的最短路径为 $v_1v_2v_4v_3$，$d(v_1, v_3) = 7$（如图 3-24 中粗线 $v_1v_2v_4v_3$ 所示）.

(6) $i=4$，$S_4 = \{v_1, v_2, v_4, v_5, v_3\}$，$S_2' = \{v_6\}$，$u_4 = v_3$.

$d(u_0, u_4) = 7$（已求出）

$d(u_0, v_6) = \min\{d(u_0, v_6), d(u_0, u_4) + c(u_4, v_6)\} = \min\{11, 7+3\} = 10$

所以 $\min\{10\} = 10$

所以 $u_{i+1} = u_5 = v_6$，实际已求出 $d(u_0, v_6) = 10$，路是 $u_0v_2v_4v_3v_6$，即 v_1 到 v_6 的最短路径为 $v_1v_2v_4v_3v_6$，$d(v_1, v_6) = 10$（如图 3-25 中粗线 $v_1v_2v_4v_3v_6$ 所示）.

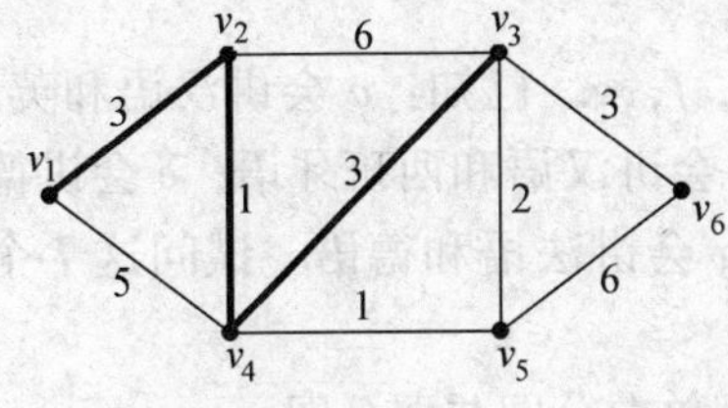

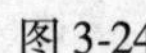
图 3-24

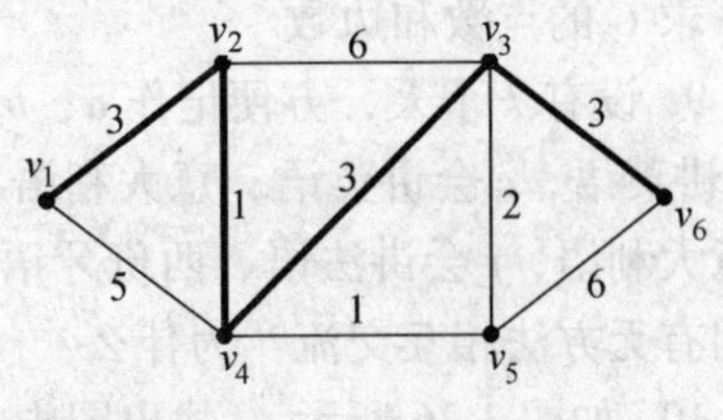

图 3-25

(7) 当 $i=5=(n-1)$ 时，算法停止.

习题 3-1

1. 图 $G=\langle V,E\rangle$，其中 $V=\{a,b,c,d,e\}$，$E=\{(a,b),(a,c),(a,e),(b,d),(b,e),(c,e),(c,d),(d,e)\}$，试画出 G 的图形.

2. 设 $G=\langle V,\ E\rangle$，$V=\{v_1,v_2,v_3,v_4\}$，$E=\{(v_1,v_3),(v_2,v_3),(v_2,v_4),(v_3,v_4)\}$，试

(1) 给出 G 的图形表示；(2) 求出每个结点的度数；

(3) 画出其补图的图形.

3. 已知图 G 中有 1 个 1 度结点，2 个 2 度结点，3 个 3 度结点，4 个 4 度结点，求 G 的边数.

4. 设无向图中有 6 条边，3 度与 5 度结点各 1 个，其余的都是 2 度结点，问该图中有几个结点？

5. 将每个正写的汉字都视作图，试问其中有无同构的？若有的话，请举例.

6. 求出第 1 题的图 G 的邻接矩阵.

7. 设图 G 的邻接矩阵为

$$\begin{pmatrix} 0 & 1 & 1 & 0 & 0 \\ 1 & 0 & 0 & 1 & 1 \\ 1 & 0 & 0 & 0 & 0 \\ 0 & 1 & 0 & 0 & 1 \\ 0 & 1 & 0 & 1 & 0 \end{pmatrix}$$

求 G 的边数.

8. 已知图 G 的邻接矩阵为

$$\begin{pmatrix} 0 & 1 & 0 & 1 & 1 \\ 1 & 0 & 0 & 0 & 1 \\ 0 & 0 & 0 & 1 & 1 \\ 1 & 0 & 0 & 0 & 1 \\ 1 & 1 & 1 & 1 & 0 \end{pmatrix}$$

求 G 的点数和边数.

9. 设有 7 个人，方便记作 a，b，c，d，e，f，g. 已知：a 会讲汉语和英语，b 会讲英语，c 会讲英语、意大利语和俄语，d 会讲汉语和西班牙语，e 会讲德语和意大利语，f 会讲法语、西班牙语和俄语，g 会讲法语和德语. 试问这 7 个人之间有无方法相互交流？为什么？

10. 如图 3-26 所示 ，找出图中的强分图、单向分图与弱分图.

11. 如图 3-27 所示，判断各图是哪类连通图.

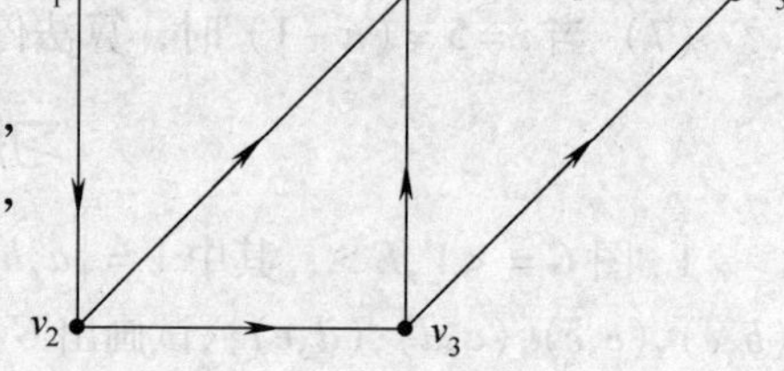

图 3-26

12. 设图 $G = \langle V,E \rangle$，其中 $V = \{a_1, a_2, a_3, a_4, a_5\}$，$E = \{\langle a_1, a_2 \rangle, \langle a_2, a_4 \rangle, \langle a_3, a_1 \rangle, \langle a_4, a_5 \rangle, \langle a_5, a_2 \rangle\}$，试求：

（1）试给出 G 的图形表示；

（2）求 G 的邻接矩阵；

（3）判断图 G 是强连通图、单侧连通图还是弱连通图.

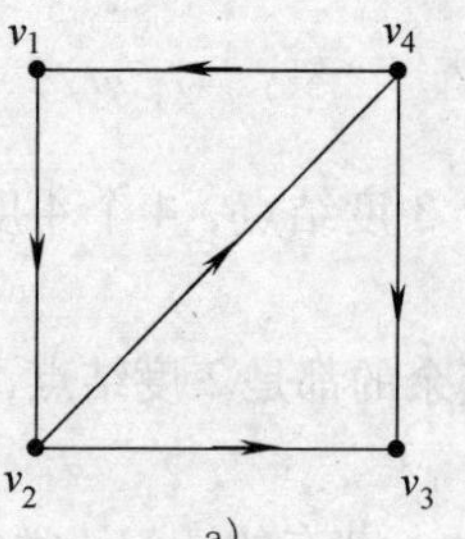

a)

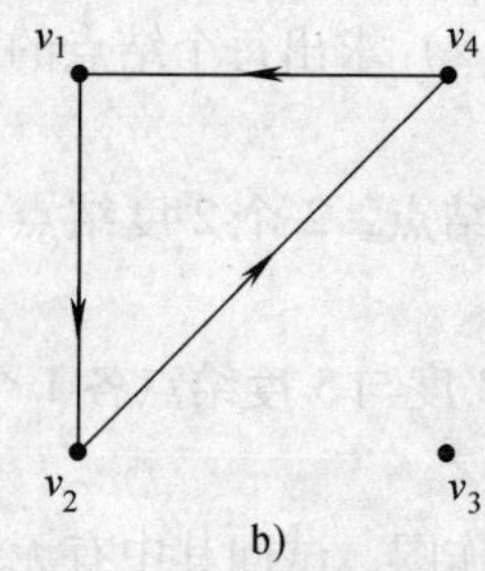

b)

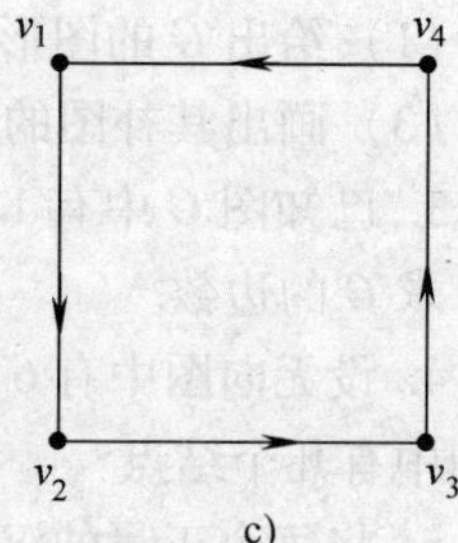

c)

图 3-27

13. 设无向图 G 如图 3-28 所示，求它们的点割集.

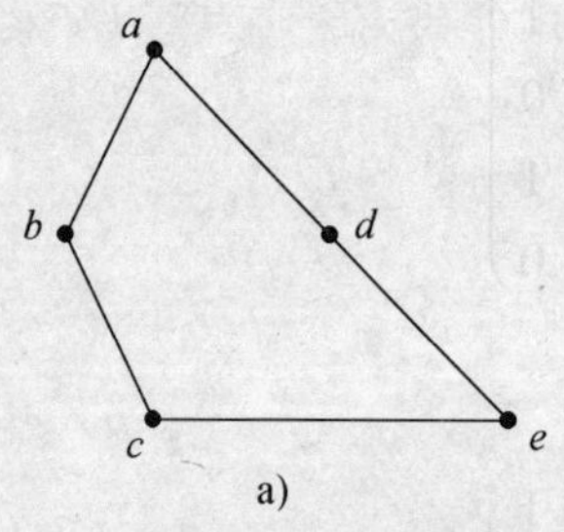

a)

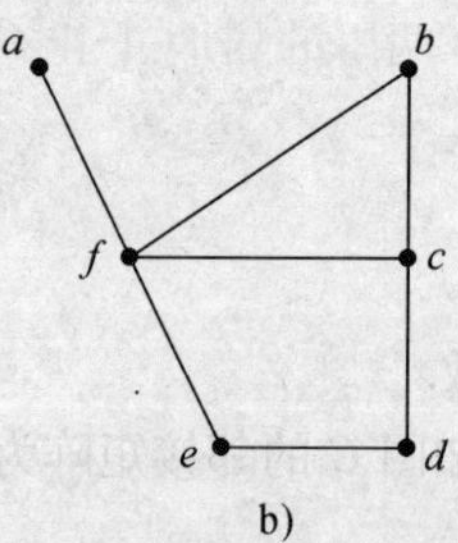

b)

图 3-28

14. 设图 G 如图 3-29 所示，求边割集.

15. 设 G 是一个 n 个结点的无向简单图，n 是大于等于 3 的奇数. 证明图 G 与它的补图 $\overline{G}$ 中的奇数度顶点个数相等.

16. 试求图 3-30 中 c 点到其余各结点的最短路.

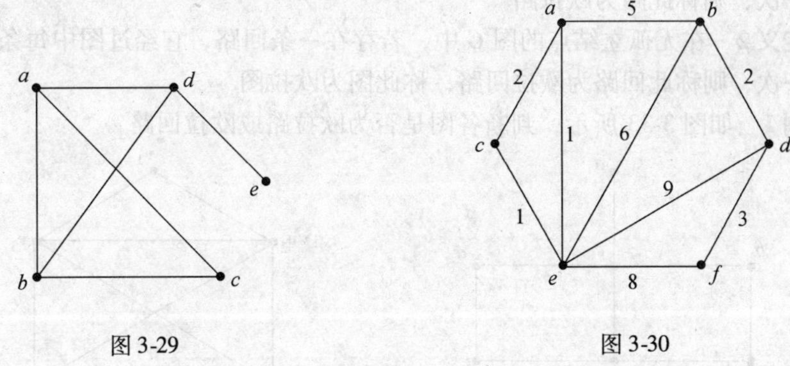

图 3-29　　　　图 3-30

第二节　欧拉图与哈密顿图

讨论图的遍历问题，一个是遍历过程中要求经过的所有边都不同；一个是遍历过程中要求经过的所有结点都不同.

一、欧拉(Euler)图

1. 欧拉图的定义

欧拉图是遍历过程中要求经过的所有边都不同. 欧拉在 1736 年发表了第一篇关于图论的论文，就是著名的七桥问题，如图 3-31 所示.

18 世纪，普鲁士的哥尼斯堡城中有一条普列格河，河上架设了七座桥连接着河的两岸 A 和 C 及河中的两个小岛 B 和 D. 人们在散步时期望能走遍这七座桥各一次并且每座桥仅走一次，最后回起点，但是没有走成功，于是哥尼斯堡人写信给瑞士的著名数学家欧拉. 欧拉在 1736 年证明了这样的散步是不可能的. 他用点表示两岸的陆地 A 和 C 及岛 B 和 D，用线表示七座桥，如图 3-32 所示，从而使七桥问题转化为图论问题. 欧拉也成为图论的创始人.

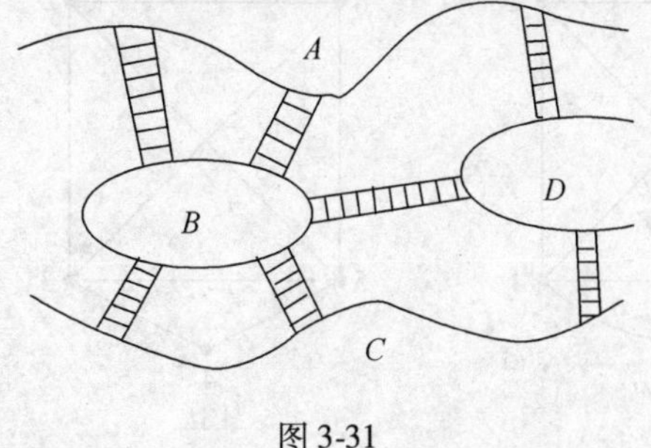

图 3-31

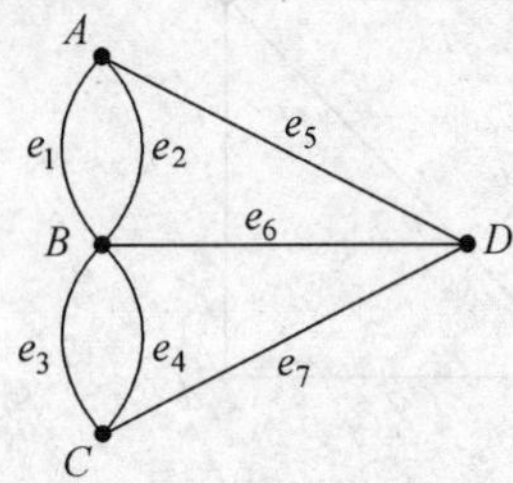

图 3-32

定义 1　在无孤立结点的图 G 中，如果存在一条路，它经过图中每条边一次且仅一次，则称此路为欧拉路.

定义 2　在无孤立结点的图 G 中，若存在一条回路，它经过图中每条边一次且仅一次，则称此回路为欧拉回路，称此图为欧拉图.

例 1　如图 3-33 所示，判断各图是否为欧拉路或欧拉回路 .

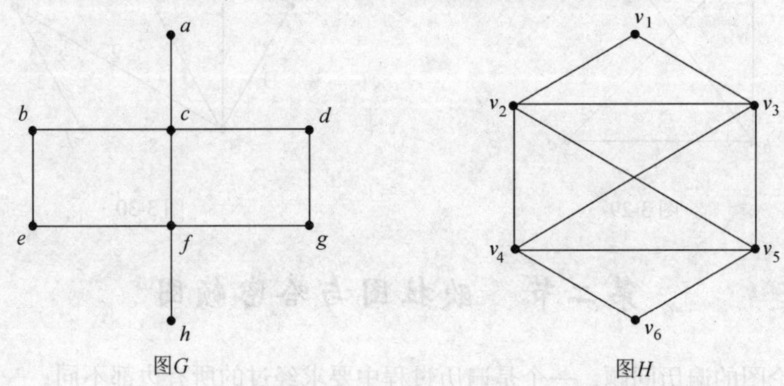

图 3-33

解　图 G 中有欧拉路：$a\ c\ b\ e\ f\ g\ d\ c\ f\ h$，没有欧拉回路；图 H 中有欧拉回路：$v_1v_2v_3v_4v_5v_2v_4v_6v_5v_3v_1$，所以图 H 是欧拉图.

2. 欧拉路与欧拉回路的判定

定理 1　无向图 G 具有欧拉路，当且仅当 G 是连通的，且有零个或两个奇数度的结点.

推论　无向图 G 具有欧拉回路，当且仅当 G 是连通的，且所有结点的度都是偶数.

例 2　如图 3-32 所示，从推论可知，七桥问题的图不是欧拉图，因为它的每个结点的度都是奇数.

例 3　如图 3-34 所示，判断各图是否是欧拉图 .

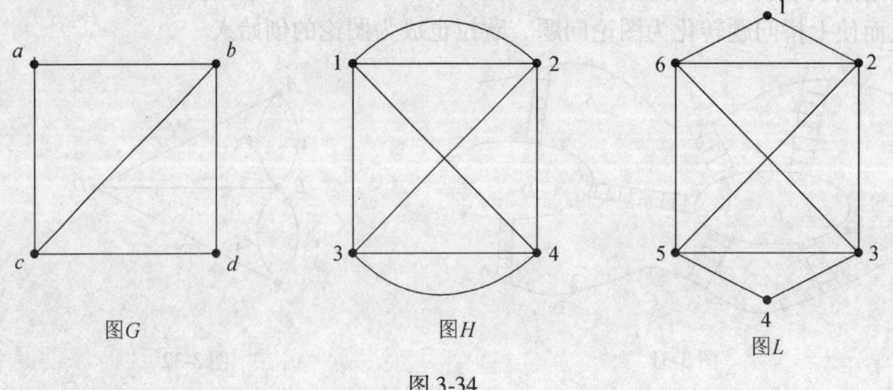

图 3-34

解 根据定理 1 可知，图 G 中 c 点和 b 点的度为奇数，所以有欧拉路. 又由推论可知，没有欧拉回路，即不是欧拉图.

由推论可知，由于图 H 和图 L 中所有结点度均为偶数，所以有欧拉回路，即是欧拉图.

欧拉图及欧拉路的一个典型应用就是一笔画问题：即用笔连续移动(笔不离纸也不重复)将一个图绘出来.

例 4 如图 3-35 所示，各图都能一笔画出. 因为图 G_1、图 G_3、图 G_4 都是欧拉图，图 G_2 有欧拉路.

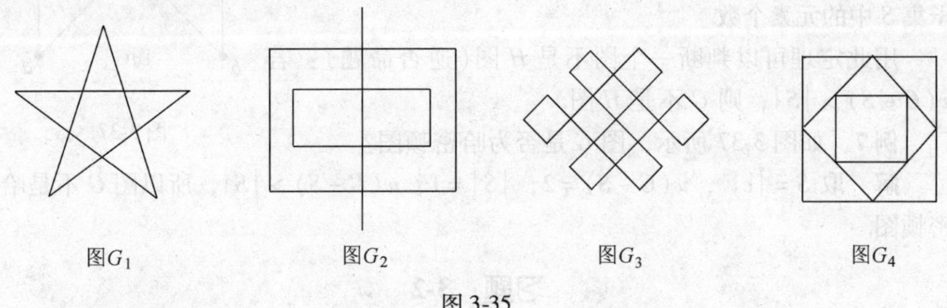

图 3-35

二、哈密顿图

1. 哈密顿图的定义

哈密顿图在遍历过程中要求经过的所有结点都不同. 哈密顿是英国数学家，在 1959 年，他提出哈密顿回路，简称 H 图. H 图起源于一种游戏，就是所谓的周游世界问题. 例如，某城市的所有交叉路口都有形象各异的精美的雕塑，吸引着许多游客，人人都想找到这样的路径：游遍各个景点再回到出发点，即 H 回路.

定义 3 设无向有限图 $G=(V,E)$，通过 G 中每个结点恰好一次的路称为**哈密顿路**.

定义 4 设无向有限图 $G=(V,E)$，通过 G 中每个结点恰好一次的回路称为**哈密顿回路**.

定义 5 具有哈密顿回路(H 回路)的图称为**哈密顿图**(或 H 图).

例 5 图 3-36 中，图 L 就是 H 图，因为它有 H 回路：1234561.

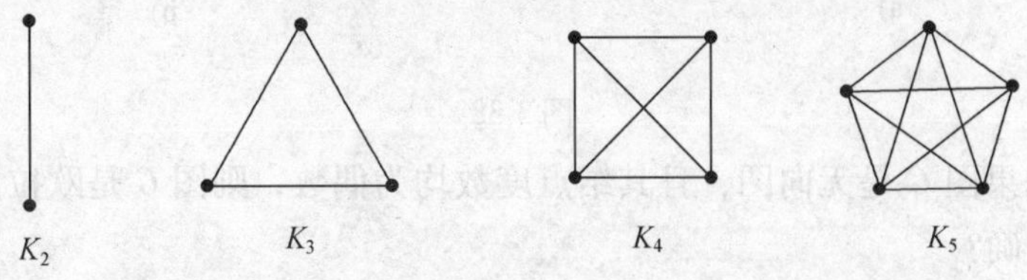

图 3-36

2. 哈密顿路与哈密顿回路的判定

哈密顿图的判定：到目前为止并没有判定 H 图的充分必要条件.

定理 2（充分条件） 设完全图 G，则 G 是 H 图.

例 6 如图 3-36 所示，所有图都是哈密顿图.

定理 3（必要条件） 若设无向有限图 $G=(V,E)$ 有 H 回路，则对 V 的任何非空有限子集 S，均有 $w(G-S)\leqslant|S|$. 其中，$w(G-S)$ 表示从 G 中删去 S 中所有结点及与这些结点关联的边所得到的子图的连通分支数；$|S|$ 表示非空有限子集 S 中的元素个数.

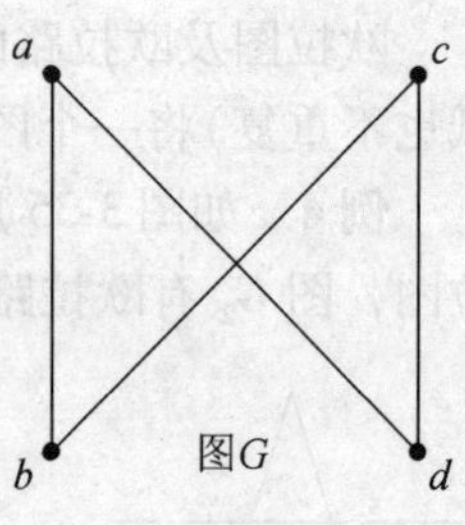

图 3-37

用此定理可以判断一个图不是 H 图（逆否命题）：若 $w(G-S)>|S|$，则 G 不是 H 图.

例 7 如图 3-37 所示，图 G 是否为哈密顿图?

解 取 $S=\{c\}$，$w(G-S)=2$，$|S|=1$，$w(G-S)>|S|$，所以图 G 不是哈密顿图.

习题 3-2

1. 一个无向欧拉图能否存在割边？说明理由；能否存在割点？说明理由.
2. 一个无向连通图有 6 个顶点，为使它成为欧拉图最少要加几条边？
3. 一个哈密顿图能否存在割点？说明理由；能否存在割边？说明理由.
4. 设无向完全图 K_n 有 n 个结点（$n\geqslant2$），m 条边，当 n 为多少时，K_n 中存在欧拉回路？当 n 为多少时，K_n 存在欧拉路而不存在欧拉回路？
5. 如图 3-38 所示，判断各图是否存在一条欧拉回路.

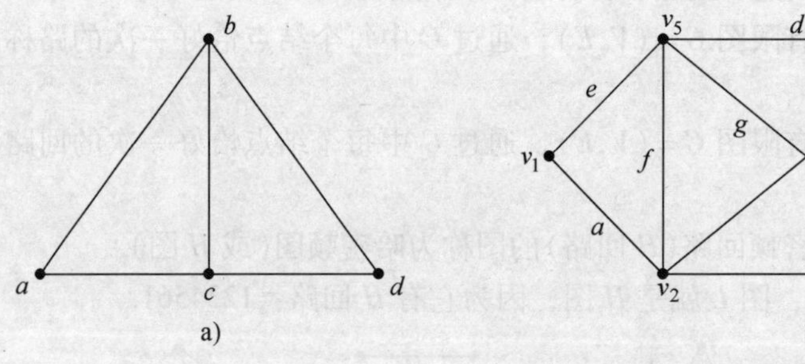

图 3-38

6. “如果图 G 是无向图，且其结点度数均为偶数，则图 G 是欧拉图”，这种说法是否正确？
7. 如图 3-39 所示，试判断它们是否为欧拉图、汉密尔顿图？并说明理由；若是哈密顿图，请写出一条哈密顿回路.

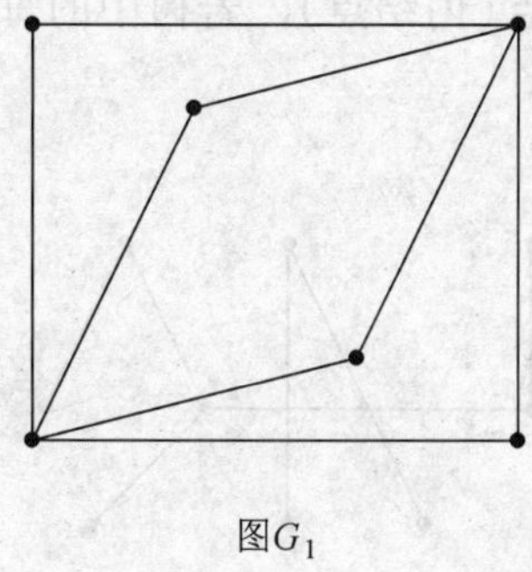
图G_1

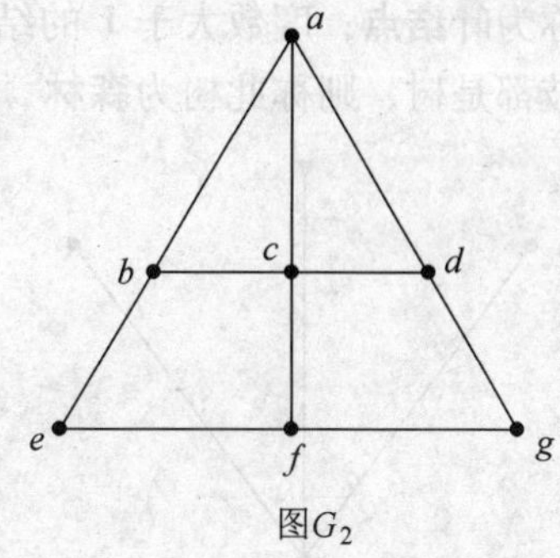

图G_2

图 3-39

8. 有 20 人围一圆桌开会，其中每个人都至少在余下的 19 人中有 10 个朋友. 主持人要使每个人与其邻座都是朋友，是否可能？为什么？

9. 有 7 个城市，每个城市都有 3 条高速公路与其余城市相连，问能否开车走完这 7 个城市且每个城市只经过一次？

10. 设连通图 G 有 k 个奇数度的结点，证明在图 G 中至少要添加$\dfrac{k}{2}$条边才能使其成为欧拉图.

11. 如图 3-40 所示，判断各图是否为哈密顿图或有哈密顿路.

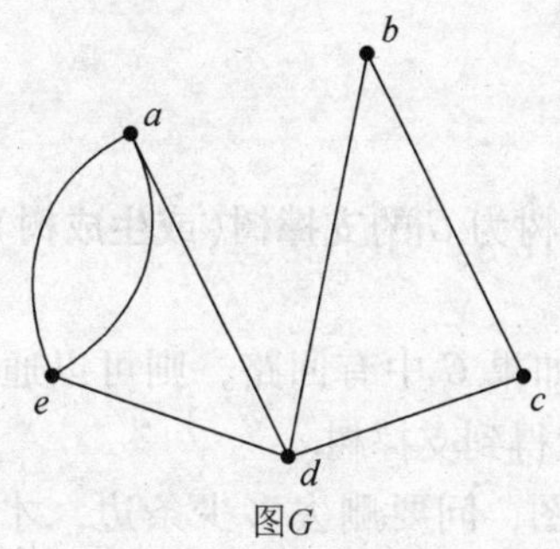

图G

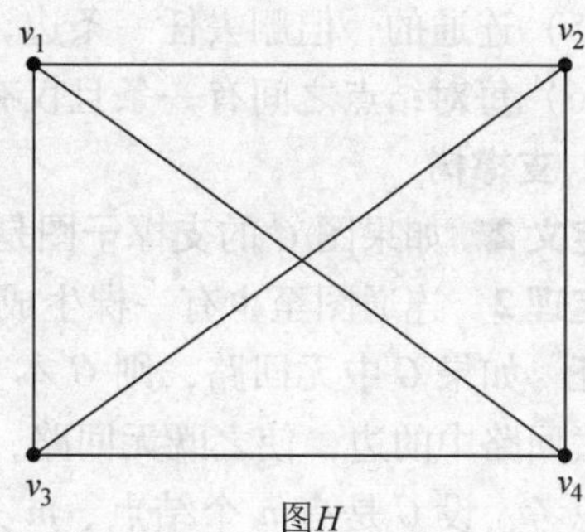

图H

图 3-40

第三节　树

树是一种特殊的图，它是图论中重要的概念之一，并有着广泛的应用. 在计算机科学中，有判定树、语法树、分类树、搜索树、目录树等.

一、树的概念及其相关的概念

1. 树的定义

定义 1　连通无回路的无向图 T 称为**树**，如图 3-41a 所示. 树中度数为 1 的结点称为**叶结点**；度数大于 1 的结点称为**分支结点**(内结点)．若树中的每个连通分枝都是树，则称此树为**森林**，如图 3-41b 所示.

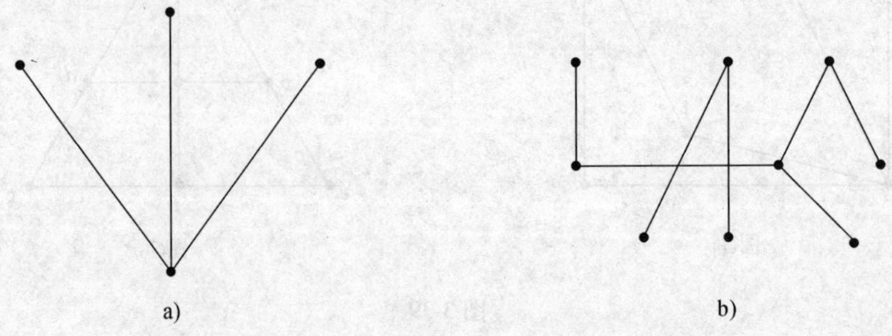

图 3-41

与树定义等价的几个命题.

定理 1　设树 T，以下关于树的定义是等价的.

（1）无回路的连通图.

（2）无回路且 $e=n-1$，其中 e 是 T 的边数，n 是 T 的结点数.

（3）连通的且 $e=n-1$.

（4）无回路，但添加一条新边则得到一条仅有的回路.

（5）连通的，但删去任一条边，T 便不连通.

（6）每对结点之间有一条且仅有一条路.

2. 支撑树

定义 2　如果图 G 的支撑子图是树，则称此树为 G 的**支撑树**(或**生成树**).

定理 2　连通图至少有一棵生成树.

证　如果 G 中无回路，则 G 本身就是树；如果 G 中有回路，则可以通过反复删去回路中的边，使之既无回路，又连通，就得到支撑树.

思考：设 G 是有 n 个结点、m 条边的连通图，问要删去多少条边，才得到一棵生成树?

3. 有向树

定义 3　如果 G 是有向图，且在不考虑边的方向时(即看成无向图时)是一棵树，则称 G 是有向树．例如，图 3-42 中有向图 G 和有向图 H 都是有向树.

定义 4　如果一棵有向树恰有一个结点的入度为 0，其余所有结点的入度均为 1，则称此树为**根树**．入度为 0 的结点称为**根**，出度为 0 的结点称为**叶**，出度不为 0 的结点称为**分支结点**．如果(v_i,v_j)是根树中的一条边，则称 v_i 是 v_j 的**父结点**，v_j 是 v_i 的**子结点**.

例如，图 3-42 中图 G 就是根树，v_1 是根，v_4，v_5，v_6 是叶.

定义 5　如果根树 T 的每个点 v 最多有两棵子树，则称 T 为**二叉树**．如果两

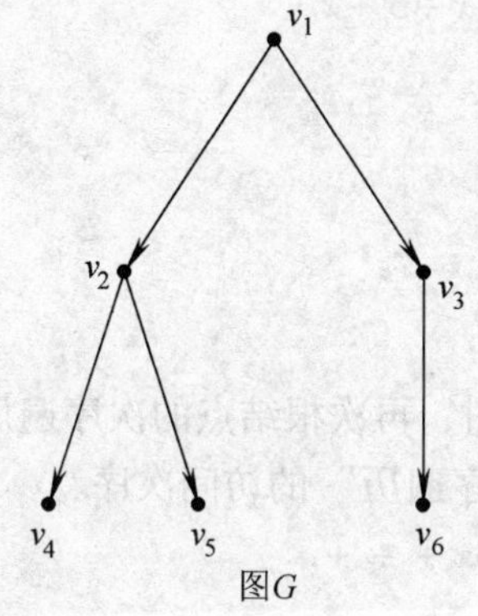

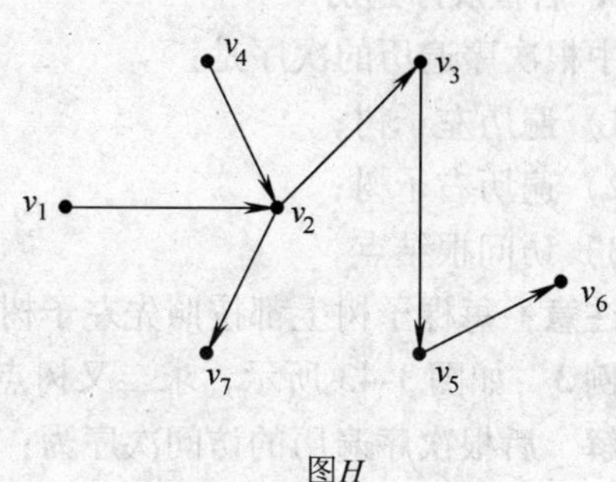

图 3-42

棵子树全出现，则左边的一棵子树称为**左子树**，右边的一棵子树称为**右子树**. 如果一棵根树的每个分枝点都有两棵子树，则称该树为**完全二叉树**. 图 3-42 中图 G 是二叉树.

二、二叉树的遍历问题

访问二叉树的所有点，并且每个点恰好被访问一次，这就是二叉树的遍历问题. 有三种遍历方式，下面分别介绍.

1. 先根次序遍历

先根次序遍历的次序是:

1）访问根结点;

2）遍历左子树;

3）遍历右子树.

注意：每棵子树上都按照先根，其次左子树，再次右子树的次序遍历.

例 1　如图 3-43 所示，求二叉树点按“先根次序遍历”的访问次序.

解　先根次序遍历的访问次序为：$+ - 3 \times 2 - x2 \div x + 3x$.

2. 中根次序遍历

中根次序遍历的次序是:

1）遍历左子树;

2）访问根结点;

3）遍历右子树.

注意：每棵子树上都按照先左子树，其次根结点，再次右子树的次序遍历.

例 2　如图 3-43 所示，求二叉树点按“中根次序遍历”的访问次序.

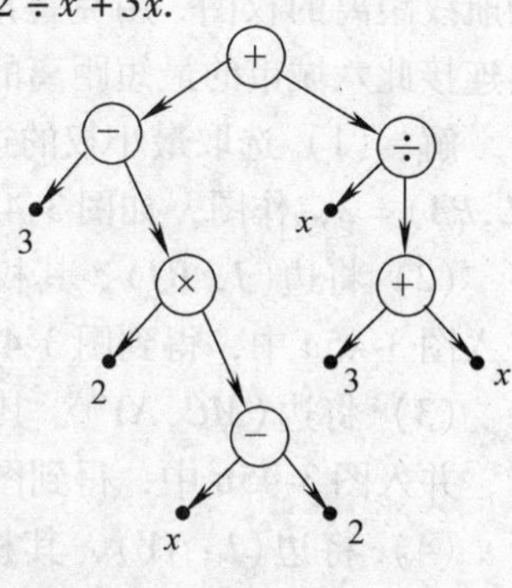

图 3-43

解 中根次序遍历的访问次序为：$3-2\times x-2+x\div 3+x$.

3. 后根次序遍历

中根次序遍历的次序是：

1）遍历左子树；

2）遍历右子树；

3）访问根结点.

注意：每棵子树上都按照先左子树，其次右子树，再次根结点的次序遍历.

例 3 如图 3-43 所示，求二叉树点按“后根次序遍历”的访问次序.

解 后根次序遍历的访问次序为：$32x2-\times-x3x+\div+$.

三、权图中的最优支撑树

1. 最优支撑树

所带权总和最小的支撑树，称为**最优支撑树**.

最优支撑树很有实际应用价值. 例如，结点是城市名，边的权表示两个城市间的距离，从一个城市出发走遍各个城市，如何选择最优的旅行路线. 又如，城市间的通信网络问题，如何布线，使得总的线路长度最短.

2. 求最优支撑树算法

克鲁斯卡尔算法(避圈法)：设有限连通权图 $G=(V,E)$，

(1) 在 L 中选一个具有最小权的边，记为 l_1，令 $T=\{l_1\}$.

(2) 设 $T_k=\{l_1,l_2,\cdots,l_k\}$，在 $L-T_k$ 中选取满足如下条件的边 l_{k+1}：

1）把 l_{k+1} 并入 T_k 后不产生回路；

2）满足 1）的前提下，l_{k+1} 具有最小权.

如果找不到满足上述条件的边，则算法停止，输出 T_k 作为 G 的最优支撑树.

例 4 图 3-44 所示为世界上六大城市：伦敦(L)、墨西哥(MC)、纽约(NY)、巴黎(PA)、北京(BJ)、东京(J)之间的航线距离的权图，用克鲁斯卡尔算法，可求出连接此六城市的最短距离的航线网.

解 (1) 选取最小权的边(L,PA)，其权 $w(L,PA)=2$，作图，如图 3-45a 所示；

(2) 将边(J, BJ)，其权 $w(J,BJ)=13$，并入图 3-45a 中，得到图 3-45b；

(3) 将边(MC,NY)，其权 $w(MC,NY)=21$，并入图 3-45b 中，得到图 3-45c；

(4) 将边(L,NY)，其权 $w(L,NY)=35$，并入图 3-45c 中，得到图 3-45d；

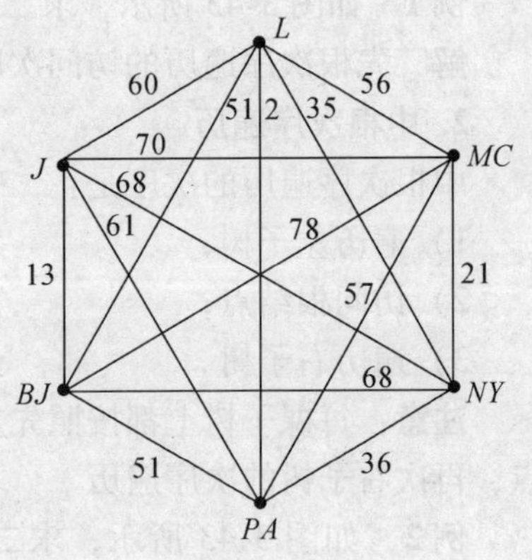

图 3-44

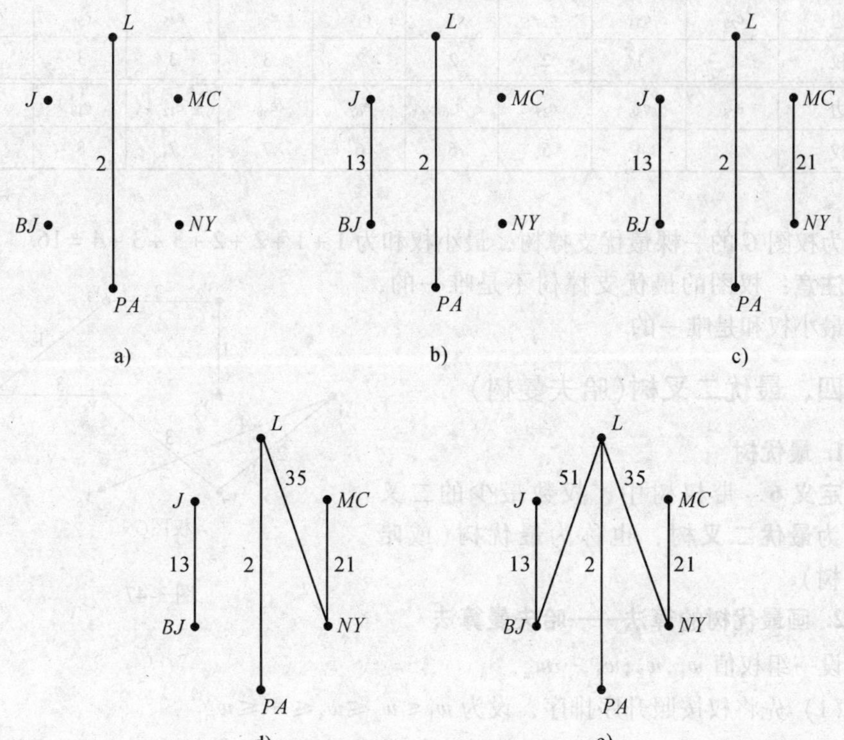

图 3-45

（5）将边(L,BJ)，其权$w(L,BJ)=51$，并入图 3-45d 中，得到图 3-45e，则图 3-45e 就是所求的最优支撑树，即连接此六城市的最短距离的航线网.其最小权和为$2+13+21+35+51=122$.

注意，每次并入边时遵循：①并入的边是余下的边中权最小的，②不构成回路，③连通的.

还有一种方法求最优支撑树：将边按权排序后，按权的大小依次画出一棵最优支撑树.

例 5 如图 3-46 所示，求权图 G 的最优支撑树.

解 首先，将边按升序排序：边(v_i,v_j)记成e_{ij}；

其次，取边e_{28}和e_{34}，并入边e_{23}和e_{17}，并入边e_{45}和e_{57}，并入边e_{16}，如图 3-47 所示，所得图形

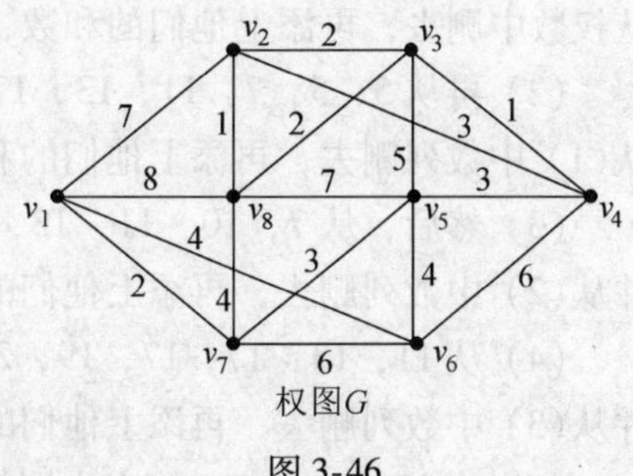

图 3-46

边	e_{28}	e_{34}	e_{23}	e_{38}	e_{17}	e_{24}	e_{45}	e_{57}	e_{16}
权	1	1	2	2	2	3	3	3	4
边	e_{78}	e_{56}	e_{35}	e_{46}	e_{67}	e_{58}	e_{12}	e_{18}	
权	4	4	5	6	6	7	7	8	

为权图 G 的一棵最优支撑树，最小权和为 $1+1+2+2+3+3+4=16$.

注意：权图的最优支撑树不是唯一的，但是最小权和是唯一的.

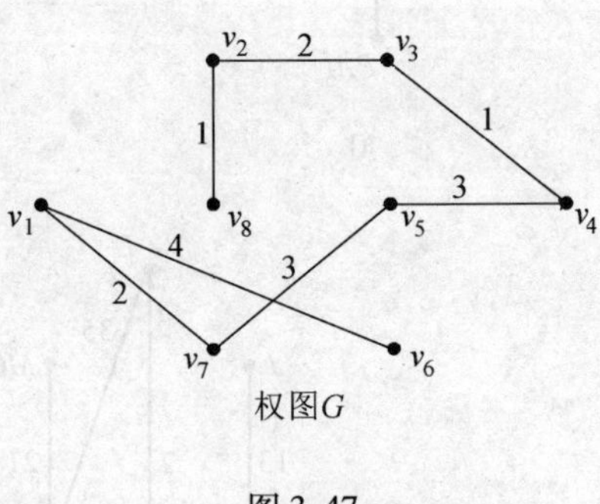

图 3-47

四、最优二叉树(哈夫曼树)

1. 最优树

定义 6 带权树中，权数最少的二叉树称为**最优二叉树**，也称为**最优树**(或**哈夫曼树**).

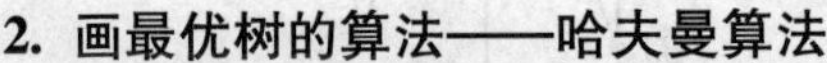

2. 画最优树的算法——哈夫曼算法

设一组权值 $w_1,w_2,w_3,\cdots w_m$，

(1) 先将权按照升序排序，设为 $w_1\leqslant w_2\leqslant w_3\leqslant\cdots\leqslant w_m$.

(2) 以 w_1 和 w_2 为子结点，构造它们的父结点，且其权为 w_1+w_2，并从权的序列中去掉 w_1 和 w_2.

(3) w_1+w_2 再与其余权一起排序，再从此队列中取出前面两个权值为子结点，按照(2)的方法构造它们的父结点.

依此类推，直至最后，即得到最优树.

最优树的最小权值的计算，设具有权值 w_i 的结点所在的层数为 n_j，则最优树的最小权值等于 $\sum w_i n_j$.

例 6 给定一组权：2，3，5，7，11，13，17，19，23，构造一棵最优树.

解 (1) 从 2，3，5，7，11，13，17，19，23 中选 2，3 为最低层结点，并从权数中删去，再添上他们的和数，即 5，5，7，11，13，17，19，23；

(2) 再从 5，5，7，11，13，17，19，23 中选 5，5 为倒数第 2 层结点，并从(1) 中数列删去，再添上他们的和数 10，即 7，10，11，13，17，19，23；

(3) 然后，从 7，10，11，13，17，19，23 中选 7，10 为倒数第 3 层结点，并从(2) 中数列删去，再添上他们的和数 17，即 11，13，17，17，19，23；

(4) 从 11，13，17，17，19，23 中选 11，13 和 17，17 为倒数第 4 层结点，并从(3) 中数列删去，再添上他们的和数 24 和 34，即 19，23，24，34；

(5) 将 19，23 和 24，34 为倒数第 5 层结点，并从(4) 中数列删去，再添上他们的和数 42 和 58，即 42，58；

（6）以 42，58 为倒数第 6 层结点，构造它们的父结点，即它们的和数 100. 就得到了最优二叉树，如图 3-48 所示.

最优二叉树权值为：$2\times6+3\times6+5\times5+7\times4+11\times3+13\times3+17\times3+19\times2+23\times2$

$=12+18+25+28+33+39+51+38+46=290.$

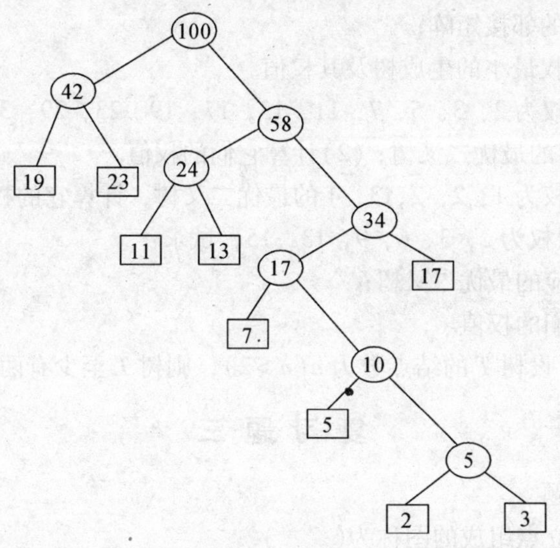

图 3-48

习题 3-3

1. 设 G 是有 n 个结点，m 条边的连通图，必须删去 G 的多少条边，才能确定 G 的一棵生成树？

2. 结点数 v 与边数 e 满足什么关系的无向连通图才是树？

3. 设 $G=<V,E>$ 是有 4 个结点，8 条边的无向连通图，则从 G 中删去多少条边，可以确定图 G 的一棵生成树？

4. 设图 G 是有 6 个结点的无向连通图，结点的总度数为 18，则可从 G 中删去多少条边后使之变成树？

5. 已知一棵无向树 T 中有 8 个结点，4 度、3 度、2 度的分支点各 1 个，试求 T 的树叶数.

6. 图 $G=<V,E>$，其中 $V=\{a,b,c,d,e\}$，$E=\{(a,b),(a,c),(a,e),(b,d),(b,e),(c,e),(c,d),(d,e)\}$，对应边的权值依次为 2、1、2、3、6、1、4 及 5，试求：

（1）画出 G 的图形；

(2) 写出 G 的邻接矩阵;

(3) 求出 G 权最小的生成树及其权值.

7. 图 $G=<V, E>$, 其中 $V=\{a,b,c,d,e,f\}$, $E=\{(a,b),(a,c),(a,e),(b,d),(b,e),(c,e),(d,e),(d,f),(e,f)\}$, 对应边的权值依次为 5, 2, 1, 2, 6, 1, 9, 3 及 8. 试求:

(1) 画出 G 的图形;

(2) 写出 G 的邻接矩阵;

(3) 求出 G 权最小的生成树及其权值.

8. 设有一组权为 2, 3, 5, 7, 11, 13, 17, 19, 23, 29, 31, 试求:

(1) 画出相应的最优二叉树; (2) 计算它们的权值.

9. 画一棵带权为 1, 2, 2, 3, 4 的最优二叉树, 计算它的权.

10. 设有一组权为 2, 3, 6, 9, 13, 15, 试求:

(1) 画出相应的最优二叉树;

(2) 计算它们的权值.

11. 试证明: 设树 T 的结点数为 $n(n>2)$, 则树 T 至少有两片树叶.

复 习 题 三

1. 单项选择题

(1) 仅由孤立点组成的图称为(　　).

A. 零图; B. 平凡图; C. 完全图; D. 简单图.

(2) 仅由一个孤立点组成的图称为(　　).

A. 零图; B. 平凡图; C. 子图; D. 无向图.

(3) 在任何图中必有偶数个(　　).

A. 度数为偶数的结点; B. 度数为奇数的结点;

C. 入度为奇数的结点; D. 出度为奇数的结点.

(4) 设无向完全图有 n 个结点, 则该图的边数为(　　).

A. $n(n-1)$; B. $n(n+1)$; C. $n(n-1)/2$; D. $(n-1)/2$.

(5) 含有 5 个结点、3 条边的简单图有(　　)个.

A. 2; B. 3; C. 4; D. 5.

(6) 任何无向图中结点间的连通关系是(　　).

A. 偏序关系; B. 等价关系;

C. 既是偏序关系又是等价关系; D. 既不是偏序关系又不是等价关系.

(7) 有向图 $G=<V,E>$, $V=\{a,b,c,d,e,f\}$, $E=\{<a,b>,<b,c>,<a,d>,<d,e>,<f,e>\}$是(　　).

A. 强连通图; B. 单向连通图; C. 弱连通图; D. 不是连通图.

(8) 设 $V=\{a,b,c,d\}$，则 V 与边集(   )能构成强连通图.

A. $E_1=\{<a,d>,<b,a>,<b,d>,<c,b>,<d,c>\}$;

B. $E_2=\{<a,d>,<b,a>,<b,c>,<b,d>,<d,c>\}$;

C. $E_3=\{<a,c>,<b,a>,<b,c>,<d,a>,<d,c>\}$;

D. $E_4=\{<a,b>,<a,c>,<a,d>,<b,d>,<c,d>\}$.

(9) 设 $G=<V,E>$ 是强连通图，有 n 个顶点($n>1$)，当且仅当(   ).

A. G 中至少有一条路;

B. G 中至少有一条回路;

C. G 中有通过每个结点至少一次的路;

D. G 中有通过每个结点至少一次的回路.

(10) 下面哪一种图不一定是树(   ).

A. 无回路的连通图;　　B. 有 n 个结点 $n-1$ 条边;

C. 每对结点间都有路的图;　　D. 连通但删去一条边则不连通.

(11) 连通图 G 是树当且仅当 G 中(   ).

A. 有些边不是割边;　　B. 每条边都是割边;

C. 无割边集;　　D. 每条边都不是割边.

(12) 具有 4 个结点的非同构的无向树的数目为(   ).

A. 2;　　B. 3;　　C. 4;　　D. 5.

(13) 若 G 是一个欧拉图，则 G 一定是(   ).

A. 完全图;　　B. 哈密顿图;　　C. 连通图;　　D. 欧拉路.

(14) 无向树 T 有 8 个结点，则 T 的边数为(   ).

A. 6;　　B. 7;　　C. 8;　　D. 9.

(15) 无向简单图 G 是棵树，当且仅当(   ).

A. G 连通且边数比结点数少 1;　　B. G 连通且结点数比边数少 1;

C. G 的边数比结点数少 1;　　D. G 中没有回路.

(16) 设完全图 K_n 有 $n(n\geqslant 2)$ 个结点，m 条边，当(   )时，K_n 中存在欧拉回路.

A. m 为奇数;　　B. n 为偶数;　　C. n 为奇数;　　D. m 为偶数.

(17) 设无向图 G 的邻接矩阵为 $\begin{pmatrix}0&1&1&0&0\\1&0&0&1&1\\1&0&0&0&0\\0&1&0&0&1\\0&1&0&1&0\end{pmatrix}$，则 G 的边数为(   ).

A. 6;　　B. 5;　　C. 4;　　D. 3.

(18) 已知一棵无向树 T 中有 8 个顶点，4 度、3 度、2 度的分支点各 1 个，

T 的树叶数为(　　).

A. 8；　　B. 5；　　C. 4；　　D. 3.

(19) 已知无向图 G 的邻接矩阵为 $\begin{pmatrix} 0 & 1 & 0 & 1 & 1 \\ 1 & 0 & 0 & 0 & 1 \\ 0 & 0 & 0 & 1 & 1 \\ 1 & 0 & 1 & 0 & 1 \\ 1 & 1 & 1 & 1 & 0 \end{pmatrix}$，则 G 有(　　).

A. 5 点，8 边；　　B. 6 点，7 边；　　C. 6 点，8 边；　　D. 5 点，7 边.

(20) 若 G 是一个哈密顿图，则 G 一定是(　　).

A. 完全图；　　B. 哈密顿路；　　C. 欧拉图；　　D. 连通图.

(21) 设图 $G=<V,E>$，$v\in V$，则下列结论成立的是(　　).

A. $\deg(v)=2|E|$；　　B. $\deg(v)=|E|$；

C. $\sum\limits_{v\in V}\deg(v)=2|E|$；　　D. $\sum\limits_{v\in V}\deg(v)=|E|$.

(22) 设 G 是有 n 个结点，m 条边的连通图，必须删去 G 的(　　)条边，才能确定 G 的一棵生成树.

A. $m-n+1$；　　B. $m-n$；　　C. $m+n+1$；　　D. $n-m+1$.

(23) 如图 3-49 所示，则下列结论成立的是(　　).

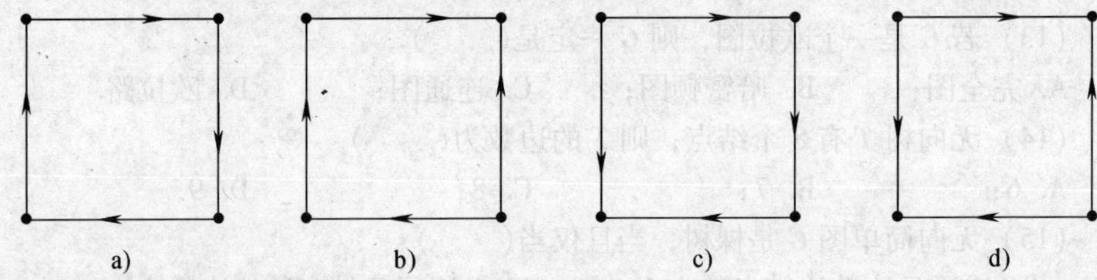

图 3-49

A. 图 a 是强连通的；　　B. 图 b 是强连通的；

C. 图 c 是强连通的；　　D. 图 d 是强连通的.

(24) 如图 3-50 所示，以下说法正确的是(　　).

A. a 是割点；　　B. $\{b,c\}$ 是点割集；

C. $\{b,d\}$ 是点割集；　　D. $\{c\}$ 是点割集.

2. 填空题

(1) 若图 $G=<V,E>$ 中具有一条哈密顿回路，则对于结点集 V 的每个非空子集 S，在 G 中删除 S 中的所有结点得到的连通分支数为 W，则 S 中结点数 $|S|$ 与 W 满足的关系式为________.

(2) 结点数 v 与边数 e 满足________关系的无向连通图就是树.

（3）在1棵有2个2度结点，4个3度结点，其余为树叶的无向树中，应该有________片树叶.

（4）设有向图 D 为欧拉图，则图 D 中每个结点的入度________.

（5）在一个有6个结点，8条边的连通图 G 中，从图 G 中删去________条边后可以确定图 G 的一棵生成树.

3. 设 $G=<V,E>$，$V=\{v_1,v_2,v_3,v_4,v_5\}$，$E=\{(v_1,v_2),(v_1,v_3),(v_2,v_3),(v_2,v_4),(v_3,v_4),(v_3,v_5),(v_4,v_5)\}$.

（1）试给出G的图形表示；　　　　（2）写出其邻接矩阵；

（3）求出每个结点的度数；　　　　（4）画出其补图的图形.

4. 已知图 G 如图3-51所示.

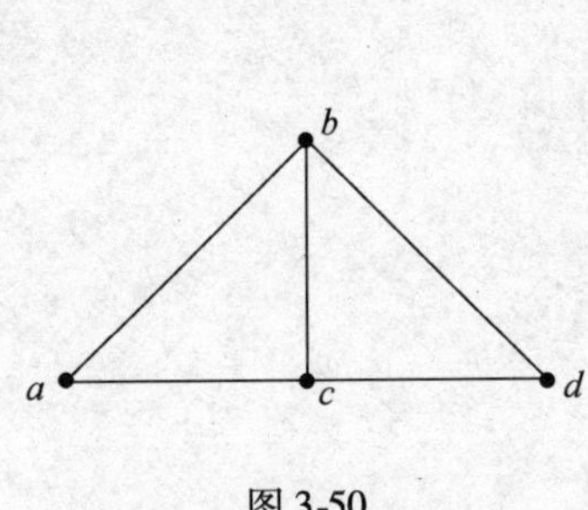

图3-50

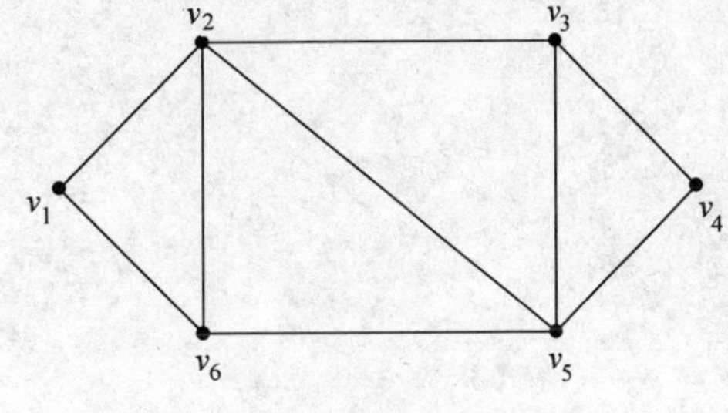

图3-51

（1）试给出图 G 的集合表示；　　　　（2）求图 G 的邻接矩阵 A；

（3）利用矩阵 A 及其幂，求出从结点 v_1 到 v_5 长度为2和3的路的数目并写出这些路.

5. 给定图 G 如图3-52所示，试判断它是否为欧拉图还是哈密顿图，并说明理由.

6. 有6个结点 a，b，c，d，e，f 的带权无向图各边的权，如图3-53所示，试求其最小生成树及其权值.

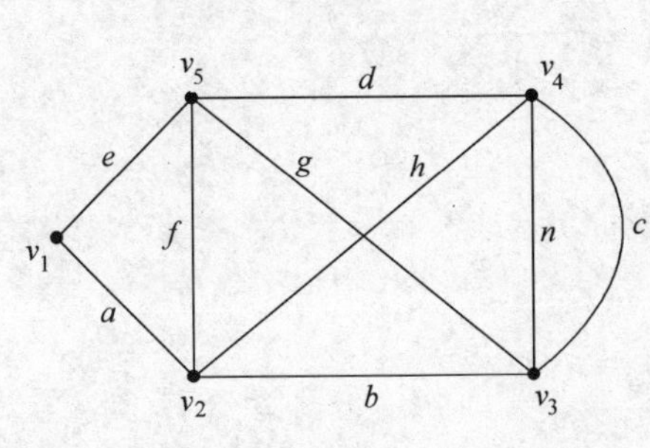

图3-52

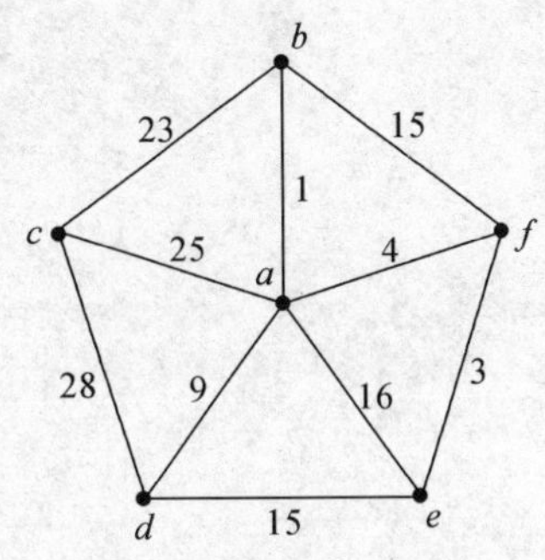

图3-53

7．图 3-54 给出的树是否同构？

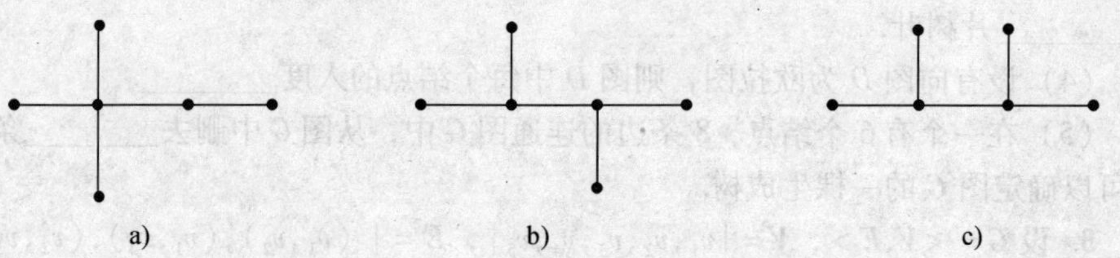

图 3-54

8．设有一组权为 2，3，5，7，17，31，试画出相应的最优二叉树，计算该最优二叉树的权.

第四章　数理逻辑

逻辑是研究人的思维的科学，人的思维过程是由概念到判断再到推理．逻辑中的形式逻辑主要是研究推理的．数理逻辑是用数学的方法研究形式逻辑．用数学的方法研究形式逻辑，是由莱布尼兹首先提出来的，所以莱布尼兹被认为是数理逻辑的创始人.

本章以“命题”为中心，主要讨论：命题的表示、命题的演算、命题演算中的公式，以及应用命题逻辑推理.

第一节　命题逻辑

一、命题与联结词

（一）命题的概念及表示

定义1　命题是一个能确定是真的或是假的一个判断．判断都是用陈述句表示，通常用大写英文字母表示．如 $P,Q,R,\cdots,P_i,Q_i,R_i,\cdots$.

例1　判定下面语句哪些是命题?

（1）2 是个素数；

（2）雪是黑色的；

（3）2025 年人类将到达火星；

（4）如果 $a>b$ 且 $b>c$，则 $a>c$；

（5）$1+11=100$；

（6）请打开书!

（7）您去吗?

（8）我在说谎.

解　(1)、(2)、(3)、(4)、(5)是命题．其中(1)、(2)、(4)、(5)都有判断：2“是个素数”；雪“是黑色的”；“如果” $a>b$ 且 $b>c$，“则” $a>c$；1 + 11“=”100. (3)虽然目前我们还无法判断它的真假，但就物质本质而言，句子本身是可以判断真假的.

(6)、(7)、(8)不是命题．(6)是祈使句，(7)是疑问句，都无真假而言，所以不是命题．(8)“我”是在说真话还是在说假话呢？如果“我”是在说真话（即判断为真），那“我”在说谎（又判断为假）；如果“我”是在讲假话（即判断为假)，那“我”没有说谎(又判断为真)，因此我们不能判断这个语句的真假，它不是命题，这种产生自相矛盾的语句叫做悖论.

一个命题所做的判断有两种可能：正确的判断或者是错误的判断，所以一个命题的真值有两个：“真”或“假”.

真值为真：如果一个命题所做的判断与客观一致，则称该命题的真值为真，真值为1(或记作T).

真值为假：如果一个命题所做的判断与客观不一致，则称该命题的真值为假，真值为0(或记作F).

例2 求例1中判断为命题的真值.

解 (1)、(4)是真命题，其真值为1；

(2) 是假命题，其真值为0；

(3) 虽然目前还不能判断是真还是假，但到2025年就能确定了，那时真值也会知道的；

(5) 的真假取决于哪一种进制，如果是二进制就是真命题，真值为1，而其他进制就是假命题，真值为0.

(二) 命题的联结词

1. 否定“¬”

设 P 表示一个命题，用命题联结词“¬”和命题 P 连接成 $\neg P$，称 $\neg P$ 为 P 的否定式．表示“…不成立”、“不…”，用于对命题 P 的否定，$\neg P$ 读作“非 P”．称¬为否定联结词. $\neg P$ 的真值：$\neg P$ 为真，当且仅当 P 为假；$\neg P$ 为假，当且仅当 P 为真，即与 P 的真值相反．“¬”的定义见表4-1.

表4-1

P	$\neg P$	P	$\neg P$
0	1	1	0

例3 设 P：2是素数，则 $\neg P$：2不是素数.

例4 将命题：“猩猩是人”符号化，并求它的否定.

解 设 P：猩猩是人，则 $\neg P$：猩猩不是人.

2. 合取“∧”

设 P 和 Q 为两个命题，用命题联结词“∧”将 P 和 Q 连接成 $P\wedge Q$，称 $P\wedge Q$ 为 P 和 Q 的合取式．“∧”称为合取联结词，表示“…并且…”、“不但…而且…”、“既…又…”、“尽管…还…”. $P\wedge Q$ 读作“P 合取 Q”(或“P 并且 Q”). $P\wedge Q$ 的真值为真，当且仅当 P 和 Q 的真值同时为真，否则 $P\wedge Q$ 的真值为假．“∧”的定义见表4-2.

表 4-2

P	Q	$P\wedge Q$	P	Q	$P\wedge Q$
0	0	0	1	0	0
0	1	0	1	1	1

例 5 设 P：小王能唱歌，Q：小王能跳舞，求这两个命题的合取式.

解 这两个命题的合取式为 $P\wedge Q$：小王能歌善舞.

例 6 将“章华学习很好，而且非常努力”符号化.

解 设 P：章华学习很好，Q：章华学习非常努力，则“章华学习很好，而且非常努力”符号化为：$P\wedge Q$.

例 7 请将语句：“尽管他参加了考试，但他没有通过考试”符号化.

解 设 P：他参加了考试，Q：他通过考试，则$\neg Q$：他没有通过考试，那么“尽管他参加了考试，但他没有通过考试”符号化为：$P\wedge\neg Q$.

3. 析取“$\vee$”

设 P 和 Q 为两个命题，用命题联结词“$\vee$”将 P 和 Q 连接成 $P\vee Q$，称 $P\vee Q$为 P 和 Q 的析取式．“$\vee$”称为析取联结词，表示“…或者…”、$P\vee Q$ 读作“P 析取 Q”（或“P 或者 Q”）. $P\vee Q$ 的真值为假，当且仅当 P 与 Q 同时为假，否则 $P\vee Q$ 的真值为真．“$\vee$”的定义见表 4-3.

表 4-3

P	Q	$P\vee Q$	P	Q	$P\vee Q$
0	0	0	1	0	1
0	1	1	1	1	1

例 8 将语句“王宏学习俄语或者英语”符号化.

解 设 P：王宏学习俄语，Q：王宏学习英语，则“王宏学习俄语或者英语”符号化为：$P\vee Q$.

注意：“或者”有二义性，即一种是“兼取的或”，具有相容性；另一种是“不可兼取的或”.

例 9 将语句“灯泡或者线路有故障”符号化.

解 设 P：灯泡有故障，Q：线路有故障，由于 P 和 Q 可同时为真，是相容的或，因此“灯泡或者线路有故障”符号化为：$P\vee Q$.

只要 P，Q 之一取值为 1，$P\vee Q$ 的真值就为 1；只有 P，Q 同时取值为 0 时，$P\vee Q$ 的真值才为 0.

例 10 王易同学第一节课上高等数学或者上英语.

解 设 P：王易同学第一节课上高等数学，Q：王易同学第一节课上英语．由于 P，Q 不能同时为真，这时的“或”是排斥的或，不可兼或，不能符号化为 $P\vee Q$，这时引入联结词“$\overline{\vee}$”，$\overline{\vee}$ 称为不可兼或，则该命题符号化为 $P\overline{\vee}Q$．$P\overline{\vee}Q$ 的真值为 1，当且仅当 P，Q 取值不同；$P\overline{\vee}Q$ 的真值为 0，当且仅当 P，Q 取值相同．

例 11 将下列命题符号化：

（1）今晚我在家看电视或去剧院看电影．

（2）他将夺取一百米冠军或四百米冠军．

解 （1）中的“或”具有排斥性，为不可兼或．设 P：今晚我在家看电视，Q：今晚我去剧院看电影，则该命题符号化为 $P\overline{\vee}Q$．

（2）中的“或”是联结词析取 $\vee$．设 P：他将夺取一百米冠军，Q：他将夺取四百米冠军，则该命题可符号化为 $P\vee Q$．只有在 P 为假 Q 为假时，$P\vee Q$ 为假，其他情况 $P\vee Q$ 都为真．P 和 Q 都为真时，$P\vee Q$ 为真，含义为他将夺取一百米冠军和四百米冠军这两项冠军．

4. 蕴涵（条件）“→”

设 P 和 Q 为两个命题，用命题联结词“→”将 P 和 Q 连接成 $P\to Q$，称 $P\to Q$ 为 P 和 Q 的蕴涵式．“→”称为蕴涵联结词，表示“如果…那么…”，$P\to Q$ 读作“P 蕴涵 Q”，（或“如果 P 那么 Q”）．$P\to Q$ 的真值为假，当且仅当 P 为真，Q 为假，否则 $P\to Q$ 的真值为真．“→”的定义见表 4-4．

注意：当条件 P 为假时，$P\to Q$ 为真．

表 4-4

P	Q	$P\to Q$	P	Q	$P\to Q$
0	0	1	1	0	0
0	1	1	1	1	1

例 12 将命题“植物缺少水分会死亡”符号化．

解 设 P：植物缺少水分，Q：植物会死亡，则命题“植物缺少水分会死亡”符号化为 $P\to Q$：如果植物缺少水分，那么植物会死亡．其真值为 1．

在日常生活中，用蕴涵式表示的前提和结论之间往往都有因果关系或实质关系．见下面的例题．

例 13 设 P：今晚开会，Q：今晚我到校，则有 $P\to Q$：如果今晚开会，那么我今晚到校（有因果关系）．其真值为 1．

在命题逻辑中，一个蕴涵式的前提并不要求与结论有任何关系．见下面的例题．

例 14 设 P：雪是白的，Q：太阳从西边出来，则有 $P\to Q$：如果雪是白的，太阳从西边出来(没有因果关系). 其真值为1.

使用蕴含联结词“→”时，需要注意以下两点：

(1) 在自然语言中，特别是在数学中，Q 是 P 的必要条件，可叙述为“只要 P 则 Q”、“P 仅当 Q”、“只有 Q 才 P”等，都可符号化为 $P \to Q$ 的形式.

(2) 在自然语言中，“如果 P，则 Q”等叙述中的 P 和 Q 往往有因果关系，否则就没有意义了. 在数理逻辑中，P 与 Q 不一定有内在联系，$P \to Q$ 总是有意义的.

例 15 设 P：天气好，Q：我去公园，将下面的命题符号化.

(1) 如果天气好，我就去公园.

(2) 只要天气好，我就去公园.

(3) 天气好，我就去公园.

(4) 仅当天气好，我才去公园.

(5) 只有天气好，我才去公园.

(6) 我去公园，仅当天气好.

解 命题(1)、(2)、(3)写成：$P \to Q$.

命题(4)、(5)、(6)写成：$Q \to P$.

例 16 设 P：$1+2=3$，Q：太阳从东边出来，将下面的命题符号化.

(1) 如果 $1+2=3$，则太阳不从东边出来.

(2) 如果 $1+2\neq3$，则太阳不从东边出来.

解 命题(1)写成：$P \to \neg Q$.

命题(2)写成：$\neg P \to \neg Q$.

可见“→”既表示充分条件，也表示必要条件.

5. 等价“↔”

设 P 和 Q 为两个命题，用命题联结词“↔”将 P 和 Q 连接成 $P \leftrightarrow Q$，称 $P \leftrightarrow Q$ 为 P 和 Q 的等价式. “↔”称为等价联结词，表示“…当且仅当…”、“…充分且必要…”、$P \leftrightarrow Q$ 读作“P 等价 Q”（或“P 当且仅当 Q”）. $P \leftrightarrow Q$ 的真值：$P \leftrightarrow Q$ 的真值为真，当且仅当 P 与 Q 的真值相同(即同时真或者同时假)，否则 $P \leftrightarrow Q$ 的真值为假. “↔”的定义见表4-5.

表 4-5

P	Q	$P \leftrightarrow Q$	P	Q	$P \leftrightarrow Q$
0	0	1	1	0	0
0	1	0	1	1	1

例 17 设 P：北京故宫是中国古代伟大建筑，Q：平行四边形的对边相等. 有 $P \leftrightarrow Q$：北京故宫是中国古代伟大建筑当且仅当平行四边形的对边相等. P 和 Q

的真值都是 1，所以 $P\leftrightarrow Q$ 真值为 1.

（三）复合命题

定义 2　由最简单的陈述句构成的命题称为**简单命题**(或**原子命题**). 该语句再不能分解成更简单的语句了.

定义 3　由若干个简单命题、命题联结词及括号构成的命题，称为**复合命题**(或**分子命题**).

例如，例 1 中(4)是由三个简单命题 $a>b$，$b>c$，$a>c$ 构成的复合命题；例 3 至例 19 中都是复合命题.

复合命题的构成：是用“联结词”将简单命题联结起来构成的. 现将以上定义的联结词的定义表汇总在一起(见表 4-6)，理解并熟记它们是学好本章的关键.

表 4-6

P	Q	$P\wedge Q$	$P\vee Q$	$P\rightarrow Q$	$P\leftrightarrow Q$
0	0	0	0	1	1
0	1	0	1	1	0
1	0	0	1	0	0
1	1	1	1	1	1

二、命题变元与合式公式

1. 命题变元与合式公式的概念

定义 4　有具体含义(真值)的命题称为**常值命题**，也称为**命题常元**. 例如，“3 是素数”就是常值命题.

定义 5　用大写的英文字母 $P,Q,R,\cdots,P_i,Q_i,R_i,\cdots$表示任何命题，称这些命题符号为**命题变元**(或**原子**).

定义 6　赋给命题变元真值“1”或“0”的过程称为对命题变元作指派(或解释).

注意：命题变元本身不是命题，只有给它一个指派(或解释)(即具有一定内容的命题)，才变成命题，才能确定它的真值：真和假.

定义 7　单个命题变元和命题常元称为**原子命题公式**，简称**原子公式**.

不是所有由命题变元、联结词和括号所组成的符号串都是命题公式. 通常使用归纳定义命题公式，由这种定义产生的命题公式称为**合式公式**.

合式公式的定义：

(1) 原子公式是合式公式.

(2) 若 A 是公式，则$(\neg A)$是合式公式.

(3) 若 A 和 B 是公式，则 $(A\wedge B)$，$(A\vee B)$，$(A\rightarrow B)$ 和 $(A\leftrightarrow B)$ 都是合式公式.

(4) 有限次地应用(1)，(2)，(3)所得到的含有原子、联结词和括号的符号串是合式公式.

注意：这个定义是递归的，(1)是递归的基础．由(1)开始，使用(2)，(3)规则，可以得到任意的公式.

例 18 下面的式子不是合式公式：

$$P\vee Q),\ P\rightarrow,\ \vee P\wedge Q$$

例 19 下面的式子是合式公式：

$$(P\wedge Q),\ (\neg P\rightarrow R),\ ((P\vee Q)\wedge R)$$

规定：为方便，最外层括号可以不写.

例 20 例 19 中的公式可以写成

$$P\wedge Q,\ \neg P\rightarrow R,\ (P\vee Q)\wedge R$$

规定：五种联结词的优先级按如下次序递增：

$$\leftrightarrow,\ \rightarrow,\ \wedge,\ \vee,\ \neg$$

为方便将合式公式简称为公式.

2. 命题符号化

命题符号化的方法：

(1) 首先要明确给定命题的含义.

(2) 对于复合命题，找联结词，用联结词断句，分解出各个原子命题.

(3) 设原子命题符号，并用逻辑联结词联结原子命题符号，构成给定命题的符号表达式.

例 21 给下列命题符号化：

(1) 5 不是偶数.

(2) 王丹虽然聪明，但是不用功.

(3) 王晓彤美丽又善良.

(4) 送王冰或李咏去进修.

(5) 如果下大雪，他就不去爬山.

(6) 只有下大雪，他才不去爬山.

(7) n 是偶数当且仅当它能被 2 整除.

解 (1) 设 P：5 是偶数．该命题符号化为：$\neg P$.

(2) 设 P：王丹聪明，Q：王丹用功，则 $\neg Q$：王丹不用功，因此该命题符号化为：$P\wedge\neg Q$.

(3) 设 P：王晓彤美丽，Q：王晓彤善良，则该命题符号化为：$P\wedge Q$.

(4) 设 P：送王冰去进修，Q：送李咏去进修，则该命题符号化为：$P\vee Q$.

(5) 设 P：下大雪，Q：他去爬山，则 $\neg Q$：他不去爬山，因此该命题符号化为：$P \to \neg Q$.

(6) 设 P：下大雪，Q：他去爬山，则 $\neg Q$：他不去爬山，因此该命题符号化为：$\neg Q \to P$.

(7) 设 P：n 是偶数，Q：n 能被 2 整除，则该命题符号化为：$P \leftrightarrow Q$.

例 22 给命题"说离散数学无用且枯燥无味是不对的"符号化.

解 设 P：离散数学是有用的，Q：离散数学是枯燥无味的，则该命题符号化为：$\neg(\neg P \wedge Q)$.

例 23 给下列命题符号化：

(1) 如果小张与小王都不去，则小李去.

(2) 如果小张与小王不都去，则小李去.

解 设 P：小张去，Q：小王去，R：小李去，则

(1) 该命题符号化为：$(\neg P \wedge \neg Q) \to R$.

(2) 该命题符号化为：$\neg(P \wedge Q) \to R$，也可以写成 $(\neg P \vee \neg Q) \to R$.

例 24 给命题"人不犯我，我不犯人；人若犯我，我必犯人"符号化.

解 设 P：人犯我，Q：我犯人，则该命题符号化为：$(\neg P \to \neg Q) \wedge (P \to Q)$.

3. 公式的赋值(解释)

定义 8 设 A 是公式，$P_1, P_2, \cdots, P_n$ 是出现在 G 中的所有原子，指定 $P_1, P_2, \cdots, P_n$ 一组真值，则这组真值称为 G 的一个赋值或解释，记作 I. 如果指定一组值使 A 的值为真，则称这组值为 A 成真赋值；如果指定一组值使 A 的值为假，则称这组值为 A 成假赋值. 含有 n 个不同命题变元的公式，有 2^n 个不同的赋值(或解释).

例 25 设公式 $A = (P \vee Q) \wedge R$，给出 P，Q，R 的一组赋值 I：$(0,1,0)$，求公式 A 在 I 下的真值.

解 A 在 I 下的真值为：$(0 \vee 1) \wedge 1 = 1 \wedge 1 = 1$，所以公式 A 在 I 下为真.

4. 公式的真值表

公式不是命题，它没有真值，但给其中所有原子做指派后它就有了真值. 如果以表的形式给出它的真值情况，则这个表就是公式的**真值表**.

由于含有 n 个不同命题变元的公式有 2^n 个真值指派，所以在真值表中有 2^n 行，真值表的构造如下：

(1) 命题变元按字典序排列.

(2) 对每组指派，以二进制数从小到大(或从大到小)顺序排列.

(3) 先从括号最里层向外层逐项列出各个公式的真值，最后一列为所求公式的真值.

例 26 求下列命题的真值表：

(1) $\neg P \vee Q$.

(2) $(P \wedge Q) \wedge \neg P$.

(3) $(P \wedge \neg Q) \rightarrow R$.

(4) $(P \rightarrow (P \vee Q)) \vee R$.

解 表4-7～表4-10分别为(1)～(4)的真值表.

表 4-7

P	Q	$\neg P$	$\neg P \vee Q$	P	Q	$\neg P$	$\neg P \vee Q$
0	0	1	1	1	0	0	0
0	1	1	1	1	1	0	1

表 4-8

P	Q	$P \wedge Q$	$\neg P$	$(P \wedge Q) \wedge \neg P$
0	0	0	1	0
0	1	0	1	0
1	0	0	0	0
1	1	1	0	0

表 4-9

P	Q	R	$\neg Q$	$P \wedge \neg Q$	$(P \wedge \neg Q) \rightarrow R$
0	0	0	1	0	1
0	0	1	1	0	1
0	1	0	0	0	1
0	1	1	0	0	1
1	0	0	1	1	0
1	0	1	1	1	1
1	1	0	0	0	1
1	1	1	0	0	1

表 4-10

P	Q	R	$P \vee Q$	$P \rightarrow (P \vee Q)$	$(P \rightarrow (P \vee Q)) \vee R$
0	0	0	0	1	1
0	0	1	0	1	1
0	1	0	1	1	1
0	1	1	1	1	1
1	0	0	1	1	1
1	0	1	1	1	1
1	1	0	1	1	1
1	1	1	1	1	1

三、公式的类型

1. 重言式

定义 9 $A(P_1,P_2,\cdots,P_n)$是含有命题变元$P_1,P_2,\cdots,P_n$的合式公式，若不论对$P_1,P_2,\cdots,P_n$作任何赋值，都使得$A(P_1,P_2,\cdots,P_n)$相应的真值为真，则称A为**重言式**(或**永真式**).

2. 矛盾式

定义 10 $A(P_1,P_2,\cdots,P_n)$是含有命题变元$P_1,P_2,\cdots,P_n$的合式公式，若不论对$P_1,P_2,\cdots,P_n$作任何赋值，都使得$A(P_1,P_2,\cdots,P_n)$相应的真值为假，则称A为**矛盾式**(或**永假式**).

3. 可满足式

定义 11 $A(P_1,P_2,\cdots,P_n)$是含有命题变元$P_1,P_2,\cdots,P_n$的命题公式，若不论对$P_1,P_2,\cdots,P_n$作任何赋值，都使得$A(P_1,P_2,\cdots,P_n)$不是恒假的，则称A为**可满足式**. 即A的真值有真，也有假.

由定义 9 ~ 11 可知，

(1) 重言式一定是可满足式.

(2) 重言式的否定是矛盾式，矛盾式的否定是重言式.

(3) 两个重言式的析取式"$\vee$"、合取式"$\wedge$"、蕴涵式"$\rightarrow$"、等价式"$\leftrightarrow$"都仍是重言式.

在命题逻辑中，由于任何一个命题公式的赋值数目是有限的，所以判定公式的类型是可解的. 其判定方法有三种：列真值表法；公式的等价推演法；求公式的主析取范式法.

例 27 判断例 26 中各公式的类型：重言式，矛盾式，可满足式.

解 (1)由于真值表表 4-7 的最后一列的真值有 1 也有 0，所以(1)是可满足式.

(2) 由于真值表表 4-8 的最后一列的真值全为 0，所以(2)是矛盾式.

(3) 由于真值表表 4-9 的最后一列的真值有 1 也有 0，所以(3)是可满足式.

(4) 由于真值表表 4-10 的最后一列的真值全为 1，所以(4)是重言式.

四、等值公式及基本等值式

1. 等值公式的定义

定义 12 设A和B是含有命题变元$P_1,P_2,\cdots,P_n$的两个公式，若在对$P_1,P_2,\cdots,P_n$作任何相同解释下，都使得A和B的真值相同，则称A和B是**等值的**(或**等价的**)，记作$A\Leftrightarrow B$(或$A=B$). $A\Leftrightarrow B$称为等值式(也称等价式).

由定义 12 可知，如果A和B的真值表中的最后一列的真值是相同的，那么

A 和 B 等值．可以用真值表法证明两个公式是否等值.

注意：等价联结词“$\leftrightarrow$”与等值式“$\Leftrightarrow$”的区别与联系：“$\leftrightarrow$”是逻辑联结词，存在于命题公式之中，而“$\Leftrightarrow$”不是逻辑联结词，它表示的是两个命题公式之间的关系，不是命题公式之中的某个符号.

定理 1　$A\Leftrightarrow B$ 当且仅当 $A\leftrightarrow B$ 是重言式．可用此定理验证等值式.

例 28　判断下列命题公式是否等值?

（1）$\neg(P\vee Q)$ 与 $\neg P\vee\neg Q$.

（2）$P\rightarrow Q$ 与 $\neg P\vee Q$.

（3）$P\leftrightarrow Q$ 与 $(P\wedge Q)\vee(\neg P\wedge\neg Q)$.

解　（1）列真值表，表 4-11.

表 4-11

P	Q	$\neg P$	$\neg Q$	$P\vee Q$	$\neg(P\vee Q)$	$\neg P\vee\neg Q$
0	0	1	1	0	1	1
0	1	1	0	1	0	1
1	0	0	1	1	0	1
1	1	0	0	1	0	0

由于表 4-11 的最后两列的真值不是对应相等的，因此 $\neg(P\vee Q)$ 与 $\neg P\vee\neg Q$ 是不等值的.

（2）列真值表见表 4-12.

表 4-12

P	Q	$\neg P$	$\neg P\vee Q$	$P\rightarrow Q$	P	Q	$\neg P$	$\neg P\vee Q$	$P\rightarrow Q$
0	0	1	1	1	1	0	0	0	0
0	1	1	1	1	1	1	0	1	1

由表 4-12 的最后两列的真值对应相等可知，$P\rightarrow Q$ 与 $\neg P\vee Q$ 是等值的.

（3）列真值表见表 4-13.

表 4-13

P	Q	$\neg P$	$\neg Q$	$P\wedge Q$	$\neg P\wedge\neg Q$	$(P\wedge Q)\vee(\neg P\wedge\neg Q)$	$P\leftrightarrow Q$
0	0	1	1	0	1	1	1
0	1	1	0	0	0	0	0
1	0	0	1	0	0	0	0
1	1	0	0	1	0	1	1

由表 4-13 的最后两列的真值对应相等可知，$P \leftrightarrow Q$ 与 $(P \wedge Q) \vee (\neg P \wedge \neg Q)$ 是等值的.

2. 基本等值式

（1）双重否定律：$\neg\neg A \Leftrightarrow A$.

（2）幂等律：$A \vee A \Leftrightarrow A$，$A \wedge A \Leftrightarrow A$.

（3）结合律：$A \vee (B \vee C) \Leftrightarrow (A \vee B) \vee C$，$A \wedge (B \wedge C) \Leftrightarrow (A \wedge B) \wedge C$.

（4）交换律：$A \vee B \Leftrightarrow B \vee A$，$A \wedge B \Leftrightarrow B \wedge A$.

（5）分配律：$A \vee (B \wedge C) \Leftrightarrow (A \vee B) \wedge (A \vee C)$，$A \wedge (B \vee C) \Leftrightarrow (A \wedge B) \vee (A \wedge C)$.

（6）吸收律：$A \vee (A \wedge B) \Leftrightarrow A$，$A \wedge (A \vee B) \Leftrightarrow A$.

（7）德·摩根定律：$\neg(A \vee B) \Leftrightarrow \neg A \wedge \neg B$，$\neg(A \wedge B) \Leftrightarrow \neg A \vee \neg B$.

（8）同一律：$A \vee 0 \Leftrightarrow A$，$A \wedge 1 \Leftrightarrow A$.

（9）零律：$A \vee 1 \Leftrightarrow 1$，$A \wedge 0 \Leftrightarrow 0$.

（10）互补律：$A \vee \neg A \Leftrightarrow 1$，$A \wedge \neg A \Leftrightarrow 0$.

（11）蕴涵等值式：$A \to B \Leftrightarrow \neg A \vee B$，$A \to B \Leftrightarrow \neg B \to \neg A$.

（12）等价等值式：$A \leftrightarrow B \Leftrightarrow (A \to B) \wedge (B \to A) \Leftrightarrow (A \wedge B) \vee (\neg A \wedge \neg B)$.

这 12 个重要的等值式(也称命题定律或命题定理)，应该熟记. 在这些公式中，A，B，C 可代表任意的命题公式.

例 29 用(10)互补律：$A \wedge \neg A \Leftrightarrow 0$，可有

$Q \wedge \neg Q \Leftrightarrow 0$，

$(P \vee Q) \wedge \neg(P \vee Q) \Leftrightarrow 0$，

$P \wedge \neg P \Leftrightarrow 0$，等.

利用等值演算可以验证两个命题公式是否等值，判别命题公式的类型，推证一些更为复杂的命题等值式以及用来解决一些实际问题.

定理 2(置换定理) A 是一个命题公式，X 是 A 中的一部分且也是合式公式，如果 $X \Leftrightarrow Y$，用 Y 代替 A 中的 X 得到公式 B，则 $A \Leftrightarrow B$.

应用置换定理以及前面列出的基本等值公式可以对给定公式进行等价置换.

例 30 已知公式 $\neg(P \wedge Q) \vee R$，使用置换定理，应用(7)德·摩根定律：$\neg(A \wedge B) \Leftrightarrow \neg A \vee \neg B$，$\neg(P \wedge Q) \Leftrightarrow \neg P \vee \neg Q$，将 $\neg P \vee \neg Q$ 替换公式中的 $\neg(P \wedge Q)$，那么 $\neg(P \wedge Q) \vee R \Leftrightarrow (\neg P \vee \neg Q) \vee R$.

3. 等价公式的证明方法

方法 1：列真值表法.

方法 2：应用基本等值式对公式的等值变换.

例 31 用真值表法判断公式 $P \to Q$，$\neg P \vee Q$，$\neg Q \to \neg P$ 是否等值.

解 （方法 1 列真值表法）列真值表见表 4-14.

表 4-14

P	Q	$P\to Q$	$\neg P\vee Q$	$\neg Q\to\neg P$
0	0	1	1	1
0	1	1	1	1
1	0	0	0	0
1	1	1	1	1

从真值表表 4-14 可以看出，不论对 P、Q 作任何指派，都使得 $P\to Q$，$\neg P\vee Q$ 和 $\neg Q\to\neg P$ 的真值相同(表中后三列)，这表明它们之间彼此等价，即 $P\to Q\Leftrightarrow\neg P\vee Q\Leftrightarrow\neg Q\to\neg P$.

此题证明了基本真值式中的(11)蕴涵等值式．基本等值式都可以用真值表法证明.

例 32 利用基本等值式证明：$P\leftrightarrow Q\Leftrightarrow(P\wedge Q)\vee(\neg P\wedge\neg Q)$.

证 $P\leftrightarrow Q$

$\Leftrightarrow(P\to Q)\wedge(Q\to P)$ (等价等值式)

$\Leftrightarrow(\neg P\vee Q)\wedge(\neg Q\vee P)$ (蕴涵等值式)

$\Leftrightarrow(\neg P\vee Q)\wedge(P\vee\neg Q)$ (交换律)

$\Leftrightarrow((\neg P\vee Q)\wedge P)\vee((\neg P\vee Q)\wedge\neg Q)$ (分配律)

$\Leftrightarrow(\neg P\wedge P)\vee(Q\wedge P)\vee(\neg P\wedge\neg Q)\vee(Q\wedge\neg Q)$ (分配律)

$\Leftrightarrow 0\vee(Q\wedge P)\vee(\neg P\wedge\neg Q)\vee 0$ (零律)

$\Leftrightarrow(P\wedge Q)\vee(\neg P\wedge\neg Q)$. 证毕.

例 33 求证：$(\neg P\vee Q)\to(P\wedge Q)\Leftrightarrow P$.

证 $(\neg P\vee Q)\to(P\wedge Q)$

$\Leftrightarrow\neg(\neg P\vee Q)\vee(P\wedge Q)$ (蕴涵等值式)

$\Leftrightarrow(\neg\neg P\wedge\neg Q)\vee(P\wedge Q)$ (摩根定律)

$\Leftrightarrow(P\wedge\neg Q)\vee(P\wedge Q)$ (双重否定律)

$\Leftrightarrow P\wedge(\neg Q\vee Q)$ (分配律由右向左使用)

$\Leftrightarrow P\wedge 1$ (互补律)

$\Leftrightarrow P$ 证毕. (同一律)

例 34 化简：$G=\neg(P\wedge Q)\to(\neg P\vee(\neg P\vee Q))$.

解 $G\Leftrightarrow\neg\neg(P\wedge Q)\vee((\neg P\vee\neg P)\vee Q)$ (蕴涵等值式,结合律)

$\Leftrightarrow(P\wedge Q)\vee(\neg P\vee Q)$ (双重否定律,幂等律)

$\Leftrightarrow(P\wedge Q)\vee(Q\vee\neg P)$ (交换律)

$\Leftrightarrow((P\wedge Q)\vee Q)\vee\neg P$ (结合律)

$\Leftrightarrow Q\vee\neg P$ (吸收律)

例 35 判断公式$\neg(P\to Q)\wedge Q$重言式，矛盾式，可满足式？

解 $\neg(P\to Q)\wedge Q$

$\Leftrightarrow\neg(\neg P\vee Q)\wedge Q$

$\Leftrightarrow(\neg\neg P\wedge\neg Q)\wedge Q$

$\Leftrightarrow(P\wedge\neg Q)\wedge Q$

$\Leftrightarrow P\wedge(\neg Q\wedge Q)$

$\Leftrightarrow P\wedge 0$

$\Leftrightarrow 0$

所以该公式为矛盾式.

五、对偶式与重言蕴含式

1. 等值公式的对偶性

从前面列出的等值公式看出，有很多是成对出现的. 这就是等值公式的对偶性.

定义 13 在一个只含有联结词$\neg$、$\vee$、$\wedge$的公式A中，若将$\vee$换成$\wedge$，$\wedge$换成$\vee$，0 换成 1，1 换成 0，其余部分不变，得到另一个公式A^*，则称A与A^*互为对偶式.

例如，

A	A^*
P	P
$\neg Q\wedge R$	$\neg Q\vee R$
$(P\vee 1)\wedge\neg Q$	$(P\wedge 0)\vee\neg Q$

定理 3 设$A(P_1,P_2,\cdots,P_n)$是一个只含有联结词$\neg$、$\vee$、$\wedge$的命题公式，则

$$\neg A(P_1,P_2,\cdots,P_n)\Leftrightarrow A^*(\neg P_1,\neg P_2,\cdots,\neg P_n)$$

推论 $A(\neg P_1,\neg P_2,\cdots,\neg P_n)\Leftrightarrow\neg A^*(P_1,P_2,\cdots,P_n)$.

例如，设 $A(P,Q)\Leftrightarrow P\vee Q$，$A^*(P,Q)\Leftrightarrow P\wedge Q$，则

$$\neg A(P,Q)\Leftrightarrow\neg(P\vee Q)\Leftrightarrow\neg P\wedge\neg Q$$

$$A^*(\neg P,\neg Q)\Leftrightarrow\neg P\wedge\neg Q$$

所以

$$\neg A(P,Q)\Leftrightarrow A^*(\neg P,\neg Q)$$

对偶原理：

设$A(P_1,P_2,\cdots,P_n)$，$B(P_1,P_2,\cdots,P_n)$是只含有联结词$\neg$、$\vee$、$\wedge$的命题公式，如果$A(P_1,P_2,\cdots,P_n)\Leftrightarrow B(P_1,P_2,\cdots,P_n)$，那么

$$A^*(P_1,P_2,\cdots,P_n)\Leftrightarrow B^*(P_1,P_2,\cdots,P_n)$$

*__证__ 因为 $A(P_1,P_2,\cdots,P_n)\Leftrightarrow B(P_1,P_2,\cdots,P_n)$

故$A(\neg P_1,\neg P_2,\cdots,\neg P_n)\Leftrightarrow B(\neg P_1,\neg P_2,\cdots,\neg P_n)$

而$A(\neg P_1,\neg P_2,\cdots,\neg P_n)\Leftrightarrow\neg A^*(P_1,P_2,\cdots,P_n)$

$B(\neg P_1,\neg P_2,\cdots,\neg P_n)\Leftrightarrow\neg B^*(P_1,P_2,\cdots,P_n)$

故$\neg A^*(P_1,P_2,\cdots,P_n)\Leftrightarrow\neg B^*(P_1,P_2,\cdots,P_n)$

所以 $A^*(P_1,P_2,\cdots,P_n)\Leftrightarrow B^*(P_1,P_2,\cdots,P_n)$

我们用基本等值式验证一下对偶原理：

(1) $\underset{A}{P\vee(Q\wedge R)}\Leftrightarrow\underset{B}{(P\vee Q)\wedge(P\vee R)}$ （分配律）

则 $\underset{A^*}{P\wedge(Q\vee R)}\Leftrightarrow\underset{B^*}{(P\wedge Q)\vee(P\wedge R)}$ （分配律）

(2) $\underset{A}{P\vee 1}\Leftrightarrow\underset{B}{1}$ （零律）

则 $\underset{A^*}{P\wedge 0}\Leftrightarrow\underset{B^*}{0}$ （零律）

2. 重言(永真)蕴涵式

有些重言(永真)式，如$(P\wedge(P\to Q))\to Q$，公式中间的联结词“$\to$”非常重要，称为重言蕴涵式.

定义 14 如果公式$A\to B$是重言式，则称A重言(永真)蕴涵B，记作$A\Rightarrow B$.

上式可以写成：$(P\wedge(P\to Q))\Rightarrow Q$.

注意：符号“$\Rightarrow$”不是联结词，它是表示公式间的“永真蕴涵”关系，也可以看成是“推导”关系．即$A\Rightarrow B$可以理解成由A可推出B，即由A为真，可以推出B也为真．称A为前件，B为后件.

3. 重言(永真)蕴涵式证明方法

方法：列真值表.

要证明$A\Rightarrow B$，只需列出$A\to B$的真值表，若真值表中最后一列的真值全为1，则可判定$A\to B$为重言式．这里就不再举例了.

4. 重要的重言蕴涵式

(1) $A\wedge B\Rightarrow A$　(2) $A\wedge B\Rightarrow B$

(3) $A\Rightarrow A\vee B$　(4) $B\Rightarrow A\vee B$

(5) $\neg A\Rightarrow A\to B$　(6) $B\Rightarrow A\to B$

(7) $\neg(A\to B)\Rightarrow A$　(8) $\neg(A\to B)\Rightarrow\neg B$

(9) A，$B\Rightarrow A\wedge B$　(10) $\neg A\wedge(A\vee B)\Rightarrow B$

(11) $A\wedge(A\to B)\Rightarrow B$　(12) $\neg B\wedge(A\to B)\Rightarrow\neg A$

(13) $(A\to B)\wedge(B\to C)\Rightarrow A\to C$　(14) $(A\vee B)\wedge(A\to C)\wedge(B\to C)\Rightarrow C$

(15) $A\to B\Rightarrow(A\vee C)\to(B\vee C)$　(16) $A\to B\Rightarrow(A\wedge C)\to(B\wedge C)$

5. 重言蕴涵式性质

(1) 有自反性：对任何命题公式A，有$A\Rightarrow A$.

（2）有传递性：若 $A \Rightarrow B$ 且 $B \Rightarrow C$，则 $A \Rightarrow C$.

（3）有反对称性：若 $A \Rightarrow B$ 且 $B \Rightarrow A$，则 $A \Leftrightarrow B$，符号“$\Leftrightarrow$”表示“等值”.

六、公式标准型——范式

1. 合取式与析取式

定义 15 用“$\wedge$”联结命题变元或命题变元的否定构成的命题公式称为**合取式**.

例如，P、$\neg P$、$P \wedge \neg Q$、$P \wedge \neg Q \wedge \neg R$ 都是合取式.

定义 16 用“$\vee$”联结命题变元或命题变元的否定构成的命题公式称为**析取式**.

例如，P、$\neg P$、$P \vee \neg Q$、$P \vee \neg Q \vee \neg R$ 都是析取式.

注意：因为 $P \vee P \Leftrightarrow P$，$P \wedge P \Leftrightarrow P$，所以 P 既是合取式也是析取式.

2. 析取范式与合取范式

范式就是命题公式形式的规范形式．这里约定在范式中只含有联结词$\neg$、$\vee$和$\wedge$.

定义 17 公式 A 如下形式：

$$A_1 \vee A_2 \vee \cdots \vee A_n\ (n \geqslant 1),$$

其中，$A_i\ (i=1,2,\cdots,n)$ 是合取式，称 A 为**析取范式**.

定义 18 公式 A 如下形式：

$$A_1 \wedge A_2 \wedge \cdots \wedge A_n\ (n \geqslant 1),$$

其中，$A_i\ (i=1,2,\cdots,n)$ 是析取式，称 A 为**合取范式**.

析取范式与合取范式统称为范式.

例如，

$P \leftrightarrow Q$ 的析取范式与合取范式分别为：

$$P \leftrightarrow Q \Leftrightarrow (P \wedge Q) \vee (\neg P \wedge \neg Q)$$

——析取范式

$$P \leftrightarrow Q \Leftrightarrow (\neg P \vee Q) \wedge (P \vee \neg Q)$$

——合取范式

3. 析取范式与合取范式的求法

（1）先用“蕴涵等值式”：$A \rightarrow B \Leftrightarrow \neg A \vee B$,

“等价等值式”：$A \leftrightarrow B \Leftrightarrow (A \rightarrow B) \wedge (B \rightarrow A)$

$\Leftrightarrow (A \wedge B) \vee (\neg A \wedge \neg B)$

去掉所求的命题公式中的“$\rightarrow$”和“$\leftrightarrow$”.

（2）用“德·摩根律”：$\neg(A \vee B) \Leftrightarrow \neg A \wedge \neg B$,

$\neg(A \wedge B) \Leftrightarrow \neg A \vee \neg B$

或“否定公式”：$\neg A(P_1,P_2,\cdots,P_n)\Leftrightarrow A^*(\neg P_1,\neg P_2,\cdots,\neg P_n)$
将所求的命题公式中的“$\neg$”后移到命题变元之前.

(3) 用“分配律、幂等律”等基本等值式进行整理，使之成为所要求的形式.

例 36 求$(P\leftrightarrow Q)\to R$ 的析取范式与合取范式.

解 $(P\leftrightarrow Q)\to R$

$\Leftrightarrow((P\to Q)\wedge(Q\to P))\to R$ （等价等值式）

$\Leftrightarrow\neg((\neg P\vee Q)\wedge(P\vee\neg Q))\ \vee R$ （等价等值式,蕴涵等值式）

$\Leftrightarrow(P\wedge\neg Q)\vee(\neg P\wedge Q)\vee R$ （德·摩根律）

——析取范式

$(P\leftrightarrow Q)\to R$

$\Leftrightarrow\neg((P\wedge Q)\vee(\neg P\wedge\neg Q))\vee R$ （等价等值式,蕴涵等值式）

$\Leftrightarrow((\neg P\vee\neg Q)\wedge(P\vee Q))\vee R$ （德·摩根律）

$\Leftrightarrow(\neg P\vee\neg Q\vee R)\wedge(P\vee Q\vee R)$ （分配律）

——合取范式

注意：析取范式和合取范式的形式并不唯一，只要符合范式的形式就可以.

七、公式的主析取范式与主合取范式

一个公式的析取范式与合取范式的形式是不唯一的，而主析取范式与主合取范式的形式是唯一的.

1. 主析取范式

定义 19 在含有 n 个命题变元的合取式中，每个命题变元(或其否定)必出现且仅出现一次，该合取式称为极小项.

例 37 有两个命题变元 P，Q 的极小项：

$$P\wedge Q,\quad P\wedge\neg Q,\quad \neg P\wedge Q,\quad \neg P\wedge\neg Q$$

注意：

(1) 命题变元与这个命题变元的否定不能同时出现在一个极小项中.

(2) 每个极小项都必须含有 n 个命题变元(或它的否定).

(3) 极小项中字母按字典中字母顺序排序.

极小项的性质：

(1) 公式中含有 n 个命题变元，则有 2^n 个极小项.

(2) 每一组指派有且只有一个极小项为1.

(3) 极小项的合取为永假的，即 $m_i\wedge m_j=0$.

(4) 所有极小项的析取为永真的，即 $m_0\vee m_1\vee\cdots\vee m_{2^n-1}=1$.

例 38 表 4-15 中给出了两个命题变元 P、Q 的极小项的所有指派下的真值，可以看到每个极小项只有一组指派下为 1，即每一组指派有且只有一个极小项为 1.

表 4-15

		m_3	m_2	m_1	m_0
P	Q	$P\wedge Q$	$P\wedge\neg Q$	$\neg P\wedge Q$	$\neg P\wedge\neg Q$
0	0	0	0	0	1
0	1	0	0	1	0
1	0	0	1	0	0
1	1	1	0	0	0

为了记忆方便，可将各组指派下对应为 1 的极小项分别记作 $m_0, m_1, m_2, \cdots, m_{2^n-1}$.

例 39 例 38 中，四个极小项为 1 时的指派记为：

$$m_0 \Leftrightarrow \neg P\wedge\neg Q \qquad (0\quad 0)$$
$$m_1 \Leftrightarrow \neg P\wedge Q \qquad (0\quad 1)$$
$$m_2 \Leftrightarrow P\wedge\neg Q \qquad (1\quad 0)$$
$$m_3 \Leftrightarrow P\wedge Q \qquad (1\quad 1)$$

也可以用命题变元的指派来记：$m_0 = m_{00}$，$m_1 = m_{01}$，$m_2 = m_{10}$，$m_3 = m_{11}$.

定义 20 若命题公式的析取范式为 $A_1\vee A_2\vee\cdots\vee A_n$，其中 $A_i(i=1,2,\cdots,n)$ 是极小项，则称为**主析取范式**.

定理 4 （主析取范式存在定理）任何含有 n 个命题变元的非永假的命题公式 A，都存在与其等值的主析取范式.

主析取范式的求法：

方法 1：列真值表法.

(1) 列出给定公式的真值表.

(2) 找出真值表中每个“1”对应的极小项.

(3) 用“$\vee$”联结上述极小项，即可求出主析取范式.

其中，写出极小项的方法，即根据一组指派写出对应为“1”的项：

(1) 如果命题变元 P 被指派为 1，则 P 在极小项中以 P 形式出现；

(2) 如果命题变元 P 被指派为 0，则 P 在极小项中以 $\neg P$ 形式出现（要保证该极小项为 1）.

例 40 求 $P\rightarrow Q$ 和 $P\leftrightarrow Q$ 的主析取范式.

解 列出真值表（见表 4-16）.

表 4-16

P	Q	$P\to Q$	$P\leftrightarrow Q$	P	Q	$P\to Q$	$P\leftrightarrow Q$
0	0	1	1	1	0	0	0
0	1	1	0	1	1	1	1

写出 $P\to Q$ 和 $P\leftrightarrow Q$ 这两列中真值为 1 的极小项(每一组指派中 1 写变元本身,0 写变元的否定):

$P\to Q$ 的极小项:$\neg P\wedge\neg Q$,$\neg P\wedge Q$,$P\wedge Q$;

$P\leftrightarrow Q$ 的极小项:$\neg P\wedge\neg Q$,$P\wedge Q$.

则 $P\to Q$ 的主析取范式为:

$P\to Q$

$\Leftrightarrow(\neg P\wedge\neg Q)\vee(\neg P\wedge Q)\vee(P\wedge Q)$.

$\Leftrightarrow m_0\vee m_1\vee m_3$

$P\leftrightarrow Q$ 的主析取范式为:

$P\leftrightarrow Q$

$\Leftrightarrow(\neg P\wedge\neg Q)\vee(P\wedge Q)$.

$\Leftrightarrow m_0\vee m_3$

思考:重言式的主析取范式是什么形式的?

方法 2:用公式的等值变换.

(1) 求出命题公式的析取范式 $A_1\vee A_2\vee\cdots\vee A_n$.

(2) 为使每个 A_i 都变成极小项,对缺少命题变元的 A_i 补全命题变元. 如缺少命题变元 R,就用 $\wedge$ 联结永真式($R\vee\neg R$)形式,使用分配律补上 R.

(3) 用分配律等基本等值式加以整理.

例 41 求 $P\to Q$ 的主析取范式.

解 $P\to Q\Leftrightarrow\neg P\vee Q$ (析取范式)

$\Leftrightarrow(\neg P\wedge(Q\vee\neg Q))\vee((P\vee\neg P)\wedge Q)$ (添加 $Q\vee\neg Q$ 及 $P\vee\neg P$)

$\Leftrightarrow(\neg P\wedge Q)\vee(\neg P\wedge\neg Q)\vee(P\wedge Q)\vee(\neg P\wedge Q)$

(分配律)

$\Leftrightarrow(\neg P\wedge Q)\vee(\neg P\wedge\neg Q)\vee(P\wedge Q)$ (主析取范式)

2. 主合取范式

定义 21 在含有 n 个命题变元的析取式中,每个命题变元(或其否定)必出现且仅出现一次,称为极大项.

例 42 有两个命题变元 P、Q 的极大项:

$$P\vee Q,\ P\vee\neg Q,\ \neg P\vee Q,\ \neg P\vee\neg Q$$

与极小项的注意相类似:

(1) 命题变元与这个命题变元的否定不能同时出现在一个极大项中.

(2) 每个极大项都必须含有 n 个命题变元(或它的否定).

(3) 极大项中字母按字典中字母顺序排序.

极大项的性质:

(1) 公式中含有 n 个命题变元，则有 2^n 个极大项.

(2) 每一组指派有且只有一个极大项为0.

(3) 极大项的析取为永真的，即 $m_i \vee m_j = 1$.

(4) 所有极大项的合取为永假的，即 $m_0 \wedge m_1 \wedge \cdots \wedge m_{2^n-1} = 0$.

例 43 表 4-17 中给出了两个命题变元 P、Q 的极大项的所有指派下的真值，可以看到每个极大项只有一组指派下为 0，即每一组指派有且只有一个极大项为 0.

表 4-17

P	Q	M_0 $P \vee Q$	M_1 $P \vee \neg Q$	M_2 $\neg P \vee Q$	M_3 $\neg P \vee \neg Q$
0	0	0	1	1	1
0	1	1	0	1	1
1	0	1	1	0	1
1	1	1	1	1	0

为了记忆方便，可将各组指派对应的为 0 的极大项分别记作：$M_0, M_1, M_2, \cdots, M_{2^n-1}$.

上例中 $M_0 \Leftrightarrow P \vee Q$ (0 0)

$M_1 \Leftrightarrow P \vee \neg Q$ (0 1)

$M_2 \Leftrightarrow \neg P \vee Q$ (1 0)

$M_3 \Leftrightarrow \neg P \vee \neg Q$ (1 1)

也可以用命题变元的指派来记：$M_0 = M_{00}$，$M_1 = M_{01}$，$M_2 = M_{10}$，$M_3 = M_{11}$.

定义 22 若命题公式的合取范式为 $A_1 \wedge A_2 \wedge \cdots \wedge A_n$，其中，$A_i(i = 1, 2, \cdots, n)$都是极大项，则称为**主合取范式**.

定理 5 (主合取范式存在定理)任何含有 n 个命题变元的非永真的命题公式 A 都存在与其等值的主合取范式.

主合取范式的求法.

方法 1：列真值表法.

(1) 列出给定公式的真值表.

(2) 找出真值表中每个“0”对应的极大项.

(3) 用“∧”联结上述极大项，即可求出该公式的主合取范式.

其中，写出极大项的方法，即根据一组指派写出对应为“0”的极大项：

(1) 如果命题变元 P 被指派为0，则 P 在极大项中以 P 形式出现；

(2) 如果命题变元 P 被指派为1，则 P 在极大项中以 $\neg P$ 形式出现(要保证极大项为0).

例 44 求 $P \to Q$ 和 $P \leftrightarrow Q$ 的主合取范式.

解 列出真值表(见表4-16).

写出 $P \to Q$ 和 $P \leftrightarrow Q$ 这两列中真值为0的极大项(每一组指派中0写变元本身,1写变元的否定)：

$P \to Q$ 的极大项：$\neg P \vee Q$；

$P \leftrightarrow Q$ 的极大项：$P \vee \neg Q$，$\neg P \vee Q$.

则 $P \to Q$ 的主合取范式为：

$P \to Q$

$\Leftrightarrow \neg P \vee Q$.

$\Leftrightarrow M_2$

$P \leftrightarrow Q$ 的主合取范式为：

$P \leftrightarrow Q$

$\Leftrightarrow (P \vee \neg Q) \wedge (\neg P \vee Q)$.

$\Leftrightarrow M_1 \wedge M_2$

例 45 已知公式 $A(P,Q,R)$ 的真值表如表4-18，求 A 的主析取范式和主合取范式.

表 4-18

P	Q	R	$A(P,Q,R)$	P	Q	R	$A(P,Q,R)$
0	0	0	1	1	0	0	1
0	0	1	0	1	0	1	0
0	1	0	0	1	1	0	1
0	1	1	1	1	1	1	1

解 真值表(表4-18)中 $A(P,Q,R)$ 为0的项是极大项，则 A 的主合取范式为：

$$(P \vee Q \vee \neg R) \wedge (P \vee \neg Q \vee R) \wedge (\neg P \vee Q \vee \neg R) \Leftrightarrow M_1 \wedge M_2 \wedge M_5$$

真值表(表4-18)中 $A(P,Q,R)$ 为1的项是极小项，则 A 的主析取范式为：

$$(\neg P \wedge \neg Q \wedge \neg R) \vee (\neg P \wedge Q \wedge R) \vee (P \wedge \neg Q \wedge R) \vee (P \wedge Q \wedge \neg R) \vee (P \wedge Q \wedge R)$$

$$\Leftrightarrow m_0 \vee m_3 \vee m_4 \vee m_6 \vee m_7$$

方法2：用公式的等值变换.

(1) 求出命题公式的合取范式 $A_1 \wedge A_2 \wedge \cdots \wedge A_n$.

(2) 为使每个 A_i 都变成极大项，对缺少命题变元的 A_i 补全变元. 如缺少命题变元 R，就用∨联结永假式$(R\wedge\neg R)$形式补上 R.

(3) 用分配律等基本等值式加以整理.

例 46 求$(P\rightarrow Q)\rightarrow R$ 的主合取范式.

解 利用基本等值式推理.

$(P\rightarrow Q)\rightarrow R$

$\Leftrightarrow\neg(\neg P\vee Q)\vee R$

$\Leftrightarrow(P\wedge\neg Q)\vee R$

$\Leftrightarrow(P\vee R)\wedge(\neg Q\vee R)$ （合取范式）

$\Leftrightarrow(P\vee(Q\wedge\neg Q)\vee R)\wedge((P\wedge\neg P)\vee\neg Q\vee R)$ （添加 $Q\wedge\neg Q,P\wedge\neg P$）

$\Leftrightarrow(P\vee Q\vee R)\wedge(P\vee\neg Q\vee R)\wedge(P\vee\neg Q\vee R)\wedge(\neg P\vee\neg Q\vee R)$

$\Leftrightarrow(P\vee Q\vee R)\wedge(P\vee\neg Q\vee R)\wedge(\neg P\vee\neg Q\vee R)$ （主合取范式）

$\Leftrightarrow M_{000}\wedge M_{010}\wedge M_{110}\Leftrightarrow M_0\wedge M_2\wedge M_6$

3. 主范式的应用

(1) 重言式的证明

方法 1：列真值表.

方法 2：公式的等值变换，化简成“1”.

方法 3：求所给命题公式的主析取范式.

例 47 证明$(P\rightarrow Q)\rightarrow(P\rightarrow(P\wedge Q))$是重言式.

证

$(P\rightarrow Q)\rightarrow(P\rightarrow(P\wedge Q))$

$\Leftrightarrow\neg(\neg P\vee Q)\vee(\neg P\vee(P\wedge Q))$ （用“蕴涵等值式”去掉“→”）

$\Leftrightarrow(P\wedge\neg Q)\vee\neg P\vee(P\wedge Q)$ 析取范式 （用德·摩根律将“¬”后移）

$\Leftrightarrow(P\wedge\neg Q)\vee(\neg P\wedge(Q\vee\neg Q))\vee(P\wedge Q)$ （添加 $Q\vee\neg Q$，补变元 Q）

$\Leftrightarrow(P\wedge\neg Q)\vee(\neg P\wedge Q)\vee(\neg P\wedge\neg Q)\vee(P\wedge Q)$

（分配律）

$\Leftrightarrow(P\wedge Q)\vee(P\wedge\neg Q)\vee(\neg P\wedge Q)\vee(\neg P\wedge\neg Q)$

（整理，得到主析取范式）

$\Leftrightarrow m_3\vee m_2\vee m_1\vee m_0$

可见该公式的主析取范式含有全部(四个)极小项，这表明$(P\rightarrow Q)\rightarrow(P\rightarrow(P\wedge Q))$是重言式.

(2) 判断公式的类型

重言式：公式的主析取范式含有全部极小项.

矛盾式：公式的主合取范式含有全部极大项.

可满足式：公式的主析(合)取范式既有极小项，又有极大项.

（3）证明等值式

设命题公式 A、B，证明 $A \Leftrightarrow B$，即证明 A 与 B 的主析(或合)取范式相同. 在这里就不一一举例了，请读者自己做练习.

习题 4-1

1. 判断下列语句是否为命题.

（1）4 能被 2 整除.

（2）今天会下雨吗？

（3）这朵花真好看啊！

（4）2 是素数当且仅当三角形有 3 条边.

（5）$a+b$.

（6）$x>0$.

（7）如果只有懂得希腊文才能了解柏拉图，那么我不了解柏拉图.

2. 判断下列命题是简单命题还是复合命题.

（1）我明天或后天去苏州.

（2）今天有雨.

（3）计算机数学基础是计算机专业的一门基础课.

（4）两数之和是偶数当且仅当两数均为偶数或两数均为奇数.

3. 将下列命题符号化.

（1）他不去学校.

（2）如果你去了，那么他就不去.

（3）如果明天不下雨，我们就去郊游.

（4）尽管他接受了这个任务，但他没有完成好.

（5）今天考试，明天放假.

（6）如果天不下雪，我有时间，那么我就去市里.

（7）如果生产任务一定并且生产效率有所提高，那么生产时间必然会减少.

（8）侈而惰者贫，而力而俭者富.

4. 设 P，Q 的真值为 0；R，S 的真值为 1，求下列各命题公式的真值.

（1）$P \wedge Q \vee R$.

（2）$(P \vee Q) \wedge R \vee S$.

（3）$(P \vee R) \rightarrow (Q \vee S)$.

（4）$P \rightarrow (R \wedge S \vee Q)$.

5. 试列出以下各式的真值表.

（1）$P \rightarrow (Q \wedge R)$；（2）$(P \wedge \neg Q) \vee R$.

6. 设命题公式：（1）$(P \rightarrow Q) \rightarrow ((P \wedge Q) \vee P)$，

(2) $P \to (Q \to R) \leftrightarrow P \wedge Q \to R$,

(3) $\neg(Q \to P) \wedge P$,

(4) $((P \to Q) \wedge (Q \to P)) \to ((P \wedge \neg Q) \vee (\neg P \wedge Q))$

判断公式的类型.

7. 化简命题公式$((P \to \neg P) \to Q) \to ((\neg P \to P) \to R)$.

8. 求命题公式 $P \to (Q \vee P) \vee R$ 的真值.

9. 证明 $P \to (Q \to R) \Leftrightarrow P \wedge Q \to R$.

10. 证明命题公式$(P \to (Q \vee \neg R)) \wedge \neg P \wedge Q$ 与$\neg(P \vee \neg Q)$等值.

11. 试证明：$(P \to (Q \to R)) \wedge (\neg S \vee P) \wedge Q \Rightarrow S \to R$.

12. 求$(P \vee Q) \to R$ 的析取范式与合取范式.

13. 求$(P \vee Q) \to (R \vee Q)$的合取范式.

14. 求公式$(\neg P \to R) \wedge (P \leftrightarrow Q)$的主合取范式和主析取范式.

15. 求命题公式$(P \to Q) \to R$ 的主析取范式.

*16. 设 P 表示“今天天气好”，Q：表示“我们去旅游”. 试用最简单明了的汉语描述下面公式所表达的含义.

$$((\neg P \vee Q) \to (P \wedge \neg Q)) \vee \neg(\neg Q \to \neg P)$$

*17. 北京、上海、天津、广州四市乒乓球队比赛，三个观众猜测比赛结果，甲说“天津第一，上海第二”，乙说：“天津第二，广州第三”，丙说：“北京第二，广州第四”. 比赛结果显示，每人猜对了一半，并且没有并列名次. 问实际名次怎样排列?

第二节　谓词逻辑

在本章第一节命题逻辑中，用一个字母表示原子命题，没有对命题中的陈述句成分细分，因此一些逻辑问题无法解决.

例 1　设 P：小张是大学生，Q：小李是大学生.

从符号 P，Q 中不能归纳出“都是大学生”的共性，我们希望从所使用的符号那里带给我们更多的信息，这就是这节所学习的内容——一阶逻辑，也称谓词逻辑.

例 2　令 A：所有自然数都是整数，B：8 是自然数，C：8 是整数.

这是著名的三段论推理，A 是大前提，B 是小前提，C 是结论. 显然，由 A 和 B 可以推出结论 C. 这个推理是有效的，但是这个推理在第一节命题逻辑中也是无法实现的.

在例 1 中，命题 P 与 Q 中的谓语是相同的(是大学生)，只是主语不同。也就是说，从谓语来看，它们是同样的命题，那么我们能不能用符号表示这一类命题呢？

在例 2 中，命题 A，B，C 之间在主语谓语方面也是有联系的，靠这种联系才能由 A，B 推出 C，而从这三个符号上看不出此种联系.

所以就要考虑增加表示命题的方法，解决这个问题的方法：在表示命题时，既表示出主语（主词），也表示出谓语（谓词），就可以解决上述问题．这就提出了谓词的概念.

在例 1 中，设 $S(x)$ 表示 x 是大学生，a 表示小张，b 表示小李，则命题 P 表示成 $S(a)$：小张是大学生；命题 Q 表示成 $S(b)$：小李是大学生. 从符号 $S(a)$，$S(b)$ 可看出小张和小李都是大学生的共性.

在例 2 中，设 $N(x)$ 表示 x 是自然数，$I(x)$ 表示 x 是整数，$\forall$ 表示所有的，则

$$A：\forall x(N(x)\rightarrow I(x))，B：N(8)，C：I(8)$$

符号 $S(x)$，$N(x)$，$I(x)$ 就是谓词.

一、谓词

1. 谓词的定义

定义 1　能够独立存在的事物，称为**个体**（也称为**客体**、**个体常元**）.

个体一般是陈述句的主语．用小写英文字母 $a,b,c,\cdots$ 表示. 例如，小张，8，a，上海等都是个体.

定义 2　用小写英文字母 $x,y,z,\cdots$ 表示任何个体，称为**个体变元**.

注意：个体变元本身不是个体．个体是有实际内容的，而个体变元没有，只是个符号.

定义 3　在大写英文字母后边有括号，括号内是若干个体变元，用以表示个体的属性或者个体之间的关系，称为**谓词**.

例如，$N(x)$，$P(x,y)$ 等都是谓词.

定义 4　如果谓词的括号内有 n 个个体变元，则称该谓词为 ***n* 元谓词**（或 ***n* 元命题函数**），记作 $P(x_1,x_2,x_3,\cdots,x_n)$.

当 $n=1$ 时，称为一元谓词；当 $n=2$ 时，称为二元谓词，依此类推. 特别地，当 $n=0$ 时，称为 0 元谓词，表示不含有个体变元的谓词，它本身就是一个命题.

例 3　看下面的谓词：

$A(x)$：表示 x 是大学生，一元谓词；$B(x,y)$：表示 $x>y$，二元谓词；

$C(x,y,z)$：表示 x 在 y 与 z 之间，三元谓词；P：小张是大学生，零元谓词（命题）.

注意：谓词本身并不是命题，只有谓词的括号内填入足够的个体，才变成命题.

例如，$A(x)$：x 是大学生．把括号内的 x 填入不同的人名，就得到不同的命

题，因此谓词相当于函数，也称为命题函数.

例 4 把例 3 的谓词中的个体变元填入个体，得到：

(1) $A(x)$：x 是大学生，令 a：李红，则 $A(a)$：李红是大学生(是命题).

(2) $B(x,y)$：表示 $x>y$，令 x：7，y：3，则 $B(7,3)$：$7>3$(是命题).

(3) $C(x,y,z)$：表示 x 在 y 与 z 之间，令 b：小张的身高，c：小李的身高，d：小王的身高，则 $C(b,c,d)$：小李的身高在小张与小王之间(这时 $C(b,c,d)$ 是命题).

定义 5 n 元谓词 $P(x_1,x_2,x_3,\cdots,x_n)$ 称为**简单命题函数**.

定义 6 将若干个简单命题函数用逻辑联结词联结起来构成的表达式，称为**复合命题函数**.

例 5 设简单命题函数：$A(x)$：x 身体好，$B(x)$：x 学习好，$C(x)$：x 工作好，则 $\neg A(x)\rightarrow(\neg B(x)\wedge\neg C(x))$ 等为复合命题函数.

2. 个体域

定义 7 在 n 元谓词中个体变元的取值范围，称为**个体域**(或**论域**)，记作 D. 个体域是一个集合.

谓词的个体域与谓词可以相关，也可以无关.

例如，$S(x)$：x 是大学生，个体域 D：人类.

$B(x,y)$：$x>y$，个体域 D：实数.

$F(x,y,z)$：$x+y=z$，个体域：$D=\{$所有的椅子$\}$.

定义 8 由所有个体构成的个体域，称为**全总个体域**．它是“最大”的个体域.

规定：对于一个 n 元谓词，如果没有给定个体域，则假定该个体域是全总个体域.

二、量词

1. 量词的定义

尽管我们定义了谓词及其个体域，但有些命题还是不能被准确地表达出来的. 我们来看例子：“有些人是大学生”、“所有事物都是发展变化的”．“有些”、“所有的”是对个体量化的词．为此，我们引进量词来描述这些量化的词.

定义 9 在命题中表示个体数量化的词，称为**量词**. 量词分全称量词和存在量词.

(1) 全称量词　语句“对任意的 x”称为全称量词，记作 $\forall x$，读作“任意 x”，表示“每个”、“任何一个”、“一切”、“所有的”、“凡是”、“任意的”等.

(2) 存在量词　语句“存在一个 x”称为存在量词，记作 $\exists x$，读作“存在 x”，表示“有些”、“一些”、“某些”、“至少一个”等.

(3) 量词后的指导变元　量词后边有一个个体变元，用以指明对哪个个体变元量化，称此个体变元是量词后的指导变元，即$\forall x$，$\exists x$.

例 6 将命题“所有的自然数都是整数”符号化.

解 设$N(x)$：x是自然数，$I(x)$：x是整数，则此命题符号化为：$\forall x(N(x) \to I(x))$.

例 7 将命题“有些自然数是偶数”符号化.

解 设$N(x)$，x是自然数，$E(x)$：x是偶数，则此命题符号化为：$\exists x(N(x) \wedge E(x))$.

例 8 每个人都有一个生母.

解 设$P(x)$：x是个人，$M(x,y)$：y是x的生母，则此命题符号化为：$\forall x(P(x) \to \exists y(P(y) \wedge M(x,y)))$.

2. 有限个体域下消去量词规则

设$G(x)$是一元谓词，任取$x_0 \in D$，则$G(x_0)$是一个命题.

同理，对任意$x \in D$，$\forall xG(x)$是一个命题．存在一个$x \in D$，$\exists xG(x)$是一个命题.

命题$\forall xG(x)$的真值做如下规定：

$\forall xG(x)$取 1 值$\Leftrightarrow$对任意$x \in D$，$G(x)$都取 1 值.

$\forall xG(x)$取 0 值$\Leftrightarrow$有一个$x_0 \in D$，使得$G(x_0)$取 0.

命题$\exists xG(x)$的真值做如下规定：

$\exists xG(x)$取 0 值$\Leftrightarrow$对任意$x \in D$，$G(x)$都取 0 值.

$\exists xG(x)$取 1 值$\Leftrightarrow$有一个$x_0 \in D$，使得$G(x_0)$取 1 值.

由于$\forall x$表示任意的x(即所有的x)，命题$\forall xG(x)$表示“对任意的x，都有$G(x)$”．表明去掉“$\forall$”后，是所有命题的合取$\wedge$．即设个体域$D=\{a_1,a_2,\cdots,a_n\}$，则

$$\forall xG(x) \Leftrightarrow G(a_1) \wedge G(a_2) \wedge \cdots \wedge G(a_n)$$

由于$\exists x$表示存在一个x，命题$\exists xG(x)$表示“对存在一个x，有$G(x)$”．表明去掉“$\exists$”后，是所有命题的析取$\vee$．即设个体域$D=\{a_1,a_2,\cdots,a_n\}$，则

$$\exists xG(x) \Leftrightarrow G(a_1) \vee G(a_2) \vee \cdots \vee G(a_n)$$

例 9 设个体域$D=\{1,2,3\}$，则

$$\forall xG(x) \Leftrightarrow G(1) \wedge G(2) \wedge G(3)$$

$$\exists xG(x) \Leftrightarrow G(1) \vee G(2) \vee G(3)$$

例 10 设$D=\{1,2,3\}$，$F(x)$：$x \leqslant 2$，求$\forall xF(x)$，$\exists xF(x)$的真值.

解 由于$F(1)=1$，$F(2)=1$，$F(3)=0$，则

$$\begin{aligned}\forall xF(x) &\Leftrightarrow F(1) \wedge F(2) \wedge F(3)\\ &\Leftrightarrow 1 \wedge 1 \wedge 0\\ &\Leftrightarrow 0\end{aligned}$$

$$\exists xF(x) \Leftrightarrow F(1) \vee F(2) \vee F(3)$$
$$\Leftrightarrow 1 \vee 1 \vee 0$$
$$\Leftrightarrow 1$$

三、量词的辖域与约束变元、自由变元

1. 量词的辖域

定义 10 在谓词中量词的作用范围称为**量词的辖域**，也叫做**量词的作用域**.

例 11 求下列谓词中量词的辖域.

(1) $\forall xA(x)$； (2) $\forall x((P(x) \wedge Q(x)) \rightarrow \exists yR(x,y))$；

(3) $\forall x \exists y \forall z(A(x,y) \rightarrow B(x,y,z)) \wedge C(t)$.

解 (1) $\forall xA(x)$ 中 $\forall x$ 的辖域为：$A(x)$.

(2) $\forall x((P(x) \wedge Q(x)) \rightarrow \exists yR(x,y))$ 中，

$\forall x$ 的辖域为：$((P(x) \wedge Q(x)) \rightarrow \exists yR(x,y))$；

$\exists y$ 的辖域为：$R(x,y)$.

(3) $\forall x \exists y \forall z(A(x,y) \rightarrow B(x,y,z)) \wedge C(t)$.

即 $\forall z$ 的辖域为：$A(x,y) \rightarrow B(x,y,z)$；

$\exists y$ 的辖域为：$\forall z(A(x,y) \rightarrow B(x,y,z))$；

$\forall x$ 的辖域为：$\forall \ \exists y \forall z(A(x,y) \rightarrow B(x,y,z)) \exists y \ \forall z(A(x,y) \rightarrow B(x,y,z))$.

于是有如下求辖域的方法：

(1) 若量词后边只有一个谓词，则该量词的辖域就是此谓词.

(2) 若量词后边是括号，则此括号所表示的区域就是该量词的辖域.

(3) 若多个量词紧挨着出现，则后边的量词及其辖域就是前边量词的辖域.

2. 约束变元与自由变元

在谓词中的个体变元分成两种：一种是受到量词约束的，一种是不受量词约束的.

定义 11 如果个体变元 x 在 $\forall x$ 或者 $\exists x$ 的辖域内，则称 x 在此辖域内约束出现，并称 x 在此辖域内是约束变元. 否则 x 是自由出现，并称 x 是自由变元.

例 12 求 $\forall x(F(x,y) \rightarrow \exists yP(x)) \wedge Q(z) \wedge \exists A(x)$ 的约束变元和自由变元.

解 $F(x,y)$ 中的 x 在 $\forall x$ 的辖域内，受到 $\forall x$ 的约束，而其中的 y 不受 $\forall x$ 的约束；$P(y)$ 中的 y 在 $\exists y$ 的辖域内，受 $\exists y$ 的约束；$A(x)$ 中的 x 在 $\exists x$ 的辖域内，受 $\exists x$ 的约束；$Q(z)$ 中的 z 不受量词约束，于是 $F(x,y)$ 中的 x 和 $P(y)$ 中的 y 以及 $A(x)$ 中 x 是约束变元.

注意：$F(x,y)$ 中的 x 和 $A(x)$ 中 x 是受不同量词约束的约束变元. 而 $F(x,y)$ 中的 y 和 $Q(z)$ 中的 z 是自由变元.

在谓词中，如果某个个体变元既以约束变元形式出现，又以自由变元形式出

现，或者同一个个体变元受多个量词的约束，就容易产生混淆. 为了避免此现象发生，可以对个体变元更改名称.

3. 改名规则与代入规则

改名规则：

(1) 约束变元更改名称，改名的范围：量词后的指导变元以及该量词的辖域内此个体变元出现的各处同时换名.

(2) 改名后用的个体变元名称，不能与该谓词中其他个体变元名称相同.

例 13 将下式中的变元适当改名，使得约束变元不是自由的，自由变元不是约束的.

$$\forall x(F(x,y)\rightarrow \exists yP(y))\wedge Q(z)\wedge \exists xA(x)$$

解 x 在辖域 $(F(x,y)\rightarrow\exists yP(y))$ 内是约束变元，同时它在辖域 $A(x)$ 内也是约束变元，所以 x 要使用改名规则在辖域 $F(x,y)\rightarrow\exists yP(y)$ 内换名，而在 $\exists xA(x)$ 处就不用换了：将最左边的 $\forall x$ 换名为 $\forall u$，同时 $F(x,y)$ 中 x 换名为 u，即 $F(u,y)$.

y 在辖域 $P(y)$ 内是约束变元，而在 $F(x,y)$ 中却是自由变元，所以约束变元 y 要使用改名规则将 $\exists y$ 换名为 $\exists v$，同时将 $P(y)$ 中 y 换名为 v，即 $\exists vP(v)$，于是

$$\forall u(F(u,y)\rightarrow \exists vP(v))\wedge Q(z)\wedge \exists xA(x).$$

代入规则：对自由变元也可以换名字，此换名叫代入规则.

对自由变元的代入规则：

(1) 对谓词中自由变元作代入，代入时需要对公式中出现该变元的每一处同时作代入.

(2) 代入后的变元名称要与量词中的其他变元名称不同.

例 14 将下式中的变元适当改名，使得约束变元不是自由的，自由变元不是约束的.

$$\forall x(P(x)\rightarrow Q(x,y))\vee(R(x)\wedge \exists xA(x)\wedge B(x))$$

解 x 在 $P(x)\rightarrow Q(x,y)$ 是约束变元，在 $A(x)$ 也是约束变元，但在 $R(x)$ 和 $B(x)$ 是自由变元，

(1) 对自由变元 x 作代入，改成 $R(z)$，$B(z)$；

(2) 对约束变元 x 在 $\exists xA(x)$ 处换名为 $\exists uA(u)$，

于是 $\forall x(P(x)\rightarrow Q(x,y))\vee(R(z)\wedge \exists uA(u)\wedge B(z))$.

四、谓词公式

1. 谓词公式与解释

命题逻辑中有命题公式，类似地，在谓词逻辑中，要研究谓词公式.

定义 12 谓词中有若干个个体，其中有些个体之间有函数关系，这样的函数关系称为**个体函数**.

例 15 将命题“如果 x 是奇数，则 $2x$ 是偶数”符号化.

解 个体 x 与个体 $2x$ 之间存在函数关系，可以设个体函数 $g(x)=2x$，谓词 $O(x)$：x 是奇数，$E(x)$：x 是偶数，则此命题可以表示为：$\forall x(O(x)\rightarrow E(g(x)))$.

定义 13 项的递归定义如下：

(1) 个体常元与个体变元是项.

(2) 若 f 是 n 元函数，且 $t_1,t_2,\cdots,t_n$ 是项，则 $f(t_1,t_2,\cdots,t_n)$ 是项.

(3) 所有项都是由(1)和(2)生成的.

定义 14 设 $P(x_1,x_2,x_3,\cdots,x_n)$ 是 n 元谓词，$t_1,t_2,\cdots,t_n$ 是项，则称 $P(t_1,t_2,\cdots,t_n)$ 为**原子谓词公式**，简称**原子公式**.

例如，P，$Q(x)$，$A(x,f(x))$，$B(x,y,a)$ 都是原子谓词公式.

定义 15 谓词公式递归定义如下：

(1) 原子谓词公式是合式公式.

(2) 如果 A 是公式，则 $\neg A$ 也是合式公式.

(3) 如果 A，B 是合式公式，则 $(A\wedge B)$，$(A\vee B)$，$(A\rightarrow B)$，$(A\leftrightarrow B)$ 都是合式公式.

(4) 如果 A 是公式，x 是 A 中的客体变元，则 $\forall xA$ 和 $\exists xA$ 是合式公式.

(5) 只有有限次地按规则(1)至(4)求得的公式才是合式公式.

谓词公式简称公式. 例如，下列各式都是谓词公式：

$$P,\ (P\rightarrow Q),\ (Q(x)\wedge P),\ \exists x(A(x)\rightarrow B(x)),\ \forall xC(x)$$

下列各式都不是谓词公式：

$x\forall y\exists P(x)$，$P(\exists x)\wedge Q(x)\forall\exists x$.

为了方便，最外层括号可以省略，但是若量词后边有括号，则此括号不能省略. 例如，公式 $\exists x(A(x)\rightarrow B(x))$ 中 $\exists x$ 后边的括号不是最外层括号，所以不可以省略.

命题的符号化：

例 16 将命题“没有不犯错误的人”符号化.

解 此命题就是“没有人不犯错误”，“没有”就是“不存在”的意思，设 $P(x)$：x 是人，$F(x)$：x 犯错误，此命题符号化为：

$$\neg\exists x(P(x)\wedge\neg F(x))\text{或者}\quad\forall x(P(x)\rightarrow F(x))$$

例 17 将命题“不是所有的自然数都是偶数”符号化.

解 设 $N(x)$：x 是自然数，$E(x)$：x 是偶数，此命题符号化为：

$$\neg\forall x(N(x)\rightarrow E(x))\text{或者}\quad\exists x(N(x)\wedge\neg E(x))$$

谓词公式中符号：

个体常元符号：用小写字母 $a,b,c,\cdots$表示．通常是个体域 D 中的元素.

个体变元符号：用小写字母 $x,y,z,\cdots$表示．个体域 D 中元素可代入其中.

个体函数符号：用小写字母 $f,g,h,\cdots$表示.

谓词符号：用大写字母 $P,Q,R,\cdots$表示.

定义 16 公式 G 的一个解释 I 是由非空个体域 D 和对 G 中个体常元符号，个体变元符号，个体函数符号，谓词符号以下列规则进行一组指定：

（1）对每个个体常元符号指定 D 中一个元素.

（2）对每个函数符号指定一个函数.

（3）对每个谓词符号指定一个谓词.

规定：公式中将自由变元看做个体常元.

给出公式 G 的一个解释 I，G 在解释 I 下就有一个真值.

定义 17 若将给定的谓词公式中的命题变元，用确定的命题代替，对公式中的个体变元用个体域中的个体代替，这个过程称为对谓词公式作指派，或者称为对谓词公式赋值.

例 18 谓词公式 $P\rightarrow N(x)$，其中 $N(x)$：x 是自然数，P：$2>1$，个体域：$D=\{4\}$. 求它的真值.

解 因为 P：$2>1$，所以 P 的真值为1，当 $x=4$ 时，$N(4)$的真值为1，此公式变成 $P\rightarrow N(4)$，它的真值就是 1.

例 19 设公式 G 如下式，求 G 在 I 下的真值.

$$G\Leftrightarrow\exists x(P(f(x))\wedge Q(x,f(a)))$$

给出解释 I：$D=\{2,3\}$，$a=2$，$f(2)=3$，$f(3)=2$，

$P(2)$	$P(3)$	$Q(2,2)$	$Q(2,3)$	$Q(3,2)$	$Q(3,3)$
0	1	1	1	0	1

解 $G\Leftrightarrow\exists x(P(f(x))\wedge Q(x,f(a)))$

$\Leftrightarrow(P(f(2))\wedge Q(2,f(2)))\vee(P(f(3))\wedge Q(3,f(2)))$ （去掉$\exists x$）

$\Leftrightarrow(P(3)\wedge Q(2,3))\vee(P(2)\wedge Q(3,3))(P(3)\wedge Q(2,3))\vee(P(2)\wedge Q(3,3))$

（化成命题）

$\Leftrightarrow(1\wedge 1)\vee(0\wedge 1)$

$\Leftrightarrow 1$

2. 谓词公式的类型

定义 18 谓词公式 A 在任何解释 I 下都是真的，则称 A 为永真式(恒真公式、重言式). 谓词公式 A 在任何解释 I 下都是假的，则称 A 为永假式(恒假公式、矛盾式). 谓词公式 A 存在至少一个解释 I 下是真的，则称 A 为可满足式.

例如，$I(x)$：x 是整数，个体域 D 为自然数集合，公式 $I(x)$ 在 D 上就是永真式. 而公式 $I(x)\vee\neg I(x)$ 就是与个体域无关的永真式.

注意：要判断一个公式是否恒真，要考虑所有的解释，但所有的解释是任何人都写不出来的，因此，这个问题变得异常困难，即该问题是不可解的.

例 20 判断下列公式的类型.

(1) $A\Leftrightarrow\forall x(S(x)\to X(x))$；　　(2) $B\Leftrightarrow\forall xS(x)\to\exists xS(x)$.

解 (1) 设解释 I_1：个体域 D：实数集合 **R**，$F(x)$：x 是整数，$X(x)$：x 是有理数，因为在 I_1 下为真，所以 A 不是永假式；又设解释 I_2：个体域 D：实数集合 **R**，$F(x)$：x 是无理数，$X(x)$：x 能表示成分数，因为在 I_2 下为假，所以 A 不是永真式，综上可知 A 是可满足式.

(2) 设任何解释 I，个体域为 D，若存在 $x_0\in D$，使得 $S(x_0)$ 为假，则 $\forall x S(x)$ 为假，即 B 的前件为假，所以 B 为真；若对于任意 $x\in D$，$S(x)$ 均为真，则 $\forall xS(x)$ 及 $\exists xS(x)$ 都为真，所以 B 为真. 因为 I 的任意性，所以 B 是永真式.

五、谓词公式的等价式与重言蕴涵式

在命题逻辑中，我们是通过对公式的命题变元赋值来讨论永真式、永真蕴含式及等价公式的.

在谓词演算中，也要讨论一些重要的谓词公式. 但是由于谓词公式中可能有命题变元、个体变元. 对命题变元赋值比较容易，因为只有两个值可赋. 而对个体变元作指派却不那么简单，因为个体域中的个体可能有无限个，另外谓词公式的真值还与个体域有关.

定义 19 设谓词公式 A，B，D 是它们的个体域，如果不论对公式 A，B 作任何解释，都使得 A 与 B 的真值相同(或者说 $A\leftrightarrow B$ 是永真式)，则称公式 A 与 B 在个体域 D 上是等价的.

如果不论对任何个体域 D，都使得公式 A 与 B 的真值相同，则称 A 与 B 等价，记作 $A\Leftrightarrow B$.

例如，$I(x)$：表示 x 是整数，$N(x)$：表示 x 是自然数，假设个体域 D 是自然数集合 **N**，公式 $I(x)$ 与 $N(x)$ 在 **N** 上是等价的.

定义 20 设谓词公式 A，B，D 是它们的个体域，如果不论对公式 A，B 作任何解释，都使得 $A\to B$ 为永真式，则称在个体域 D 上公式 A 永真蕴涵 B.

如果不论对任何个体域 D，都使得 $A\to B$ 为永真式，则称 A 重言(永真)蕴涵 B，记作 $A\Rightarrow B$.

例如，$G(x)$：表示 x 大于 5，$N(x)$：表示 x 是自然数，个体域 $D=\{-1,2,6,7,8,9,\cdots\}$，则在 D 上公式 $G(x)\to N(x)$ 是永真式，所以在 D 上公式 $G(x)$ 蕴涵 $N(x)$.

习题 4-2

1. 请将下列语句翻译成谓词公式：

(1) 所有人都去工作.

(2) 有人不去工作.

(3) 所有人都不去上课.

(4) 不是所有人都是学生.

(5) 鸟会飞.

2. 设个体域 $D=\{a,b\}$，求谓词公式 $\exists xA(x)\vee\forall yB(y)$ 消去量词后的等值式.

3. 设个体域为 $D=\{a_1,a_2\}$，求谓词公式 $\forall y\exists xP(x,y)$ 消去量词后的等值式.

4. 设个体域 $D=\{a,b,c\}$，求谓词公式 $(\forall x)A(x)$ 消去量词后的等值式.

5. 设个体域 $D=\{1,2,3,4\}$，$A(x)$："x 小于3"，求谓词公式 $(\exists x)A(x)$ 的真值.

6. 试求谓词公式 $\forall x(S(x)\wedge\exists xH(x,y)\to\exists yG(x,y))\vee B(x,y)$ 中，$\forall x$，$\exists x$，$\exists y$ 的辖域，试问 $G(x,y)$ 和 $B(x,y)$ 中 x，y 是自由变元，还是约束变元？

7. 设谓词公式 $\exists x(P(x,y)\to\forall zQ(y,x,z))\wedge\forall yR(y,z)$. 求：

(1) 试写出量词的辖域.

(2) 指出该公式的自由变元和约束变元.

8. 设谓词公式 $\exists x(P(x,y)\to\forall zQ(y,x,z))\wedge\forall yR(y,z)\leftrightarrow F(y)$. 试

(1) 写出量词的辖域.

(2) 指出该公式的自由变元和约束变元.

9. 将下列表达式中的变元换名，使得约束变元不是自由的，自由变元不是约束的：

$$\forall xP(x,y)\vee Q(z)\vee\exists y(R(x,y)\vee\forall zS(z))$$

复 习 题 四

1. 单项选择题

(1) 下列语句中，(　　)是命题.

A. 下午有会吗？　　B. 这朵花多好看啊！

C. 2 是常数.　　D. 请把门关上.

(2) 下列语句中为命题的是(　　).

A. 暮春三月，江南草长.　　B. 至少多么可爱的风景啊！

C. 大家想做什么，就做什么，行吗？　　D. 请勿践踏草地！

(3) 下面语句是真命题的为(　　).

A. 我正在说谎.　　B. 如果 1 + 1 = 2，则雪是黑的.

C. 如果 1 + 1 = 3，则雪是黑的.　　D. 吃饭了吗？

(4) 下面联结词不具有交换律的是( ).

A. $\rightarrow$; B. $\wedge$; C. $\vee$; D. $\leftrightarrow$.

(5) 合式公式$(P\wedge(P\rightarrow Q))\rightarrow Q$是( ).

A. 矛盾式; B. 蕴涵式; C. 重言式; D. 等值式.

(6) 下列合式公式中,( )是重言式.

A. $(P\rightarrow Q)\wedge(Q\rightarrow P)$; B. $(P\wedge Q)\rightarrow P$;

C. $\neg(P\vee Q)$; D. $(\neg P\vee Q)\wedge(\neg P\vee\neg Q)$.

(7) 合式公式$P\rightarrow(Q\rightarrow P)$为( ).

A. 重言式; B. 可满足式; C. 矛盾式; D. 等值式.

(8) 下列合式公式中,( )不是重言式.

A. $Q\rightarrow(P\vee Q)$; B. $(P\wedge Q)\rightarrow P$;

C. $\neg(P\wedge\neg Q)\wedge(\neg P\vee Q)$; D. $(\neg P\vee Q)\leftrightarrow(P\rightarrow Q)$.

(9) 已知命题$G=\neg(P\rightarrow(Q\rightarrow R))$,则所有使$G$取真值1的解释是( ).

A. $(0,0,0)$, $(0,0,1)$, $(1,0,0)$; B. $(1,0,0)$, $(1,0,1)$, $(1,1,0)$;

C. $(0,1,0)$, $(1,0,1)$, $(0,0,1)$; D. $(0,0,1)$, $(1,0,1)$, $(1,1,1)$.

(10) 重言式的否定为( ).

A. 重言式; B. 矛盾式; C. 可满足式; D. 蕴涵式.

(11) 一个公式在等值意义下,下面哪个写法是唯一的( ).

A. 析取范式; B. 合取范式;

C. 主析取范式; D. 以上答案都不对.

(12) 设命题公式$G=\neg(P\rightarrow Q)$, $H=P\rightarrow(Q\rightarrow\neg P)$则$G$与$H$的关系( ).

A. $G\Rightarrow H$; B. $H\Rightarrow G$; C. $G=H$; D. 以上都不是.

(13) 前提$P\vee Q$, $\neg Q\vee R$, $\neg R$的结论是( ).

A. Q; B. P; C. $P\vee Q$; D. $\neg P\rightarrow R$.

(14) 设P:我将去打球,Q:我有时间,则命题“我将去打球,仅当我有时间时”符号化为( ).

A. $Q\rightarrow P$; B. $Q\rightarrow P$; C. $P\leftrightarrow Q$; D. $P\leftrightarrow Q$.

(15) 设$A(x)$:x是人,$B(x)$:x是工人,则命题“有人是工人”可符号化为( ).

A. $(\exists x)(A(x)\wedge B(x))$; B. $(\forall x)(A(x)\wedge B(x))$;

C. $\neg(\forall x)(A(x)\rightarrow B(x))$; D. $\neg(\exists x)(A(x)\wedge\neg B(x))$.

(16) 在谓词公式$(\forall x)(A(x)\rightarrow B(x)\vee C(x,y))$中,( ).

A. x, y都是约束变元; B. x, y都是自由变元;

C. x是约束变元,y都是自由变元; D. x是自由变元,y都是约束变元.

(17) 下列公式成立的为( ).

A. $\neg P \wedge \neg Q \Leftrightarrow P \vee Q$；　B. $P \to \neg Q \Leftrightarrow \neg P \to Q$；

C. $Q \to P \Rightarrow P$；　D. $\neg P \wedge (P \vee Q) \Rightarrow Q$.

(18) 命题公式$\neg(P \to Q)$的析取范式是(　　).

A. $P \wedge \neg Q$；　B. $\neg P \wedge Q$；　C. $\neg P \vee Q$；　D. $P \vee \neg Q$.

(19) 命题公式$(P \vee Q)$的合取范式是(　　).

A. $(P \wedge Q)$；　B. $(P \wedge Q) \vee (P \vee Q)$；

C. $(P \vee Q)$；　D. $\neg(\neg P \wedge \neg Q)$.

(20) 设个体域$D=\{a,b,c\}$，那么谓词公式$\exists xA(x) \vee \forall yB(y)$消去量词后的等值式为(　　).

A. $(A(a) \vee A(b) \vee A(c)) \vee (B(a) \wedge B(b) \wedge B(b))$；

B. $(A(a) \wedge A(b) \wedge A(c)) \vee (B(a) \vee B(b) \vee B(b))$；

C. $(A(a) \vee A(b) \vee A(c)) \vee (B(a) \vee B(b) \vee B(b))$；

D. $(A(a) \wedge A(b) \wedge A(c)) \vee (B(a) \wedge B(b) \wedge B(b))$.

(21) 表达式$\forall x(P(x,y) \vee Q(z)) \wedge \exists y(R(x,y) \to \forall zQ(z))$中$\forall x$的辖域是(　　).

A. $P(x,y)$；　B. $P(x,y) \vee Q(z)$；

C. $R(x,y)$；　D. $P(x,y) \wedge R(x,y)$.

(22) 设$C(x)$：x是国家级运动员，$G(x)$：x是健壮的，则命题“没有一个国家级运动员不是健壮的”可符号化为(　　).

A. $\neg\forall x(C(x) \wedge \neg G(x))$；　B. $\neg\forall x(C(x) \to \neg G(x))$；

C. $\neg\exists x(C(x) \to \neg G(x))$；　D. $\neg\exists x(C(x) \wedge \neg G(x))$.

(23) 下列命题公式等值的是为(　　).

A. $\neg P \wedge \neg Q$，$P \vee Q$；　B. $A \to (A \to B)$，$\neg A \to (A \to B)$；

C. $Q \to (P \vee Q)$，$\neg Q \vee P \vee Q$；　D. $\neg A \vee (A \wedge B)$，B.

2. 填空题

(1) 设个体域$D=\{1,2\}$，$A(x)$为“x大于1”，则谓词公式$(\exists x)A(x)$的真值为________.

(2) 命题公式$P \to (Q \vee P)$的真值是________.

(3) 设P：他生病了，Q：他出差了，R：我同意他不参加学习，则命题“如果他生病或出差了，我就同意他不参加学习”符号化的结果为________.

(4) 含有三个命题变项P，Q，R的命题公式$P \wedge Q$的主析取范式是________.

(5) 设个体域$D=\{1,2,3,4\}$，$A(x)$为“x小于3”，则谓词公式$(\exists x)A(x)$的真值为________.

(6) 请将语句“除非你去，否则我不去”符号化为________.

(7) 请将语句“我去书店，仅当天不下雨”符号化为________.

(8) $(\forall x)(P(x)\to Q(x)\vee R(x,y))$中的自由变元为________.

(9) $A\wedge(A\to B)\Rightarrow$________.

(10) $\neg B\wedge(A\to B)\Rightarrow$________.

3. 求$P\to Q\vee R$的主析取范式.

4. 求命题公式$\neg(P\to Q)\wedge(P\to\neg Q)$的主析取范式、主合取范式.

5. 求命题公式$(P\vee\neg Q)\to(R\wedge Q)$的主析取范式、主合取范式.

6. 化简：(1) $(B\to(A\vee B))\leftrightarrow(\neg A\wedge(A\vee B))$;

(2) $A\wedge\neg B\leftrightarrow A\vee B$.

7. 设谓词公式$(\exists x)(A(x,y)\to(\forall z)B(y,x,z))$，试求：

(1) 写出量词的辖域；

(2) 指出该公式的自由变元和约束变元.

8. 设解释I为：(1)定义域$D=\{-2,3,6\}$；(2) $F(x)$：$x\leqslant 3$；$G(x)$：$x>5$，在解释下求公式$\exists x(F(x)\vee G(x))$的真值.

9. 证明题

(1) 求证吸收律　$P\wedge(P\vee Q)\Leftrightarrow P$;

(2) 证明：$(P\to Q)\to(P\to(P\wedge Q))$是重言式.

习题参考答案

第 一 章

习题 1-1

1. $3A-2A^{T}=\begin{pmatrix}1&2&1\\-3&2&-3\\6&7&2\end{pmatrix}$, $2A+3A^{T}=\begin{pmatrix}5&-3&18\\-2&10&11\\17&9&10\end{pmatrix}$.

2. $\begin{cases}x_1=2\\x_2=1\\x_3=2\end{cases}$, $\begin{cases}y_1=5\\y_2=3\\y_3=2\end{cases}$.

3. $A=\begin{pmatrix}3&2&-2\\-1&-5&-6\end{pmatrix}$, $B=\begin{pmatrix}-1&2&2\\2&5&4\end{pmatrix}$.

4. (1) (9); (2) $\begin{pmatrix}-10&11\\32&24\end{pmatrix}$; (3) $((3x-4y)^2)$;

(4) $\begin{pmatrix}2&-4&0\\1&-2&0\\-1&2&0\end{pmatrix}$; (5) $\begin{pmatrix}6&-7&8\\20&-5&-2\end{pmatrix}$; (6) $\begin{pmatrix}1&2&5&2\\0&1&2&-4\\0&0&-4&3\\0&0&0&-9\end{pmatrix}$.

5. $\begin{pmatrix}2&2&-2\\2&0&0\\4&-4&-2\end{pmatrix}$.

6. (1) $AB=\begin{pmatrix}1&0&0\\0&1&0\\0&0&1\end{pmatrix}$, $BA=\begin{pmatrix}1&0&0\\0&1&0\\0&0&1\end{pmatrix}$;

(2) $AB=\begin{pmatrix}1&0\\0&1\end{pmatrix}$, $BA=\begin{pmatrix}1&0\\0&1\end{pmatrix}$.

习题 1-2

1. (1) $\begin{pmatrix} 1 & 0 & 0 & \frac{121}{12} \\ 0 & 1 & 0 & \frac{29}{12} \\ 0 & 0 & 1 & \frac{1}{12} \end{pmatrix}$; (2) $\begin{pmatrix} 1 & 0 & 0 & \frac{17}{16} \\ 0 & 1 & 0 & \frac{37}{16} \\ 0 & 0 & 1 & -\frac{5}{16} \\ 0 & 0 & 0 & 0 \end{pmatrix}$; (3) $\begin{pmatrix} 1 & 1 & 0 & -\frac{5}{3} \\ 0 & 0 & 1 & \frac{2}{3} \\ 0 & 0 & 0 & 0 \end{pmatrix}$.

2. (1) 2; (2) 4; (3) 3; (4) 2.

3. $x=6$.

4. (1) $\begin{pmatrix} -2 & 1 & 1 \\ -6 & 1 & 4 \\ 5 & -1 & -3 \end{pmatrix}$; (2) $\begin{pmatrix} -\frac{5}{2} & 1 & -\frac{1}{2} \\ 5 & -1 & 1 \\ \frac{7}{2} & -1 & \frac{1}{2} \end{pmatrix}$;

(3) $\begin{pmatrix} 1 & 0 & 0 & 0 \\ -a & 1 & 0 & 0 \\ 0 & -a & 1 & 0 \\ 0 & 0 & -a & 1 \end{pmatrix}$; (4) $\begin{pmatrix} 1 & -3 & 1 & -20 \\ 0 & 1 & -2 & 1 \\ 0 & 0 & 1 & -2 \\ 0 & 0 & 0 & 1 \end{pmatrix}$;

(5) $\begin{pmatrix} \frac{1}{4} & \frac{1}{4} & \frac{1}{4} & \frac{1}{4} \\ \frac{1}{4} & \frac{1}{4} & -\frac{1}{4} & -\frac{1}{4} \\ \frac{1}{4} & -\frac{1}{4} & \frac{1}{4} & -\frac{1}{4} \\ \frac{1}{4} & -\frac{1}{4} & -\frac{1}{4} & \frac{1}{4} \end{pmatrix}$.

5. (1) $\boldsymbol{X}=\begin{pmatrix} -\frac{1}{6} & \frac{4}{3} \\ \frac{11}{6} & \frac{1}{3} \\ -\frac{4}{3} & -\frac{1}{3} \end{pmatrix}$; (2) $\boldsymbol{X}=\begin{pmatrix} -\frac{5}{2} & -4 & -\frac{7}{2} \\ -1 & -2 & -2 \end{pmatrix}$.

6. $\boldsymbol{X}=\begin{pmatrix} -1 & 0 & 0 \\ 2 & -1 & 0 \\ 0 & 2 & -1 \end{pmatrix}$.

7. (1) $\begin{pmatrix}1&4&-3&1&4\\0&11&-7&5&9\\0&0&0&0&0\end{pmatrix}$, $\begin{pmatrix}1&0&-\frac{5}{11}&-\frac{9}{11}&\frac{8}{11}\\0&1&-\frac{7}{11}&\frac{5}{11}&\frac{9}{11}\\0&0&0&0&0\end{pmatrix}$, $r(\boldsymbol{A})=2$;

(2) $\begin{pmatrix}1&4&-5\\0&1&-2\\0&0&0\\0&0&0\\0&0&0\end{pmatrix}$, $\begin{pmatrix}1&0&3\\0&1&-2\\0&0&0\\0&0&0\\0&0&0\end{pmatrix}$, $r(\boldsymbol{A})=2$;

(3) $\begin{pmatrix}1&-3&4&5\\0&4&-1&-1\\0&0&0&0\end{pmatrix}$, $\begin{pmatrix}1&0&\frac{13}{4}&\frac{17}{4}\\0&1&-\frac{1}{4}&-\frac{1}{4}\\0&0&0&0\end{pmatrix}$, $r(\boldsymbol{A})=2$;

(4) $\begin{pmatrix}1&2&-1\\0&1&3\\0&0&-11\end{pmatrix}$, $\begin{pmatrix}1&0&0\\0&1&0\\0&0&1\end{pmatrix}$, $r(\boldsymbol{A})=3$.

8. 是满秩矩阵.

9. $x=-1$.

10. 可逆，$\boldsymbol{A}^{-1}=\begin{pmatrix}2&-1&1\\4&-2&1\\-\frac{3}{2}&1&-\frac{1}{2}\end{pmatrix}$.

11. (1) $\boldsymbol{X}=\begin{pmatrix}-\frac{1}{5}&\frac{4}{5}\\-\frac{4}{5}&\frac{6}{5}\end{pmatrix}$; (2) $\boldsymbol{X}=\begin{pmatrix}-11\\-12\\16\end{pmatrix}$; (3) $\boldsymbol{X}=\begin{pmatrix}-\frac{11}{2}&-\frac{7}{2}\\\frac{3}{2}&1\end{pmatrix}$.

12. 当 $a\neq1$ 时，A 为满秩矩阵；当 $a=1$ 时，$r(\boldsymbol{A})=2$.

习题 1-3

1. (1) 有无穷多解；(2) 有唯一解；(3) 无解；(4) 无解.

2. (1) $\begin{cases}x_1=-c+2\\x_2=c+1\\x_3=-3\\x_4=c\end{cases}$ $(c\in\mathbf{R})$; (2) $\begin{cases}x_1=-2c_1+c_2+1\\x_2=c_1\\x_3=0\\x_4=c_2\end{cases}$ $(c_1,c_2\in\mathbf{R})$;

(3) $\begin{cases} x_1 = \dfrac{3}{4} \\ x_2 = \dfrac{17}{8} \\ x_3 = -\dfrac{1}{8} \end{cases}$； (4) 无解.

3. (1) $\begin{cases} x_1 = -2c_1 + \dfrac{7}{2}c_2 \\ x_2 = -c_1 - \dfrac{3}{2}c_2 \\ x_3 = c_1 \\ x_4 = c_2 \end{cases}$ $(c_1, c_2 \in \mathbf{R})$；(2) 只有零解.

4. (1) 当 $a \neq 0$ 且 $b \neq 1$ 时，有唯一解；

(2) 当 $b=1$，$a=\dfrac{1}{2}$时，有无穷多解，通解为$\begin{cases} x_1 = 2-c \\ x_2 = 2 \\ x_3 = c \end{cases}$ $(c \in \mathbf{R})$；

(3) 其余情形无解.

习题 1-4

1. $\boldsymbol{A}^{-1} = \begin{pmatrix} \dfrac{1}{2} & -\dfrac{3}{2} & -\dfrac{3}{2} \\ \dfrac{1}{2} & -\dfrac{5}{2} & -\dfrac{3}{2} \\ -\dfrac{1}{2} & \dfrac{7}{2} & \dfrac{5}{2} \end{pmatrix}$，秩为 3.

2. $\begin{pmatrix} 1.0000 & 0 & 0 & -4.2308 \\ 0 & 1.0000 & 0 & -5.0769 \\ 0 & 0 & 1.0000 & 5.1538 \end{pmatrix}$.

3. (1) $x = k_1(2,1,0,0)^{\mathrm{T}} + k_2\left(\dfrac{2}{7}, 0, -\dfrac{5}{7}, 1\right)^{\mathrm{T}}$ (k_1, k_2 为任意常数)；

(2) $x = k_1\left(\dfrac{45}{14}, \dfrac{12}{7}, 1, 0\right) + k_2\left(\dfrac{17}{14}, \dfrac{5}{7}, 0, 1\right) + \left(\dfrac{12}{7}, \dfrac{5}{7}, 0, 0\right)$ (k_1, k_2 为任意常数).

复 习 题 一

1. (1) D；(2) A；(3) D；(4) B；(5) C.

2. (1) -1；(2) $n-r$；(3) n；(4) $\boldsymbol{A}^{-1}(\boldsymbol{C}-2\boldsymbol{B})$；(5) n，s.

3. $\begin{pmatrix}-5 & -4\\1 & 0\\-6 & 1\end{pmatrix}$, $\begin{pmatrix}-7 & -2\\2 & 3\\-3 & 2\end{pmatrix}$.

4. $\boldsymbol{AB}=\begin{pmatrix}1 & 2\\0 & -1\\-1 & 8\end{pmatrix}$, $(\boldsymbol{AB})^{\mathrm{T}}=\begin{pmatrix}1 & 0 & -1\\2 & -1 & 8\end{pmatrix}$, $\boldsymbol{B}^{\mathrm{T}}\boldsymbol{A}=\begin{pmatrix}-7 & 2 & 5\\8 & 3 & -2\end{pmatrix}$.

5. (1) $r(\boldsymbol{A})=2$; (2) $r(\boldsymbol{A})=3$.

6. 可逆, $\boldsymbol{A}^{-1}=\begin{pmatrix}4 & 7 & 14\\-2 & -3 & -7\\-1 & -2 & -4\end{pmatrix}$.

7. $\boldsymbol{X}=\begin{pmatrix}2 & 0 & 1\\0 & 3 & 0\\1 & 0 & 2\end{pmatrix}$.

8. 当 $a\neq1$, $b\neq2$ 时, $r(\boldsymbol{A})=4$, 矩阵 $\boldsymbol{A}$ 为满秩矩阵;
当 $a\neq1$ 且 $b=2$ 或 $a=1$ 且 $b\neq2$ 时, $r(\boldsymbol{A})=3$;
当 $a=1$, $b=2$ 时, $r(\boldsymbol{A})=2$.

9. $\boldsymbol{X}=\begin{pmatrix}0\\2\\-1\end{pmatrix}$.

10. (1) $\begin{cases}x_1=-\dfrac{1}{2}c+\dfrac{7}{2}\\x_2=\dfrac{3}{4}c-\dfrac{1}{4}\\x_3=c\\x_4=-2\end{cases}$ $(c\in\mathbf{R})$; (2) $\begin{cases}x_1=-\dfrac{1}{2}\\x_2=\dfrac{5}{6}\\x_3=\dfrac{1}{3}\end{cases}$; (3) 无解;

(4) $\begin{cases}x_1=-c-1\\x_2=-c\\x_3=c+1\\x_4=c\end{cases}$ $(c\in\mathbf{R})$; (5) $\begin{cases}x_1=\dfrac{5}{4}c\\x_2=-\dfrac{1}{2}c\\x_3=\dfrac{3}{4}c\\x_4=c\end{cases}$ $(c\in\mathbf{R})$;

(6) $\begin{cases}x_1=5c_1-2c_2\\x_2=-2c_1+3c_2\\x_3=c_1\\x_4=c_2\end{cases}$ $(c_1,c_2\in\mathbf{R})$.

第 二 章

习题 2-1

1. (1) $\{1,2,3,4,5,6,7,8,9\}$; (2) $\{-3,-2,-1,0,1,2,3\}$;
(3) $\{3,4,5,6,7,8,9\}$; (4) $\{-3,-1,1,3\}$.

2. (1) $\{x \mid 0\leqslant x<5 \text{ 且 } x\in\mathbf{Z}\}$; (2) $\{x \mid x=3k,k\in\mathbf{Z}\}$;
(3) $\{x \mid |x|\leqslant 2,k\in\mathbf{Z}\}$; (4) $\{(x,y) \mid x^2+y^2<1,\ x,y\in\mathbf{R}\}$.

3. $\{\varnothing,\{a\},\{b\},\{c\},\{d\},\{a,b\},\{a,c\},\{a,d\},\{b,c\},\{b,d\},\{c,d\},\{a,b,c\},\{a,b,d\},\{b,c,d\},\{a,c,d\},\{a,b,c,d\}\}$.

4. (1) √; (2) ×; (3) ×; (4) √; (5) √; (6) ×; (7) √; (8) ×.

5. $\{a,b,c,d,e,f,g\}$, $\{a,c,e\}$, $\{b,d\}$, $\{b,d,f,g\}$.

6. (1) $\{\varnothing,\{a\},\{b\},\{c\},\{a,b\},\{a,c\},\{b,c\},\{a,b,c\}\}$;
(2) $\{\varnothing,\{\{a,b\}\},\{c\},\{\{a,b\},c\}\}$;
(3) $\{\varnothing,\{\varnothing\},\{\{\varnothing\}\},\{\varnothing,\{\varnothing\}\}\}$; (4) $\{\varnothing,\{1\},\{\{\varnothing,1\}\},\{1,\{\varnothing,1\}\}\}$.

7. $\{x \mid x>3,x\in\mathbf{R}\}$, $\{x \mid 4<x<5,x\in\mathbf{R}\}$,
$\{x \mid 3<x\leqslant 4,x\in\mathbf{R}\}$, $\{x \mid 3<x\leqslant 4 \text{ 或 } x\geqslant 5,x\in\mathbf{R}\}$.

8. $\{4,5,6\}$, $\{2,4,6\}$, $\{2,4,5,6\}$, $\{4,6\}$, $\{4,6\}$, $\{2,4,5,6\}$.

9. 140.

10. 22.

11. 74.

12. (1) $A\cup B$; (2) $\varnothing$; (3) $B-A$; (4) A.

13. 略.

14. $\{(a,3),(b,3)\}$, $\{(a,1),(a,2),(a,3),(b,1),(b,2),(b,3)\}$, $\{(a,3),(a,4),(b,3),(b,4)\}$.

15. $\{(a,0),(a,1),(b,0),(b,1),(c,0),(c,1)\}$, $\{(0,a),(0,b),(0,c),(1,a),(1,b),(1,c)\}$, $\{(a,a),(a,b),(a,c),(b,a),(b,b),(b,c),(c,a),(c,b),(c,c)\}$, $\{(0,0),(0,1),(1,0),(1,1)\}$, $\varnothing$.

16. $\{(1,a,x),(1,b,x),(2,a,x),(2,b,x)\}$, $\{((1,a),x),((1,b),x),((2,a),x),((2,b),x)\}$, $\{(1,(a,x)),(1,(b,x)),(2,(a,x)),(2,(b,x))\}$.

习题 2-2

1. $\{(1,a),(1,b),(2,a),(2,b),(3,a),(3,b)\}$.

2. (1) $\{(1,1),(1,2),(1,3),(1,4),(1,5),(1,6),(2,2),(2,4),(2,6),$

(3,3),(3,6),(4,4),(5,5),(6,6)};

(2) {(1,5),(2,4),(3,3),(4,2),(5,1)};

(3) {(2,1),(3,2),(4,3),(5,4),(6,5)}.

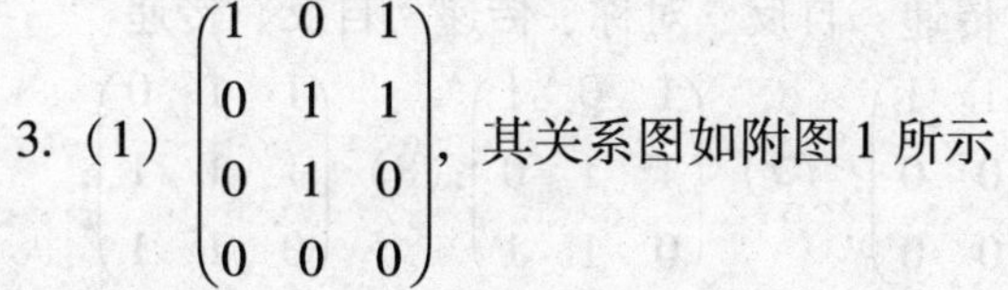

3. (1) $\begin{pmatrix} 1 & 0 & 1 \\ 0 & 1 & 1 \\ 0 & 1 & 0 \\ 0 & 0 & 0 \end{pmatrix}$，其关系图如附图 1 所示.

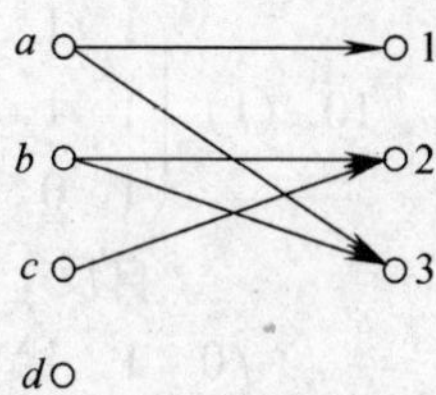

附图 1

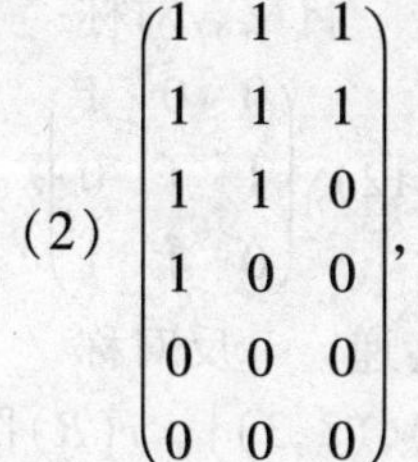

(2) $\begin{pmatrix} 1 & 1 & 1 \\ 1 & 1 & 1 \\ 1 & 1 & 0 \\ 1 & 0 & 0 \\ 0 & 0 & 0 \\ 0 & 0 & 0 \end{pmatrix}$，其关系图如附图 2 所示.

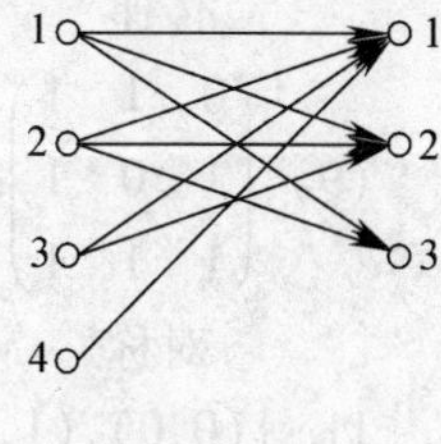

附图 2

4. $\{(1,\beta),(2,\beta)\}$，$\begin{pmatrix} 0 & 1 \\ 0 & 1 \end{pmatrix}$.

5. {(1,1),(1,2),(1,3),(2,3),(3,2),(3,3)},{(1,1),(1,3),(2,1),(2,2),(3,1),(3,3)}，{(1,1),(1,2),(1,3),(2,1),(2,3),(3,1),(3,2),(3,3)},{(1,1),(1,3),(2,2),(2,3),(3,3)}.

6. (1) $\{(a,a),(a,b),(b,b),(c,b),(c,c)\}$；(2) $\begin{pmatrix} 1 & 0 & 0 \\ 1 & 1 & 0 \\ 0 & 0 & 1 \end{pmatrix}$，$\begin{pmatrix} 1 & 0 & 0 \\ 1 & 1 & 1 \\ 0 & 0 & 1 \end{pmatrix}$.

7. 自反、对称、传递关系.

8. R 是自反的和传递的关系，S 是对称关系，T 是传递关系.

9. $\{(a,a),(a,b),(b,b),(b,c),(c,a),(c,c)\}$，$r(R)$ 图如附图 3 所示.

$\{(a,b),(a,c),(b,a),(b,c),(c,b),(c,a)\}$，$s(R)$ 图如附图 4 所示.

$\{(a,a),(a,b),(a,c),(b,a),(b,b),(b,c),(c,a),(c,b),(c,c)\}$，$t(R)$ 图如附图 5 所示.

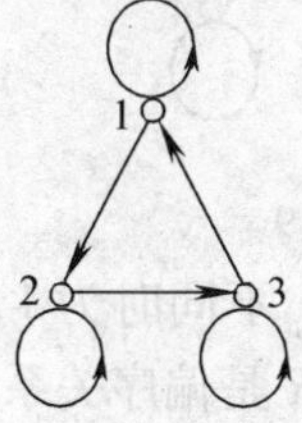

附图 3

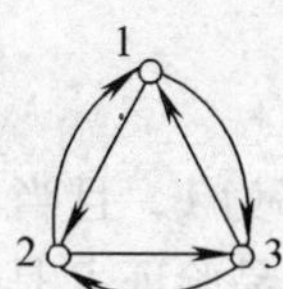

附图 4

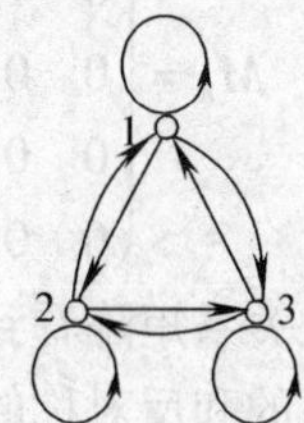

附图 5

10. (1) $\begin{pmatrix}1&1&0\\1&1&1\\1&0&1\end{pmatrix}$；(2) $\begin{pmatrix}1&1&0\\0&0&0\\1&1&0\end{pmatrix}$；(3) $\begin{pmatrix}1&1&1\\1&1&1\\1&1&1\end{pmatrix}$；(4) $\begin{pmatrix}1&1&1\\0&1&1\\0&1&1\end{pmatrix}$；

自反　反对称、传递　自反、对称、传递　自反、传递

(5) $\begin{pmatrix}0&1&1\\1&1&0\\1&1&0\end{pmatrix}$；(6) $\begin{pmatrix}1&1&1\\1&0&0\\1&0&0\end{pmatrix}$；(7) $\begin{pmatrix}1&0&1\\1&1&0\\0&1&1\end{pmatrix}$；(8) $\begin{pmatrix}1&1&0\\1&1&1\\0&1&1\end{pmatrix}$；

传递　对称　自反、反对称　自反、对称

(9) $\begin{pmatrix}0&1&1\\1&0&1\\1&1&1\end{pmatrix}$；(10) $\begin{pmatrix}1&0&1\\1&0&0\\0&1&0\end{pmatrix}$；(11) $\begin{pmatrix}1&0&0\\1&1&1\\1&0&1\end{pmatrix}$；(12) $\begin{pmatrix}0&0&1\\1&1&0\\0&1&1\end{pmatrix}$.

对称　反对称　自反、反对称、传递　反对称

11. $\{(0,0),(1,0),(1,1),(1,2),(2,2),(2,3),(3,2),(3,3)\}$，$r(R)$图如附图 6 所示.

$\{(0,0),(0,1),(1,0),(1,2),(2,1),(2,3),(3,2)\}$，$s(R)$图如附图 7 所示.

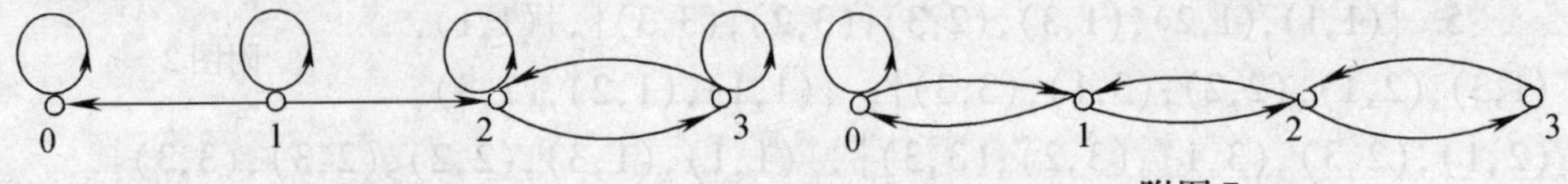

附图 6　附图 7

$\{(0,0),(1,0),(1,2),(1,3),(2,2),(2,3),(3,2),(3,3)\}$，$t(R)$图如附图 8 所示.

附图 8

12. R 是等价关系，S 和 T 都不是等价关系.

13. 其关系图如附图 9 所示.

14. R 的关系矩阵

$$\boldsymbol{M}_R=\begin{pmatrix}1&1&1&1&1\\0&1&0&0&1\\0&0&1&0&1\\0&0&0&1&1\\0&0&0&0&1\end{pmatrix}$$

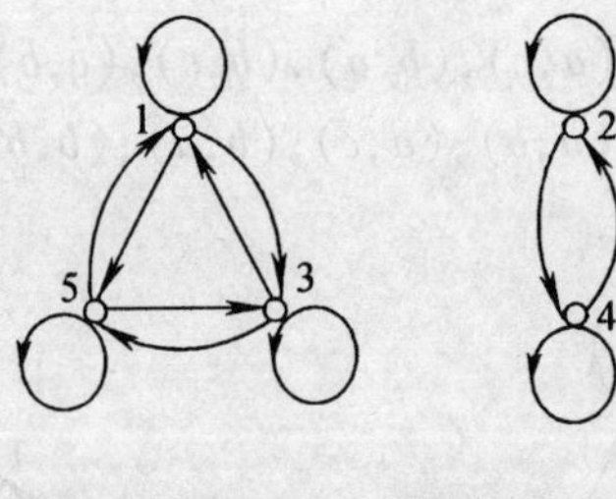

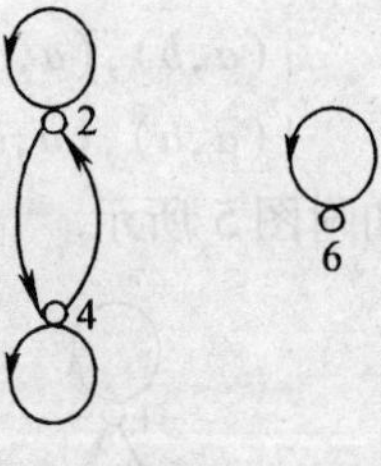

附图 9

从关系矩阵看到对角线元素都为 1，且当 $i\neq j$ 时，r_{ij}与 r_{ji}不同时为 1，故 R 是自反的和反对称的，从关系图容易验证 R 是传递的，因此 R 是偏序关系.

哈斯图如附图 10 所示.

15. $R=\{(2,2),(2,6),(2,10),(3,3),(3,6),(3,15),(5,5),(5,10),(5,15),$

$(6,6),(10,10),(15,15)\}$ R 是自反、反对称、传递的，所以 R 是偏序关系.

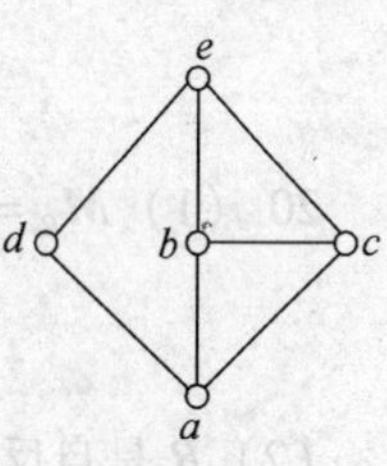

附图 10

哈斯图如附图 11 所示.

最大元 15，无最小元，极大元 15，极小元 2，3，5.

16. 哈斯图如附图 12 所示.

B 无最大元，无最小元，极大元 4，7，9，极小元 3，4，7；

C 最大元 18，最小元 3，极大元 18，极小元 3；

D 无最大元，最小元 3，极大元 12，15，18，极小元 3.

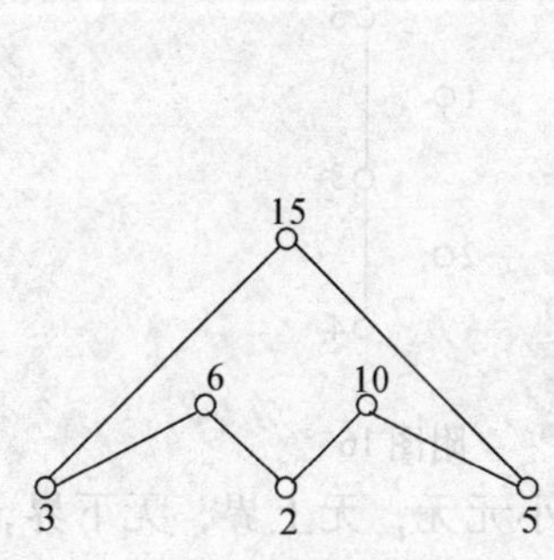

附图 11

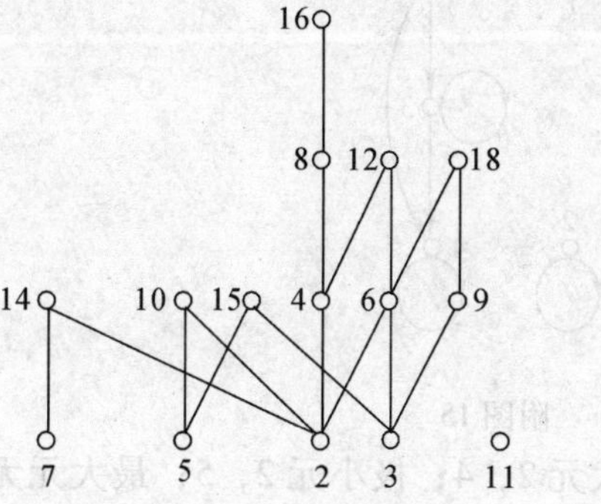

附图 12

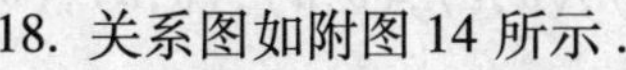

17. 哈斯图如附图 13 所示.

A_1 的最大元 4，最小元 2，极大元 4，极小元 2，上界 4，12，最小上界 4，下界 2，最大下界 2；

A_2 的最大元无，最小元无，极大元 4，6，9，极小元 4，6，9，上界无，最小上界无，下界无，最大下界无；

A_3 的最大元无，最小元无，极大元 12，18，极小元 12，18，上界无，最小上界无，下界 2，3，6，最大下界 6.

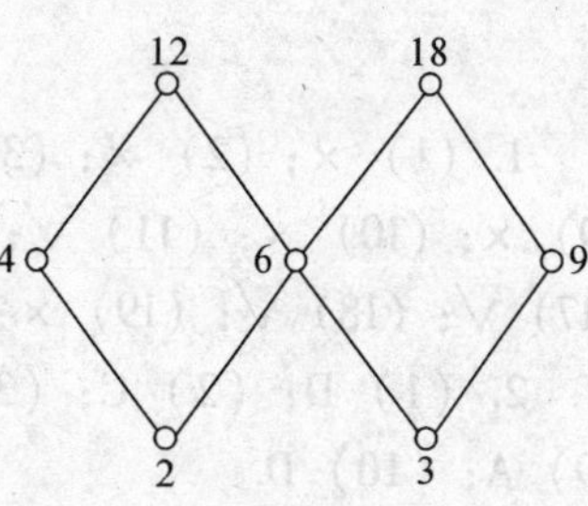

附图 13

18. 关系图如附图 14 所示.

每个结点都有环，R 是自反的；两个结点若有弧，则有两个，R 是对称的；R 是传递的，则是等价关系.

19. 证明略，等价类为 $[0]=\{\cdots,-10,-5,0,5,10,\cdots\}$

$[1]=\{\cdots,-9,-4,1,6,11,\cdots\}$

$[2]=\{\cdots,-8,-3,2,7,12,\cdots\}$

$[3]=\{\cdots,-7,-2,3,8,13,\cdots\}$

$[4]=\{\cdots,-6,-1,4,9,14,\cdots\}$

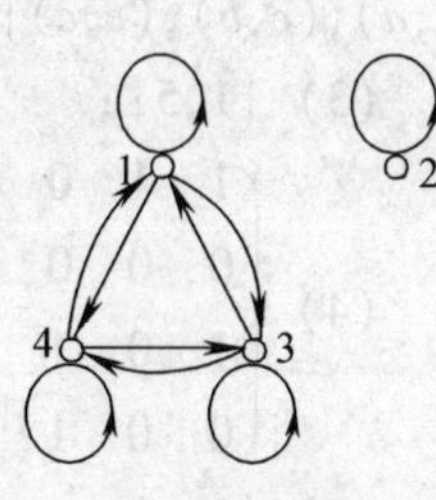

附图 14

20. (1) $M_R = \begin{pmatrix} 1 & 0 & 0 & 0 & 0 \\ 0 & 1 & 0 & 0 & 0 \\ 0 & 0 & 1 & 1 & 0 \\ 0 & 0 & 0 & 1 & 0 \\ 0 & 0 & 1 & 1 & 1 \end{pmatrix}$，关系图如附图 15 所示.

(2) R 是自反的、反对称、传递的，R 是偏序关系，哈斯图如附图 16 所示.

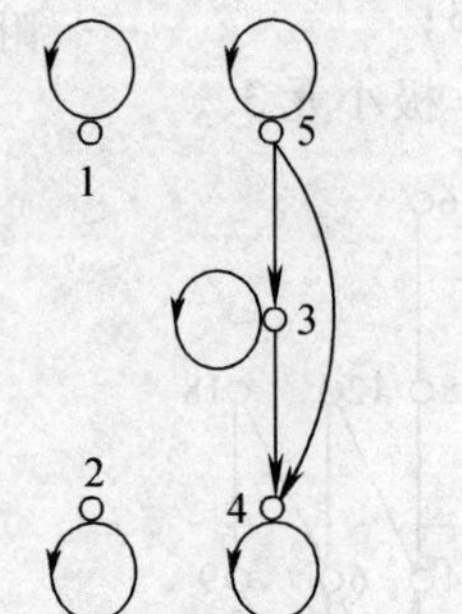

附图 15

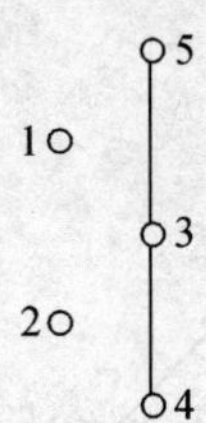

附图 16

(3) 极大元 2，4；极小元 2，5；最大元无，最小元无，无上界，无下界，更无最小上界和最大下界.

复习题二

1. (1) ×；(2) ×；(3) √；(4) ×；(5) √；(6) √；(7) √；(8) ×；(9) ×；(10) ×；(11) √；(12) ×；(13) ×；(14) √；(15) ×；(16) √；(17) √；(18) √；(19) ×；(20) √.

2. (1) D；(2) C；(3) B；(4) A；(5) C；(6) C；(7) D；(8) B；(9) A；(10) D.

3. (1) $\{1,3\}, \{1,3\}, \{5,9\}, \{2,3,4,9\}$；

(2) $\{(a,a),(b,b),(c,c)\}$，$\{(a,a),(a,b),(a,c),(b,a),(b,b),(b,c),(c,a),(c,b),(c,c)\}$；

(3) $\{1,5\}$；

(4) $\begin{pmatrix} 1 & 1 & 0 & 0 \\ 0 & 0 & 0 & 0 \\ 1 & 0 & 1 & 1 \\ 0 & 0 & 1 & 0 \end{pmatrix}$，关系图如附图 17 所示.

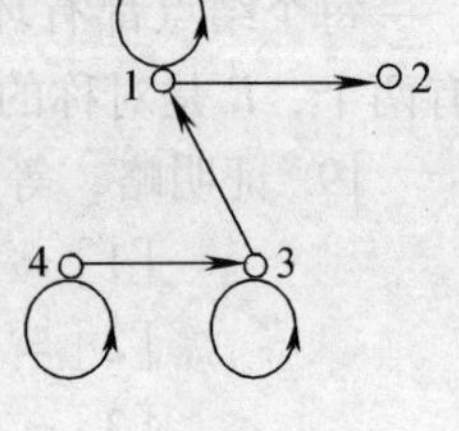

附图 17

(5) $\{(a,1),(a,2),(b,1),(b,2)\}$；(6) $\{1,2,3\}$，$\varnothing$；

(7) 反对称，自反、传递；(8) 对称，自反、传递；(9) 自反，对称，传递；(10) 自反，反对称，传递.

4. (1) ①$\{1,2,7\}$，②$\{1,2,3,4,6,7,8\}$，③$\{4,5\}$，④$\{0,2,3,4,5,6,8,16,32,64\}$；

(2) $\{x \mid -4 < x \leqslant 1$ 或 $3 \leqslant x < 4\}$；(3) ①$\{1,3,5,7,9\}$，②$\{x \mid x \in \mathbf{Z}\}$，③$\varnothing$，④$\{\varnothing\}$；

(4) $\{(2,0),(2,1),(3,1),(3,2)\}$，$\{(1,0),(2,0),(2,1),(3,1)\}$，$\{(1,0),(1,1),(2,0),(2,1),(2,2),(3,1),(3,2)\}$；

(5) 157 个；(6) 10 人.

5. (1) $A \cup B$；(2) A，(3) A，(4) $\overline{A} \cap B$.

6. $\boldsymbol{M}_R = \begin{pmatrix} 1 & 1 & 0 & 1 \\ 0 & 0 & 1 & 1 \\ 0 & 0 & 1 & 0 \\ 0 & 1 & 0 & 0 \end{pmatrix}$，关系图如附图 18 所示.

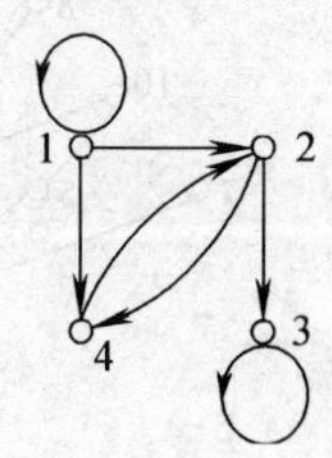

附图 18

7. $\{(1,1),(2,2),(2,3),(3,3),(4,4)\}$；$\{(1,1),(2,2),(2,3),(3,2),(4,4)\}$；$\{(1,1),(2,2),(2,3),(4,4)\}$，各关系图如附图 19 所示.

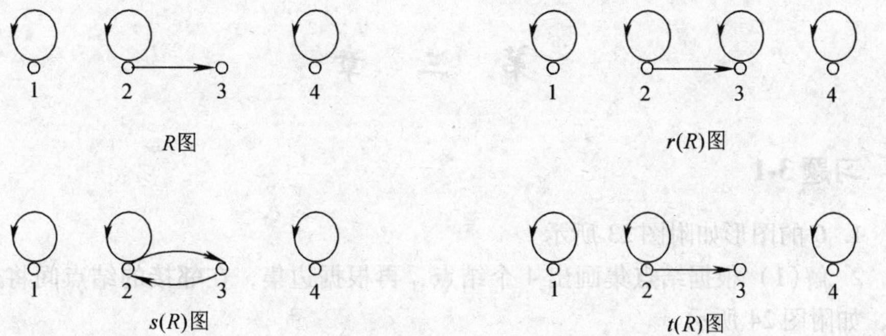

附图 19

8. 哈斯图如附图 20 所示.

9. 哈斯图如附图 21 所示.

B 的极大元 8，12，极小元 2，最大元无，最小元 2，上界无，最小上界无，下界 1，2，最大下界 2；C 的极大元 7，10，极小元 2，5，7，最大元无，最小元无，上界无，最小上界无，下界 1，最大下界 1.

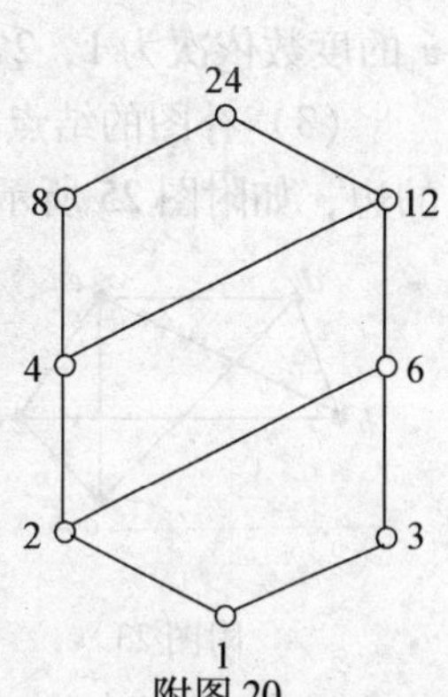

附图 20

10. 哈斯图(略). (1) A 的最大元 24，最小元无，极大元 24，极小元 2、3、5；(2) B 的上界 6、12、24，下界无，最小上界 6，最大下界无；(3) C 的上界无，下界无，最小上界无，最大下界无.

11. (1) dRa，aRa 为真.

(2) 有向图如附图 22 所示.

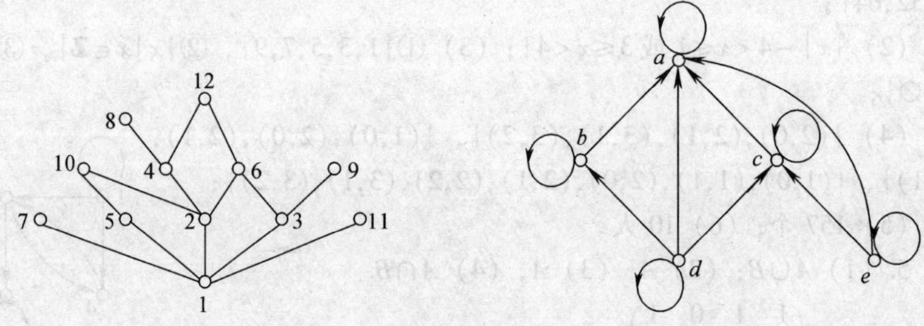

附图 21　　　　附图 22

(3) 最大元为 a、最小元无，极大元为 a、极小元 d 和 e.

(4) 子集$\{b,c,d\}$的上界为 a，下界为 d，最小上界为 a，最大下界为 d；子集$\{c,d,e\}$的上界为 c，a，下界无，最小上界为 c；子集$\{a,b,c\}$的上界为 a，下界为 d，最小上界为 a，最大下界为 d.

第　三　章

习题 3-1

1. G 的图形如附图 23 所示.

2. 解(1) 根据结点集画出 4 个结点，再根据边集，在邻接的结点间将边画出，如附图 24 所示.

(2) 在图中观察每个结点连接的边数，计算结点的度数. 结点 v_1，v_2，v_3，v_4的度数依次为 1，2，3，2.

(3) 补图的结点集与原图相同，边集就是完全图的边去掉原图的边所剩下的边，如附图 25 所示.

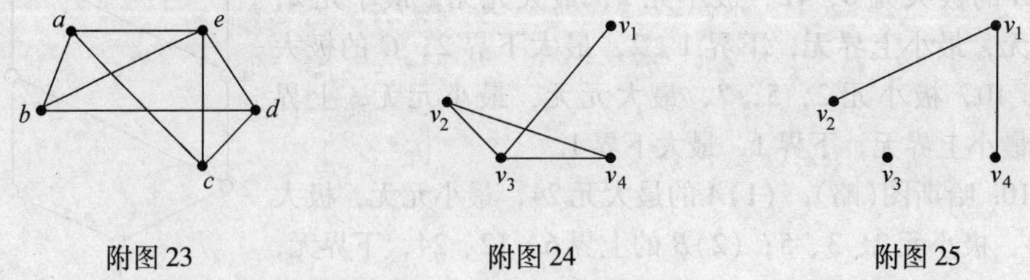

附图 23　　　　附图 24　　　　附图 25

3. 15.

4. 4 个.

5. 有，如“甲”与“由”.

6.
$$\begin{array}{c} \\ a\\ b\\ c\\ d\\ e \end{array}\begin{array}{c} \begin{array}{ccccc} a & b & c & d & e \end{array}\\ \begin{pmatrix} 0 & 1 & 1 & 0 & 1\\ 1 & 0 & 0 & 1 & 1\\ 1 & 0 & 0 & 1 & 1\\ 0 & 1 & 1 & 0 & 1\\ 1 & 1 & 1 & 1 & 0 \end{pmatrix} \end{array}$$

7. 5 条边.

8. 5 个点，6 条边.

9. 设以人为顶点，语言为边，这是个连通图.

10. 图中结点$\{v_1,v_2,v_3,v_4\}$构成的子图是强连通图，结点$\{v_1,v_2,v_3,v_4,v_5\}$构成的子图是单向连通图，强连通图和单向连通图也是弱连通图.

11. (1)单向连通图；(2)不是任何连通图；(3)是强连通图.

12. 解(1) 图 G 是有向图，如附图 26 所示.

附图 26

(2) 邻接矩阵如下：

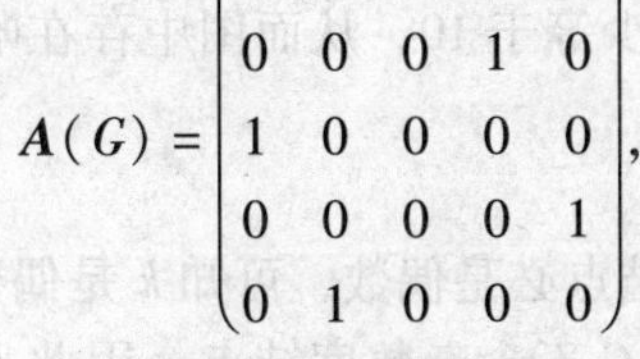

$$\boldsymbol{A}(G)=\begin{pmatrix} 0 & 1 & 0 & 0 & 0\\ 0 & 0 & 0 & 1 & 0\\ 1 & 0 & 0 & 0 & 0\\ 0 & 0 & 0 & 0 & 1\\ 0 & 1 & 0 & 0 & 0 \end{pmatrix},$$

(3) 图 G 是单侧连通图，也是弱连通图.

13. 图 3-28a 点割集$\{b,d\}$，$\{a,c\}$，$\{b,e\}$；图 3-28b 点割集$\{f\}$，$\{c,e\}$.

14. $\{(a,d),(b,d)\}$是边割集.

15. **证** 设 $G=<V,E>$，$\overline{G}=<V,E'>$，则 E'是由 n 个结点无向完全图 K_n 的边删去 E 所得到的. 所以对于任意结点 $u\in V$，u 在 G 和 $\overline{G}$ 中的度数之和等于 u 在 K_n 中的度数. 由于 n 是大于等于 3 的奇数，从而 K_n 的每个结点都是偶数度的 ($n-1(\geqslant 2)$度)，于是若 $u\in V$ 在 G 中是奇数度结点，则它在 $\overline{G}$ 中也是奇数度结点，故图 G 与它的补图 $\overline{G}$ 中的奇数度结点个数相等.

16. c 到 e：$d(c,e)=1$；

c 到 a：$d(c,a)=2$，$c\to e\to a$；

c 到 b：$d(c,b)=7$，$c\to e\to a\to b$；

c 到 d：$d(c,d)=9$，$c \to e \to a \to b \to d$；

c 到 f：$d(c,f)=9$，$c \to e \to f$.

习题 3-2

1. 不存在割边或割点，否则图中不会有由全部的边围成的回路.

2. 6 条边.

3. 不存在割边或割点，否则图中不可能存在哈密顿回路.

4. 因为无向完全图 K_n 的总度数为 $n(n-1)$，平均每个结点的度数为 $n-1$，如果 K_n 中存在欧拉图，则每个结点的度数 $n-1$ 均为偶数，所以 n 为奇数；$n=2$.

5. 图 3-38a 没有欧拉回路，因为图 G 为中包含度数为奇数的结点；图 3-38b 有欧拉回路，因为图 G 为连通的，且结点 v_1，v_2，v_3，v_4，v_5 的度数分别为 2，4，4，4，4，均为偶数，不含奇数度结点，所以 G 存在一条欧拉回路.

6. 错误. 根据欧拉图定义，缺少连通的条件. 当图 G 不连通时，图 G 不是欧拉图.

7. (1) 图 G_1 是欧拉图，因为图 G_1 是连通的，图 G_1 中每个结点的度数都是偶数；

(2) 图 G_2 是哈密顿图，因为图 G_2 存在一条哈密顿回路(不唯一)：

$$a(a,b)b(b,e)e(e,f)f(f,g)g(g,d)d(d,c)c(c,a)a$$

8. 可能. 将每个人看成图的一个顶点，若是朋友就用一条边把视作朋友的两个顶点连接起来. 因此，每个顶点的度数都至少等于 10，从而图中存在哈密顿回路. 按照这条回路排座位就行.

9. 可能.

10. **证** 由推论知，任何图中度数为奇数的结点必是偶数，可知 k 是偶数. 又根据定理，图 G 是欧拉图的充分必要条件是图 G 不含奇数度结点. 因此只要在每对奇数度结点之间各加一条边，使图 G 的所有结点的度数变为偶数，成为欧拉图. 故最少要加 $\frac{k}{2}$ 条边到图 G 才能使其成为欧拉图.

11. 图 G 中有一个割点，因而图 G 不可能是哈密顿图. 取 $V_1=\{d\}$，则 $W(G-V_1)=2>|V_1|=1$，根据哈密顿图的必要条件可知图 G 不是哈密顿图. 但有哈密顿路.

图 H 是哈密顿图，因为存在一条经过每个结点一次且仅一次的回路. 例如，$v_1(v_1,v_2)v_2(v_2,v_3)v_3(v_3,v_4)v_4(v_4,v_1)v_1$.

习题 3-3

1. 图 T 为树的等价定义之一是图 T 连通且 $e=v-1$. 把 m 代入公式 $e=n-1$

中的 e，把 n 代入公式 $e=v-1$ 中的 v，并把 $n-1$ 移到等号左边，可以得到 $m-n+1$.

2. $e=v-1$.

3. 5.

4. 4.

5. 5.

6.（1）G 的图形如附图 27 所示 .

（2）邻接矩阵：

$$\begin{pmatrix} 0 & 1 & 1 & 0 & 1 \\ 1 & 0 & 0 & 1 & 1 \\ 1 & 0 & 0 & 1 & 1 \\ 0 & 1 & 1 & 0 & 1 \\ 1 & 1 & 1 & 1 & 0 \end{pmatrix}$$

（3）如附图 28 所示，粗线表示最小的生成树；权 7.

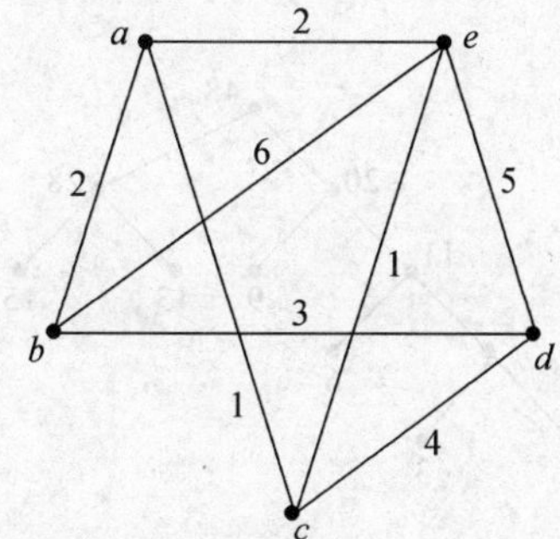

附图 27

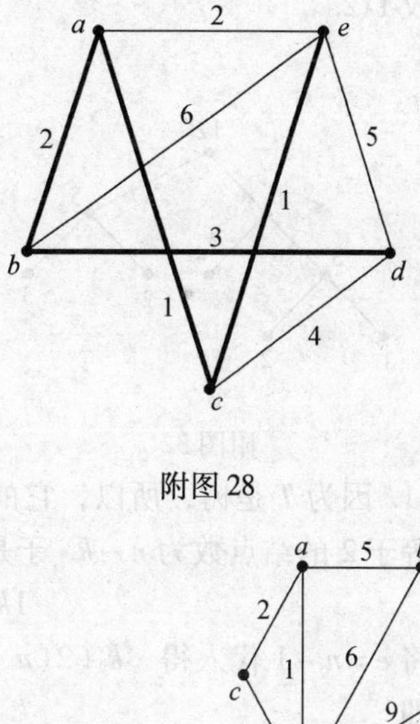

附图 28

7.（1）G 的图形如附图 29 所示 .

（2）邻接矩阵：

$$\begin{pmatrix} 0 & 1 & 1 & 0 & 1 & 0 \\ 1 & 0 & 0 & 1 & 1 & 0 \\ 1 & 0 & 0 & 0 & 1 & 0 \\ 0 & 1 & 0 & 0 & 1 & 1 \\ 1 & 1 & 1 & 1 & 0 & 1 \\ 0 & 0 & 0 & 1 & 1 & 0 \end{pmatrix}$$

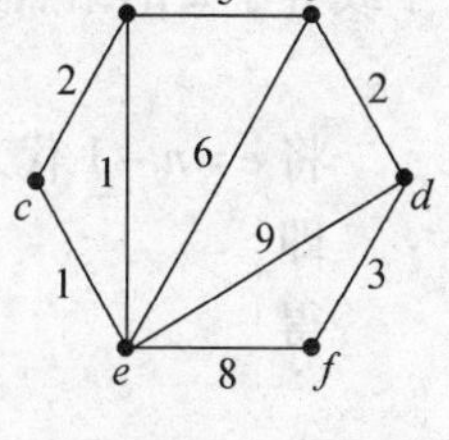

附图 29

（3）粗线表示最小的生成树，如附图 30 所示；权 12.

8.（1）最优二叉树，如附图 31 所示 .

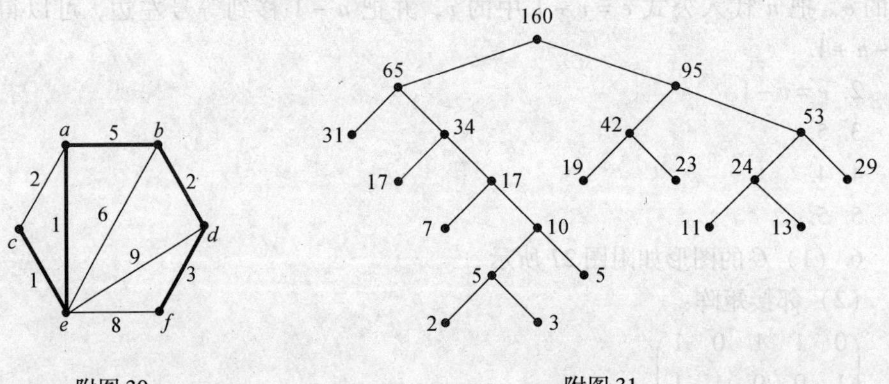

附图 30

附图 31

(2) 505.

9. 最优二叉树，如附图 32 所示 .

权 27.

10. 最优二叉树，如附图 33 所示 .

权 112.

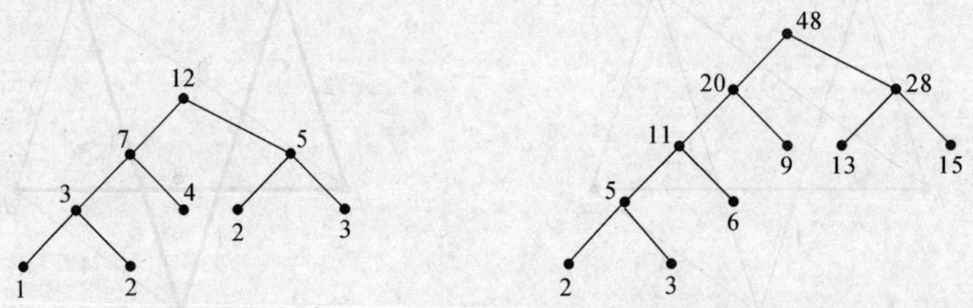

附图 32

附图 33

11. 因为 T 是树，所以，它的边数 $e=n-1$. 如果 T 的树叶数为 k，则度数大于或等于 2 的结点数为 $n-k$. 于是，有

$$1k+2(n-k)\leqslant 2m$$

将 $e=n-1$ 代入得 $\quad k+2(n-k)\leqslant 2(n-1)$

即 $$k+2n-2k\leqslant 2n-2$$

得 $$k\geqslant 2$$

复习题三

1. (1) A；(2) B；(3) B；(4) C；(5) D；(6) B；(7) C；(8) A；(9) D；(10) C；(11) B；(12) A；(13) C；(14) B；(15) A；(16) C；(17) B；(18) B；(19) D；(20) D；(21) C；(22) A；(23) A；(24) B.

2. (1) $\geqslant$; (2) $e=v-1$; (3) 6; (4) 等于出度; (5) 3 条边.

3. (1) G 的图形如附图 34 所示.

(2) 图 G 的邻接矩阵为

$$A=\begin{pmatrix}0&1&1&0&0\\1&0&1&1&0\\1&1&0&1&1\\0&1&1&0&1\\0&0&1&1&0\end{pmatrix}$$

(3) $\deg(v_1)=2$, $\deg(v_2)=3$, $\deg(v_3)=4$, $\deg(v_4)=3$, $\deg(v_5)=2$.

(4) 图 G 的补图的图形如附图 35 所示.

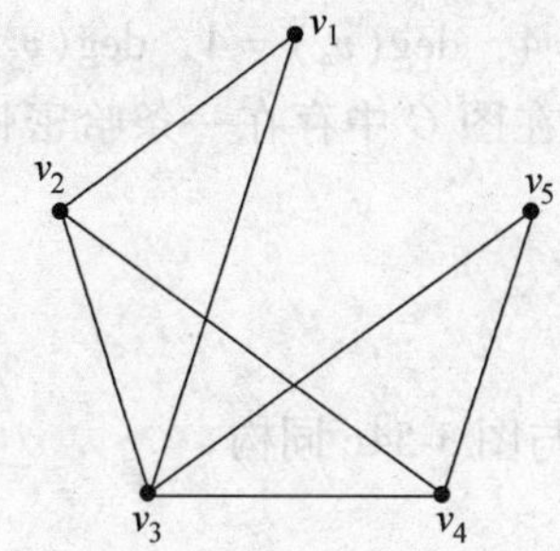

附图 34

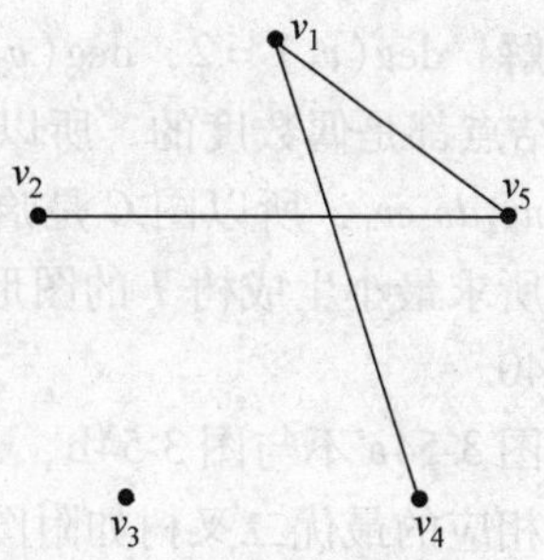

附图 35

4. **解** (1) $G=<V,E>$, 其中, $V=\{v_1,v_2,v_3,v_4,v_5,v_6\}$, $E=\{(v_1,v_2),(v_1,v_6),(v_2,v_3),(v_2,v_5),(v_2,v_6),(v_3,v_4),(v_3,v_5),(v_4,v_5),(v_5,v_6)\}$.

(2) 图 G 的邻接矩阵为

$$A=\begin{pmatrix}0&1&0&0&0&1\\1&0&1&0&1&1\\0&1&0&1&1&0\\0&0&1&0&1&0\\0&1&1&1&0&1\\1&1&0&0&1&0\end{pmatrix}$$

(3)

$$A^2=\begin{pmatrix}0&1&0&0&0&1\\1&0&1&0&1&1\\0&1&0&1&1&0\\0&0&1&0&1&0\\0&1&1&1&0&1\\1&1&0&0&1&0\end{pmatrix}\begin{pmatrix}0&1&0&0&0&1\\1&0&1&0&1&1\\0&1&0&1&1&0\\0&0&1&0&1&0\\0&1&1&1&0&1\\1&1&0&0&1&0\end{pmatrix}=\begin{pmatrix}2&1&1&0&2&1\\1&4&1&2&2&2\\1&1&3&1&2&2\\0&2&1&2&1&1\\2&2&2&1&4&1\\1&2&2&1&1&3\end{pmatrix}$$

$$A^3=\begin{pmatrix}2&1&1&0&2&1\\1&4&1&2&2&2\\1&1&3&1&2&2\\0&2&1&2&1&1\\2&2&2&1&4&1\\1&2&2&1&1&3\end{pmatrix}\begin{pmatrix}0&1&0&0&0&1\\1&0&1&0&1&1\\0&1&0&1&1&0\\0&0&1&0&1&0\\0&1&1&1&0&1\\1&1&0&0&1&0\end{pmatrix}=\begin{pmatrix}2&6&3&3&3&5\\6&6&8&3&9&7\\3&7&4&5&7&4\\3&3&5&2&6&3\\3&9&7&6&6&8\\5&7&4&3&8&4\end{pmatrix}$$

从结点 v_1 到 v_5 长度为 2 的路有 2 条，分别是 $v_1(v_1,v_2)v_2(v_2,v_5)v_5$，$v_1(v_1,v_6)v_6(v_6,v_5)v_5$；

由 A^3 的第 1 行第 5 列的元素为 3 可知，从结点 v_1 到 v_5 长度为 3 的路有 3 条，分别是 $v_1(v_1,v_2)v_2(v_2,v_3)v_3(v_3,v_5)v_5$，$v_1(v_1,v_2)v_2(v_2,v_6)v_6(v_6,v_5)v_5$，$v_1(v_1,v_6)v_6(v_6,v_2)v_2(v_2,v_5)v_5$.

5. 解　$\deg(v_1)=2$，$\deg(v_2)=4$，$\deg(v_3)=4$，$\deg(v_4)=4$，$\deg(v_5)=4$，即所有结点都是偶数度的，所以图 G 是欧拉图；在图 G 中存在一条哈密顿回路 $v_1av_2bv_3nv_4dv_5ev_1$，所以图 G 是哈密顿图.

6. 所求最小生成树 T 的图形，如附图 36 所示.

权 40.

7. 图 3-54a 不与图 3-54b、c 同构；图 3-54b 与图 3-54c 同构.

8. 相应的最优二叉树如附图 37 所示.

权 131.

附图 36　　附图 37

第　四　章

习题 4-1

1. (1) 真命题；(2)、(3)、(5)、(6) 不是命题；(4)、(7) 是命题.

2. (1)、(4) 复合命题；(2)、(3) 简单命题.

3. (1) 设 P：他去学校，则命题“他不去学校”可符号化为：$\neg P$.

（2）设 P：你去，Q：他去，则命题“如果你去了，那么他就不去”可符号化为：$P\to\neg Q$.

（3）设 P：明天下雨，Q：我们就去郊游，则该命题可符号化为：$\neg P\to Q$.

（4）设 P：他接受了这个任务，Q：他完成好了这个任务，则该命题可符号化为：$P\wedge\neg Q$.

（5）P：今天考试，Q：明天放假，则该命题可符号化为：$P\wedge Q$.

（6）设 P：天下雪，Q：我去市里，R：我有时间，则该命题可符号化为：$\neg P\wedge R\to Q$.

（7）设 P：生产任务一定，Q：生产效率有所提高，R：生产时间必然会减小，则该命题可符号化为：$P\wedge Q\to R$.

（8）设 P：你奢侈，Q：你懒惰，R：你贫穷，则该命题符号化为：$((P\wedge Q)\to R)\wedge((\neg P\wedge\neg Q)\to\neg R)$.

4. **解** （1）$P\wedge Q\vee R\Leftrightarrow 0\wedge 0\vee 1\Leftrightarrow 0\vee 1\Leftrightarrow 1$

（2）$(P\vee Q)\wedge R\vee S\Leftrightarrow(0\vee 0)\wedge 1\vee 1\Leftrightarrow 0\wedge 1\vee 1\Leftrightarrow 0\vee 1\Leftrightarrow 1$

（3）$(P\vee R)\to(Q\vee S)\Leftrightarrow(0\vee 1)\to(0\vee 1)\Leftrightarrow 1\to 1\Leftrightarrow 1$

（4）$P\to(R\wedge S\vee Q)\Leftrightarrow 0\to(1\wedge 1\vee 0)\Leftrightarrow 0\to(1\vee 0)\Leftrightarrow 0\to 1\Leftrightarrow 1$

5. 略.

6. （1）可满足式；（2）重言式；（3）矛盾式；（4）重言式.

7. $\neg P\vee R$.

8. 1.

9. 略.

10. 略.

11. **证** $((P\to(Q\to R))\wedge(\neg S\vee P)\wedge Q)\to(S\to R)$

$\Leftrightarrow\neg((\neg P\vee\neg Q\vee R)\wedge(\neg S\vee P)\wedge Q)\ \vee(\neg S\vee R)$

$\Leftrightarrow((P\wedge Q\wedge\neg R)\vee(S\wedge\neg P)\vee\neg Q)\vee(\neg S\vee R)$

$\Leftrightarrow((P\wedge Q\wedge\neg R)\vee\neg Q\vee(S\wedge\neg P)\vee\neg S\vee R$

$\Leftrightarrow((P\wedge\neg R)\vee\neg Q)\vee(\neg P\vee\neg S)\vee R$

$\Leftrightarrow(P\wedge\neg R)\vee\neg P\vee\neg Q\vee\neg S\vee R\Leftrightarrow 1$

12. $(\neg P\wedge\neg Q)\vee R$（析取范式），$(\neg P\vee R)\wedge(\neg Q\vee R)$（合取范式）.

13. $(\neg P\vee R\vee Q)\wedge R$（合取范式）.

14. $(\neg P\wedge\neg Q\wedge R)\vee(P\wedge Q\wedge\neg R)\vee(P\wedge Q\wedge R)$（主析取范式）；

$(P\vee Q\vee R)\wedge(P\vee\neg Q\vee R)\wedge(P\vee\neg Q\vee\neg R)\wedge(\neg P\vee Q\vee R)\wedge(\neg P\vee Q\vee\neg R)$（主合取范式）

15. 主析取范式$(\neg P\wedge\neg Q\wedge R)\vee(\neg P\wedge Q\wedge R)\vee(P\wedge\neg Q\wedge\neg R)\vee(P\wedge\neg Q\wedge R)\vee(P\wedge Q\wedge R)$.

*16. 化简得 $P\wedge\neg Q$. “今天天气好，但我们没有去旅游.

*17. **解** 设 P_2：北京第一，Q_2：上海第二，R_1：天津第一，R_2：天津第二，S_3：广州第三，S_4：广州第四，由已知条件：

甲猜对了一半，$(\neg R_1\wedge Q_2)\vee(R_1\wedge\neg Q_2)$ 在真值指派 f 下为 1；

乙猜对了一半，$(\neg R_2\wedge S_3)\vee(R_2\wedge\neg S_3)$ 在真值指派 f 下为 1；

丙猜对了一半，$(\neg P_2\wedge S_4)\vee(P_2\wedge\neg S_4)$ 在真值指派 f 下为 1；

由事实知，每个城市只能得一个名次，即 $R_1\wedge R_2$，$S_3\wedge S_4$ 为永假式；再由题意，没有并列名次可得：$P_2\wedge Q_2$，$P_2\wedge R_2$，$R_2\wedge Q_2$ 在真值指派 f 下为假；

以上 8 个方程组成的方程组可解得 f 为 $P_2=1$，$Q_2=0$，$R_1=1$，$R_2=0$，$S_3=1, S_4=0$，

所以，实际名次为：天津第一，北京第二，广州第三，上海第四.

习题 4-2

1. **解** (1) 设 $P(x)$：x 是人，$Q(x)$：x 去工作，则该语句符号化为：$(\forall x)(P(x)\rightarrow Q(x))$.

(2) 设 $P(x)$：x 是人，$Q(x)$：x 去工作，则该语句符号化为：$\exists x(P(x)\wedge\neg Q(x))$.

(3) 设 $P(x)$：x 是人，$Q(x)$：x 去上课，则该语句符号化为：$(\forall x)(P(x)\rightarrow\neg Q(x))$.

(4) 设 $A(x)$：x 是人，$B(x)$：x 是学生，则该语句符号化为：$\neg(\forall x)(A(x)\rightarrow B(x))$.

(5) 设 $F(x)$：x 是鸟，$G(x)$：x 会飞翔，则该语句符号化为：$(\forall x)(F(x)\rightarrow G(x))$.

2. $(A(a)\vee A(b))\vee(B(a)\wedge B(b))$.

3. $\Leftrightarrow(P(a_1,a_1)\vee P(a_2,a_1))\wedge(P(a_1,a_2)\vee P(a_2,a_2))$.

4. $A(a)\wedge A(b)\wedge A(c)$

5. 1.

6. $\forall x$ 的辖域：$(S(x)\wedge\exists xH(x,y)\rightarrow\exists yG(x,y))$

$\exists x$ 的辖域：$H(x,y)$

$\exists y$ 的辖域：$G(x,y)$

$G(x,y)$ 中的 x，y 是约束变量，$B(x,y)$ 中的 x，y 是自由变量.

7. (1) 量词 $\exists x$ 的辖域为 $P(x,y)\rightarrow\forall zQ(y,x,z)$，$\forall z$ 的辖域为 $Q(y,x,z)$，$\forall y$ 的辖域为 $R(y,z)$.

(2) 自由变元为 $P(x,y)\rightarrow\forall zQ(y,x,z)$ 中的 y，$R(y,z)$ 中的 z.

约束变元为 $P(x,y)\rightarrow\forall zQ(y,x,z)$ 中的 x，$Q(y,x,z)$ 中的 z，$R(y,z)$ 中的 y.

8. (1) $\exists x$ 量词的辖域为$(P(x,y)\rightarrow\forall zQ(y,x,z))$，$\forall z$ 量词的辖域为$Q(y,x,z)$，$\forall y$ 量词的辖域为 $R(y,z)$.

(2) 自由变元为$(P(x,y)\rightarrow\forall zQ(y,x,z))$与$F(y)$中的$y$，以及$R(y,z)$中的$z$；

约束变元为$(P(x,y)\rightarrow\forall zQ(y,x,z))$ 中的x与$Q(y,x,z)$中的z，以及$R(y,z)$中的y.

9. $\forall xP(x,y)\vee Q(z)\vee\exists y(R(x,y)\vee\forall zS(z))$

$\Leftrightarrow\forall uP(u,y)\vee Q(z)\vee\exists v(R(x,v)\vee\forall wS(w))$（或$\Leftrightarrow\forall xP(x,v)\vee Q(w)\vee\exists y(R(u,y)\vee\forall zS(z))$）

复习题四

1. (1) C；(2) A；(3) C；(4) A；(5) C；(6) B；(7) A；(8) A；(9) B；(10) B；(11) C；(12) A；(13) B；(14) B；(15) B；(16) C；(17) D；(18) A；(19) C；(20) A；(21) B；(22) D；(23) C.

2. (1) 1；(2) 1；(3) $(P\vee Q)\rightarrow R$；(4) $(P\wedge Q\wedge R)\vee(P\wedge Q\wedge\neg R)$；(5) 1；(6) 设$P$：你去，$Q$：我去，则语句表示为$\neg P\rightarrow\neg Q$或$Q\rightarrow P$. (7) 设$P$：我去书店，$Q$：天下雨，则语句表示为$P\rightarrow\neg Q$. (8) y；(9) B；(10) $\neg A$.

3. 主析取范式为：$(\neg P\wedge\neg Q\wedge\neg R)\vee(\neg P\wedge\neg Q\wedge R)\vee(\neg P\wedge Q\wedge\neg R)\vee(\neg P\wedge Q\wedge R)\vee(P\wedge\neg Q\wedge R)\vee(P\wedge Q\wedge\neg R)\vee(P\wedge Q\wedge R)$.

4. 主析取范式：$P\wedge\neg Q$；主合取范式：$(P\vee Q)\wedge(P\vee\neg Q)\wedge(\neg P\vee\neg Q)$.

5. 主析取范式：$m_{010}\vee m_{011}\vee m_{111}\Leftrightarrow(\neg P\wedge Q\wedge\neg R)\vee(\neg P\wedge Q\wedge R)\vee(P\wedge Q\wedge R)$；

主合取范式：$M_{000}\wedge M_{001}\wedge M_{100}\wedge M_{101}\wedge M_{110}\Leftrightarrow(P\vee Q\vee R)\wedge(P\vee Q\vee\neg R)\wedge(\neg P\vee Q\vee R)\wedge(\neg P\vee Q\vee\neg R)\wedge(\neg P\vee\neg Q\vee R)$.

6. (1) $\neg A\wedge B$；(2) $\neg A\vee\neg B$.

7. (1) 量词$\exists$的辖域为$A(x,y)\rightarrow(\forall z)B(y,x,z)$，量词$\forall$的辖域为$B(y,x,z)$；

(2) $A(x,y)\rightarrow(\forall z)B(y,x,z)$中的$y$为自由变元.

$A(x,y)\rightarrow(\forall z)B(y,x,z)$中的$x$和$B(y,x,z)$中的$z$为约束变元.

8. 1.

9. (1) **证** $P\wedge(P\vee Q)$

$\Leftrightarrow(P\vee F)\wedge(P\vee Q)$ （同一律）

$\Leftrightarrow P\vee(F\wedge Q)$ （分配律）

$\Leftrightarrow P\vee F$ （零律）

$\Leftrightarrow P$ （同一律）

(2) 略.

参 考 文 献

[1] 杜忠复，陈兆均．离散数学[M]．北京 ：高等教育出版社，2004.
[2] 谢绪恺．离散数学[M]．北京：机械工业出版社，2005.
[3] 祁文青，王宏伟．计算机数学基础[M]．北京：机械工业出版社，2006.
[4] 胡延忠．离散数学[M]．北京：机械工业出版社，2004.
[5] 谢国瑞．线性代数及应用[M]．北京 ：高等教育出版社，2000.
[6] 高世贵．应用数学基础[M]．北京：机械工业出版社，2007.
[7] 唐玉范，等．线性代数[M]．成都：电子科技大学出版社，1995.